21世纪高等学校精品规划教材

C++面向对象程序设计

主　编　李素若　杜华兵

副主编　任正云　琚　辉　陈万华　张　牧

中国水利水电出版社
www.waterpub.com.cn

内 容 提 要

C++近年来已成为国内外广泛学习和使用的现代计算机语言，国内许多高校已陆续开设了 C++程序设计课程。本书是为已有 C 语言基础的读者编写的，较详尽地讲述了 C++面向对象程序的基本特性，包括类、对象、派生类、继承、多态性、虚函数、模板、异常处理、流类库等。全书提供了大量实例、习题使读者能深刻理解并领会面向对象程序设计的特点和风格，方便老师教课及学生学习。

本书配套教材《C++面向对象程序设计习题解答及上机指导》也同步出版，包含与主教材各章内容相配合的习题解答参考、VC ++ 6.0 上机操作和 11 个精心设计的实验，每个实验均包括实验目的、实验内容、实验指导等内容，两本书配套使用可以更为全面地掌握 C++程序设计这门课程。

本书内容全面，例题丰富，概念清晰，循序渐进，易于学习，强调应用，以提高编程能力为目标。本书可以作为应用型本科院校计算机相关专业的学生及高职高专学生学习 C++程序设计课程的教材，也可作为 C++语言自学者的教材或从事计算机软件开发人员的参考书。

图书在版编目（CIP）数据

C++面向对象程序设计 / 李素若，杜华兵主编. -- 北京 ：中国水利水电出版社，2013.5（2021.1 重印）
21世纪高等学校精品规划教材
ISBN 978-7-5170-0857-6

Ⅰ. ①C… Ⅱ. ①李… ②杜… Ⅲ. ①C语言－程序设计－高等学校－教材 Ⅳ. ①TP312

中国版本图书馆CIP数据核字(2013)第092281号

策划编辑：杨庆川　　责任编辑：李　炎　　加工编辑：于杰琼　　封面设计：李　佳

书　　名	21 世纪高等学校精品规划教材 C++面向对象程序设计
作　　者	主　编　李素若　杜华兵 副主编　任正云　琚　辉　陈万华　张　牧
出版发行	中国水利水电出版社 （北京市海淀区玉渊潭南路 1 号 D 座　100038） 网址：www.waterpub.com.cn E-mail：mchannel@263.net（万水） sales@waterpub.com.cn 电话：（010）68367658（营销中心）、82562819（万水）
经　　售	全国各地新华书店和相关出版物销售网点
排　　版	北京万水电子信息有限公司
印　　刷	三河市鑫金马印装有限公司
规　　格	184mm×260mm　16 开本　19.75 印张　487 千字
版　　次	2013 年 5 月第 1 版　2021 年 1 月第 2 次印刷
印　　数	3001—4000 册
定　　价	35.00 元

前　　言

随着面向对象程序设计方法的不断普及和应用，学习和掌握 C++语言已经成为许多计算机专业工作者和广大计算机应用人员的迫切需要。学好 C++，可以很容易地触类旁通其他语言，如 Java 和 C#等。C++架起了通向强大、易用、真正的软件开发应用的桥梁。

C++语言是在 C 语言基础上扩充了面向对象机制而形成的一种面向对象程序设计语言，它除继承了 C 语言的全部优点和功能外，还支持面向对象程序设计。C++现在已成为介绍面向对象程序设计的首选语言。学习 C++不仅可以深刻理解并领会面向对象程序设计的特点和风格，掌握其方法和要领，而且可以使读者掌握一种十分流行和实用的程序设计语言。

本书结构是：首先介绍面向对象程序设计理论的基本概念，让读者从理论上理解面向对象程序设计与结构化程序设计的不同。然后介绍 C++对 C 语言的扩充，最后介绍了 C++面向对象程序设计的基本方法。本书直接介绍面向对象的程序设计并贯穿始终，力求让读者尽快地建立起面向对象编程的思想。使读者不仅学会一门程序设计语言，还能初步掌握面向对象的程序设计方法。

本教材共分 8 章，第 1 章概述了面向对象程序设计的基本概念。第 2 章介绍了 C++对 C 语言在非面向对象方面的扩充。第 3 章详述了类与对象定义及应用，以及使用过程中应注意的问题。第 4 章介绍了 C++类的继承性。第 5 章介绍了 C++类的多态性。第 6 章介绍了运算符重载。第 7 章介绍模板及 C++异常处理机制，第 8 章介绍了 C++流类库及输入和输出。

在本书的编写中，编者结合自己的教学和编程实践经验，通过生动、通俗易懂的语言并结合编程实例来讲解各个知识点，便于读者理解和掌握。本书中的所有例子都在 Visual C++ 6.0 环境中运行通过。

本书由李素若、杜华兵担任主编，任正云、琚辉、陈万华、张牧担任副主编，全书第 1、2、4、8 章由李素若编写，第 3 章由任正云、琚辉共同编写，第 5 章由张牧编写，第 6 章由杜华兵编写，第 7 章由陈万华编写，全书由李素若统稿。参加本书编写大纲讨论的教师还有严永松、游明坤、胡秀、贺体刚等。

由于编者水平有限，加之时间仓促，书中难免有疏漏之处，敬请广大读者批评指正，以使本书质量得到进一步提高。

编　者

2013 年 2 月

目　　录

第 1 章　面向对象程序设计概述

本章主要介绍什么是程序设计范型，面向对象程序设计范型的主要特征；面向对象程序设计的概念、特征以及优点。通过本章的学习，读者应该掌握以下内容：

- 面向对象程序设计范型特征是：程序=对象+消息
- 面向对象程序设计概念
- 面向对象程序设计的基本特征
- 面向对象程序设计的主要优点
- 几种主要面向对象程序设计语言

1.1　什么是面向对象程序设计

1.1.1　新的程序设计范型

面向对象程序设计是一种新的程序设计范型（Paradigm）。程序设计范型是指设计程序的规范、模型和风格，它是一类程序设计语言的基础。一种程序设计范型体现了一类语言的主要特征，这些特征用以支持应用领域所希望的设计风格。不同的设计范型有不同的程序设计技术和方法学。

面向过程程序设计范型是使用较广泛的程序设计范型，这种范型的主要特征是，程序由过程定义和过程调用组成，即程序=过程+调用。基于面向过程程序设计范型的语言称为面向过程性语言，如 C、Pascal、Ada 等都是典型的面向过程性语言。函数式程序设计范型也是较为流行的程序设计范型，它的主要特征是，程序被看作“描述输入与输出之间关系”的数学函数。LISP 是支持这种范型的典型语言。除了面向过程程序设计范型和函数式程序设计范型外，还有许多其他的程序设计范型，如模块程序设计范型（典型语言是 Modula）、逻辑式程序设计范型（典型的语言是 PROLOG）、进程式程序设计范型、类型系统程序设计范型、事件程序设计范型、数据流程程序设计范型等。

面向对象程序设计是一种新型的程序设计范型。这种范型的主要特征是：

程序=对象+消息

面向对象程序的基本元素是对象，面向对象程序的主要结构特点是：第一，程序一般由类的定义和类的使用两部分组成，在程序中定义各对象并规定它们之间传递消息的规律。第二，程序中的一切操作都是通过向对象发送消息来实现的，对象接收到消息后，启动有关方法来完成相应的操作。一个程序中涉及到的类，可以由程序设计者自己定义，也可以使用现成的类（包括类库中为用户提供的类和他人已构建好的）。尽量使用现成的类，是面向对象程序设计范型所倡导的程序设计风格。

需要说明的是，某一种程序设计语言不一定与一种程序设计范型相对应。实际上存在有具备两种范型或多种范型的程序设计语言，即混合型语言。例如 C++就不是纯粹的面向对象程序设计范型，而是面向过程程序设计范型和面向对象程序设计范型的混合型程序设计语言。

1.1.2 面向对象程序设计概念

1. 对象

首先需要搞清楚的问题是什么是对象？对象具有两方面含义，即在现实生活中的含义和在计算机世界中的含义。

在我们所生活的现实世界中，“对象”无处不在。在我们身边存在的一切事物都是对象，例如一粒米、一本书、一个人、一所学校，甚至一个地球，这些都是对象。除去这些可以触及的事物是对象外，还有一些无法整体触及的抽象事件，例如一次演出、一场球赛、一次借书，也都是对象。

一个对象既可以非常简单，又可以非常复杂，复杂的对象往往是由若干个简单对象组合而成的。

所有这些对象，除去它们都是现实世界中所存在的事物之外，它们都还有各自不同的特征。例如一粒米，它首先是一粒米这样一个客观存在。再例如一个人，首先它是一个客观实体，具有一个名字来标识，其次它具有性别、年龄、身高、体重等这些体现他自身状态的特征；再次他还具有一些技能，例如会说英语、会修电器等。

通过上面的这些举例我们可以对“对象”下一个定义，即对象是现实世界中的一个实体，它具有如下特性：

- 有一个名字以区别于其他对象；
- 有一个状态用来描述它的某些特征；
- 有一组操作，每一个操作决定对象的一种功能或行为；
- 对象的操作可分为两类：一类是自身承受的操作，一类是施加于其他对象的操作。

在面向对象程序设计中，对象是描述其属性的数据以及对这些数据施加的一组操作封装在一起构成的统一体。对象可以认为是：数据+操作。对象所能完成的操作表示它的动态行为，通常也把操作称为方法。

为了帮助读者理解对象的概念，图 1-1 形象地描述了具有 3 个操作的对象。

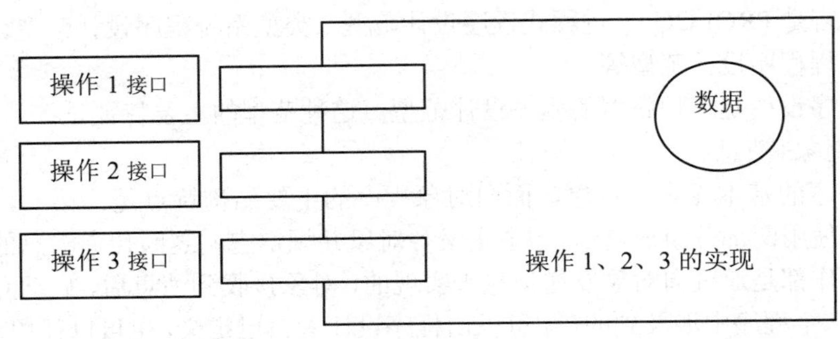

图 1-1 具有 3 个操作的对象

下面我们用一台录音机比喻一个对象，以通俗地说明对象的某些特点。

录音机上有若干按键，如 Play（播放）、Rec（录音）、Stop（停止）、Rew（倒带）等，当人们使用录音机时，只要根据自己的需要如放音、录音、停止、倒带等按下与之对应的键，录音机就会完成相应的工作。这些按键安装在录音机的表面，人们通过它们与录音机交互。我们无法操作录音机的内部电路，因为它们被装在机壳里，录音机的内部情况对于用户来说是隐蔽的，不可见的。

一个对象很像一台录音机，当在软件中使用一个对象的时候，只能通过对象与外界的接口操作它。对象与外界的接口也就是该对象向公众开放的操作。使用对象向公众开放的操作就好像使用录音机的按键，只需知道该操作的名字（如录音机的键名）和所需要的参数（用于提供附加信息或设置状态，好像听录音前先装录音带并将录音带转到指定位置），根本无需知道实现这些操作的方法。事实上，实现对象操作的代码和数据是隐藏在对象内部的，一个对象好像是一个黑盒子，表示它内部的数据和实现各个操作的代码，都被封装在这个黑盒子内部，在外面是看不见的，更不能从外面去访问或修改这些数据或代码。

使用对象时只需知道它向外界提供的接口形式而无需知道它的内部实现算法，不仅使得对象的使用变得非常简单、方便，而且具有很高的安全性和可靠性。可见面向对象程序设计中的对象来源于现实世界，更接近人们的思维。

2. 类

在现实世界中，“类”是一组相同属性和行为的对象的抽象。例如，张三、李四、王五……，虽然每个人的性格、爱好、职业、特长等各不相同，但是他们的基本特征是相似的，都具有相同的生理构造，都能吃饭、说话、走路等，于是把他们统称为“人”，而具体的每一个人是人类的一个实例，也就是一个对象。

类和对象之间的关系是抽象和具体的关系。类是多个对象进行综合抽象的结果，一个对象是类的一个实例。例如“狗”是一个类，它是由千千万万个具体的不同狗抽象而来的一般概念。同理，鸡、鸭、牛、羊等都是类。

类在现实世界中并不真正存在。例如，在地球上并没有抽象的“人”，只有一个个具体的人，如张三、李四、王五……。同样，世界上没有抽象的“学生”，只有一个个具体的学生。

面向对象程序设计中，“类”就是具有相同的数据和相同的操作的一组对象的集合，即类是对具有相同数据结构和相同操作的一类对象的描述。例如，“学生”类可以由学号、姓名、性别、成绩等表示其属性的数据项和对这些数据的录入、修改和显示等操作组成。在 C++语言中把类中的数据称为数据成员。

在面向对象中，总是先声明类，再由类生成对象。类是建立对象的“模板”，按照这个模板所建立的一个个具体的对象，就是类的实际例子，通常称为实例。比如，手工制作月饼时，先雕刻一个有凹下图案的木模，然后在木模上抹油，接着将事先揉好的面塞进木模里，用力挤压后，将木模反扣在桌上，一个漂亮的图案就会出现在月饼上了。这样一个接一个，就可以制造出外形一模一样的月饼。这个木模就好比是“类”，制造出来的糕点好比是“对象”。

3. 消息

现实世界中的对象不是孤立存在的实体，他们之间存在着各种各样的联系，正是它们之间的相互作用、联系和连接，才构成了世间各种不同的系统。同样，在面向对象程序设计中，对象之间也需要联系，我们称为对象的交互。面向对象程序设计必须提供一种机制允许一个对象与另一个对象进行交互，这种机制叫消息传递。对象之间进行通信的结构叫作消息。在对象的操作中，当一个消息发送给某个对象时，消息中包含接收对象去执行某种操作的信息。发送一条消息至少要包括接受消息的对象名、发送给该对象的消息名（即对象名、方法名）。一般还要对参数加以说明，参数可以是认识该消息的对象所知道的变量名，或者是所有对象都知道的全局变量名。

在面向对象程序设计中的消息传递实际是对现实世界中的信息传递的直接模拟。以实际生活为例，我们每一个人可以为他人服务，也可以要求他人为自己服务。当我们需要别人为自己服务时，必须告诉对方我们需要的是什么服务，也就是说，要向其他对象提出请求，其他对象接到请求后才会提供相应的服务。

一般情况下，我们称发送消息的对象为发送者或请求者，接收消息的对象为接收者或目标对象。对象中的联系只能通过消息传递来进行。接收对象只有在接收到消息时才能被激活，被激活的对象会根据消息的要求完成相应的功能。

消息具有三个性质：

- 同一对象可接收不同形式的多个消息，产生不同的响应；
- 相同形式的消息可以发送给不同对象，所做出的响应可以是截然不同的；
- 消息的发送可以不考虑具体的接收者，对象可以响应消息，也可以对消息不予理会，对消息的响应并不是必须的。

在面向对象程序设计中，消息分为两类：即公有消息和私有消息。到底哪些消息是公有消息，哪些消息是私有消息，需要有一个明确的规定。若有一批消息同属于一个对象，其中有一部分是由外界对象直接向它发送的，称之为公有（public）消息；还有一部分则是它自己向自身发送的，这些消息是不对外开放的，外界不必了解它，称之为私有（private）消息。

4. *方法*

在面向对象程序设计中，当要求某一个对象执行操作时，就向该对象发送一个相应的消息，当对象接收到发给它的消息时，就调用有关方法执行相应的操作。方法就是对象所能执行的操作，方法包括界面和方法体两部分。方法的界面也就是消息的模式，它给出方法的调用协议；方法体则是实现某种操作的一系列计算步骤，也就是一段程序。消息和方法的关系是：对象根据接收到消息，调用相应的方法；反过来，有了方法，对象才能响应相应的消息。所以消息模式与方法界面应该是一致的。同时，只要方法界面保持不变，方法体的改动不会影响方法的调用。在C++语言中方法是通过函数来实现的，称为成员函数。

1.1.3 面向对象设计的基本特征

面向对象程序设计方法模拟人类习惯的解题方法，代表了计算机程序设计新颖的思维方法。这种方法的提出是对软件开发方法的一场革命，是目前解决软件开发难题的最有希望、最有前途的方法之一。本节介绍面向对象程序设计的4个基本特征。

1. *抽象性*

抽象是人们认识问题的最基本的手段之一。例如，我们常见的名词“人”，就是一种抽象。因为世界上只有具体的人，如张三、李四、王五。把所有国籍为中国的人归纳为一类，称为“中国人”，这就是一种“抽象”。再把中国人、美国人、日本人等所有国家的人抽象为“人”。一般抽象过程中忽略了主题中与当前目标无关的那些方面，以便更充分地注意与当前目标有关的方面。抽象是对复杂世界的简单表示，抽象强调感兴趣的信息，忽略了不重要的信息。例如，在设计一个学籍管理程序的过程中，考察某个学生对象时，只关心他的姓名、学号、成绩等，而对他的身高、体重等信息就可以忽略。

一般来讲，抽象是通过对特定的实例（对象）抽取共同性质以后形成概念的过程。抽象是对系统进行简化描述或规范说明，它强调了系统中的一部分细节和特性，而忽略了其他部分。抽象包括两个方面：数据抽象和代码抽象。前者描述某类对象的属性或状况，也就是此类对象区别于彼类对象的特征物理量；后者描述了某类对象的共同行为特征或具有的共同操作。

抽象在系统分析、系统设计以及程序设计的发展中一直起着重要的作用。在面向对象程序设计方法中，对一个具体问题抽象分析的结果，是通过类来描述和实现的。

2．封装性

从字面上我们可以理解封装就是将某事物包围起来，使外界不知道其实际内容。

在程序设计中，封装是指将一些数据和与这些数据有关的操作集合放在一起，形成一个能动的实体——对象，用户不必知道对象行为的实现细节，只需根据对象提供的外部特征性接口访问对象即可。因此，从用户的观点来看，这些对象的细节就像包含在一个“黑盒子”里，是隐蔽的、看不见的。

从上面的叙述我们看出，封装应该具有下面几个条件：

- 具有一个清楚的边界，对象的所有私有数据、成员函数细节都被固定在这个边界内；
- 具有一个接口，这个接口描述了对象之间的相互作用、请求和响应，它就是消息；
- 对象内部的实现代码受到封装壳保护，其他对象不能修改对象所拥有的数据和代码。

面向对象系统的封装是一种信息隐蔽技术，它使系统设计员能够清楚地标明他们所提供的服务界面，用户和应用程序员则只看见对象提供的操作功能，看不到其中的数据或操作代码细节。从用户和应用程序员的角度看，对象提供了一组服务，而服务的具体实现即对象内部却被屏蔽封装着。

对象的这一封装机制，可以将对象的使用者与设计者分开，使用者不必知道对象行为实现细节，只需使用设计者提供的接口让对象去做。封装的结果实际上隐蔽了复杂性，并提供了代码重用性，从而减轻了开发一个软件系统的难度。

3．继承性

继承在现实生活中是一个很容易理解的概念。例如，我们每一个人都从父母那里继承了一些特征，如皮肤、毛发、眼睛的颜色等，我们身上的特性来自我们的父母，换句话说，父母是我们具有的属性的基础。图 1-2 说明了两个对象的相互关系，箭头的方向指向基对象。

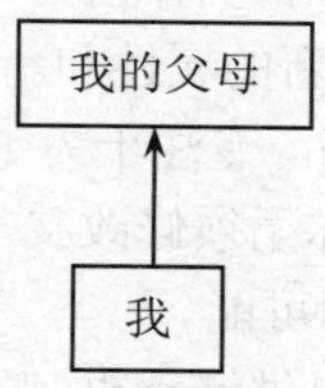

图 1-2　两个对象相互关系示意图

图 1-3 展示了交通工具的类层次。最顶部的类称为基类，是交通工具类。这个基类有汽车子类。这样，交通工具类就是汽车类的父类。可以从交通工具类派生出其他类，比如飞机类、

火车类和轮船类。每个类都以交通工具类作为其父类。汽车子类还有三个子类：小汽车类、旅行车类和卡车类，每个类都以汽车类作为父类，交通工具类可称为它们的祖先类。另外，小汽车类是工具车类、面包车类和轿车类这些派生类的父类。图 1-3 中展示了小型四层次的类，它用继承来派生子类。每个类有且仅有一个父类，所有子类都继承了父类的特性。例如，小汽车是一种汽车，轿车是一种汽车，汽车是一种交通工具，小汽车也是一种交通工具。这样，每个子类代表父类的特定版本。

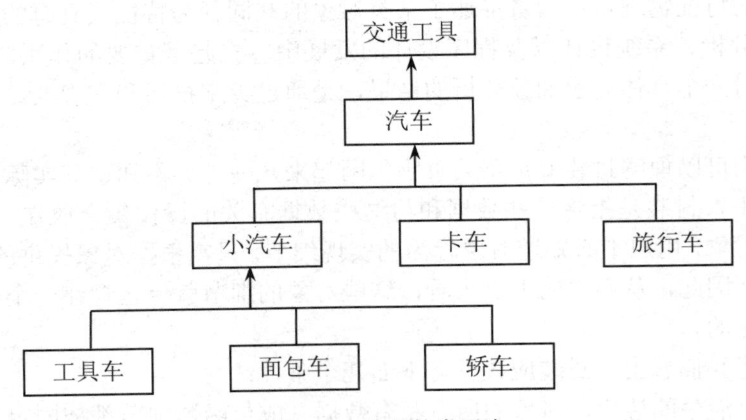

图 1-3 继承的类层次

继承所表达的就是一种对象类之间的相互关系。这种关系使得某类对象可以继承另外一类对象的特征和能力。

若类间具有继承关系，则它们之间应具有下列几个特征：

- 类间具有共享特征（包括数据和程序代码的共享）；
- 类间具有细微的差别或新增部分（包括非共享的程序代码和数据）；
- 类间具有层次结构。

假设有两个类 A 和 B，若类 B 继承类 A，则类 B 包含了类 A 的特征（包括数据和操作），同时也可以加入自己所特有的新特征。这时，称被继承类 A 为基类或父类或超类；而称继承类 B 为 A 的派生类或子类。同时还可以说，类 B 是从类 A 中派生出来的。

如果类 B 是从类 A 派生出来，而类 C 又是从类 B 派生出来的，就构成了类的层次。这样又有了直接基类和间接基类的概念。类 A 是类 B 的直接基类，是类 C 的间接基类。类 C 不但继承它的直接基类的所有特征，还继承它的所有间接基类的特征。

面向对象程序设计可以让你声明一个新类作为另一个类的派生类。派生类（也称子类）继承它父类的属性和操作。子类也可声明新的属性和新的操作，剔除那些不适用的继承下来的操作。这样，继承可让你重用父类的代码，专注于为子类编写新代码。

那些父类已经存在，在新的应用中你无须修改父类。所要做的就是派生子类，在子类中做一些增加与修改。这种机制使重用成为可能。

那么，面向对象程序设计为什么要提供继承机制？也就是说，继承的作用是什么？继承的作用有两个：其一是避免公用代码的重复开发，减少代码和数据冗余；其二是通过增强一致性来减少模块间的接口和界面。如果没有继承机制，每次软件开发都要从“一无所有”开始，类的开发者在构造类时各自为政，使类与类之间没有什么联系，分别是一个个独立的实体。继承使程序不再是毫无关系的类的杂乱堆砌，而使得程序具有良好的结构。

从继承源上分，继承分为单继承和多继承。

单继承是指每个派生类只直接继承了一个基类的特征。前面介绍的交通工具的分类，就是一个单继承的实例。图 1-4 表示了一种单继承关系，它表示 Windows 操作系统的菜单之间的继承关系。

单继承并不能解决继承中所有问题，例如，消防车既继承了灭火装置的一些特性，还继承了汽车的一些特性，如图 1-5 所示。

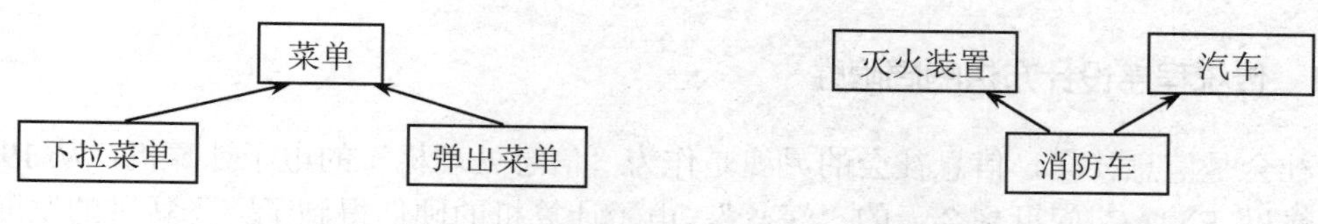

图 1-4　单继承关系图　　　图 1-5　多继承关系图

多继承是指多个基类派生出一个派生类的继承关系。多继承的派生类直接继承了不止一个基类的特征。

4. 多态性

多态性（polymorphism）是面向对象程序设计的一个重要特征。如果一种语言只支持类而不支持多态，是不能称为面向对象语言的，只能说是基于对象的，如 Ada、VB 就属此类。C++支持多态性，利用多态性可以设计和实现一个易于扩展的系统。

从字面理解，多态的意思是指一个事物有多种形态。多态性的英文单词 polymorphism 来源于希腊词根 poly（意为“很多”）和 morph（意为“形态”）。在 C++程序设计中，多态性是指具有不同功能的函数可以用同一个函数名，这样就可以用一个函数名调用不同内容的函数。在面向对象方法中一般是这样表述多态性的：向不同的对象发送同一个消息，不同的对象在接收时会产生不同的行为（方法）。也就是说，每个对象可以用自己的方式去响应共同的消息。

在现实生活中可以看到许多多态性的例子。如学校校长向社会发布一个消息：9 月 1 日开学。不同的对象会做出不同的响应：学生要准备好课本准时到校上课；家长要筹集学费；教师要备好课；后勤部门要准备好教室、宿舍和食堂……由于事先对各种人的任务已做了规定，因此在得到同一消息时，各种人都知道该怎么做，这就是多态性。

C++语言支持两种多态性，即编译时多态性和运行时多态性。编译时多态性是通过重载来实现的，运行时多态性是通过虚函数来实现的。

重载是指用同一个名字命名不同的函数或操作符。函数重载是 C++对一般程序设计语言中操作符重载机制的扩充，它可使具有相同或相近含义的函数用相同的名字，只要其参数的个数、次序或类型不一样即可。例如：

```
int min(int x,int y);          /*求 2 个整数中的最小数*/
int min(int x,int y,int z);    /*求 3 个整数中的最小数*/
int min(int n,int a[]);        /*求 n 个整数中的最小数*/
```

当用户要求增加比较 2 个字符串大小的功能时，只需增加：

```
char* min(char*,char*);
```

而原来如何使用这组函数的逻辑无需改变，min 的功能扩充很容易，也就是说比较容易维护，同时也提高了程序的可理解性，min 表示求最小值的函数。

由于虚函数的概念较为复杂，并且涉及到 C++的语法细节，我们将在后面章节再进一步讨论。

多态性增强了软件的灵活性和重用性，为软件的开发与维护提供了极大的便利。尤其是采用了虚函数和动态联编机制后，允许用户以更为明确、易懂的方式去建立通用的软件。

1.2 为什么要使用面向对象的程序设计

1.2.1 传统程序设计方法的局限性

当今社会是信息社会，信息社会的灵魂是作为“信息处理机”的电子计算机，从 1946 年第一台计算机 ENIAC 问世到今天的“深蓝”，电子计算机的硬件得到了突飞猛进的发展，程序设计的方法也随之不断的进步。20 世纪 70 年代以前，程序设计方法主要采用流程图，结构化设计（Structure Programming，SP）也日趋成熟，整个 20 世纪 80 年代 SP 是主要的程序设计方法。然而，随着信息系统的加速发展，应用程序日趋复杂化和大型化。传统的软件开发技术难以满足日益发展的新要求。

1. 传统程序设计开发软件的生产效率低下

早期的计算机存储器容量非常小，人们设计程序时首先考虑的问题是如何减少存储器开销，硬件的限制不容许人们考虑如何组织数据与逻辑，程序本身短小、逻辑简单，也无需人们考虑程序设计方法问题。与其说程序设计是一项工作，倒不如说它是程序员的个人技艺。但是，随着大容量存储器的出现及计算机技术的广泛应用，程序编写越来越困难，程序的大小以算术级数递增，而程序的逻辑控制难度则以几何级数递增，人们不得不考虑程序设计的方法。相对于硬件的快速发展，软件的生产能力还比较低下，开发周期长、效率低、费用不断上升，以至出现了所谓的“软件危机”。

然而，尽管传统的程序设计语言经历了第一代语言、第二代语言以及第三代语言的发展过程，但是其编制程序的主要工作还是围绕着设计解题过程来进行的，故称之为面向过程的程序设计，传统的程序设计语言也称为过程性语言。这种传统程序设计的生产仍是采用较原始的方式进行，程序设计基本上还是从语句一级开始。软件的生产缺乏大粒度、可重用的构件，软件的重用问题没有得到很好解决，从而导致软件生产的工程化和自动化屡屡受阻。

影响软件生产效率低的另一原因是问题的复杂性。随着计算机技术的大规模推广，软件的应用范围越来越广，软件的规模越来越大，要解决的问题越来越复杂。传统程序设计的特点是数据与其操作分离，而且对同一数据的操作往往分散在程序的不同地方。这样，如果一个或多个数据的结构发生了变化，那么这种变化将波及程序的很多部分甚至遍及整个程序，致使许多函数和过程必须重写，严重时会导致整个软件结构的崩溃。显而易见，传统程序复杂性控制是一个很棘手的问题，这也是传统程序难以重用的一个重要原因。

维护是软件生命周期中的最后一个环节，也是非常重要的一个环节。传统程序设计是面向过程的，其数据和操作分离的结构，使得维护数据和处理数据的操作要花费大量的精力和时间，严重地影响了软件的生产效率。

总之，要提高软件生产的效率，就必须很好地解决软件的重用性、复杂性和可维护性问题。但是传统的程序设计是难以解决这些问题的。

2. 传统程序设计难以应付日益庞大的信息量和多样性的信息类型

随着计算机科学与技术的飞速发展和计算机应用的普及，当代计算机的应用领域已从数值计算扩展到了人类社会的各个方面，所处理的数据已从简单数字和字符，发展为具有多种格式的多媒体数据，如文本、图形、图像、影像、声音等，描述的问题从单纯的计算机问题到仿真复杂的自然现象和社会现象。于是，计算机处理的信息量与信息类型迅速增加，程序的规模日益庞大，复杂度不断增加。这些都要求程序设计语言有更大的信息处理能力。然而，面对这些庞大的信息量和多样的信息格式，传统程序设计方法是无法应付的。

3. 传统的程序设计难以适应各种新环境

当前，并行处理、分布式、网络和多机系统等，已经或将是程序运行的主要方式和主流环境。这些环境的一个共同点是都具有一些有独立处理能力的节点，节点之间有通讯机制，即以消息传递进行联络。显然传统的程序设计技术很难适应这些新环境。

综上所述，传统的程序设计不能够满足计算机技术的迅猛发展的需要，软件开发迫切需要一种新的程序设计范型的支持。那么，面向对象程序设计是否能担当此重任呢？下面我们再分析一下面向对象程序设计的一些优点。

1.2.2　面向对象程序设计的主要优点

从面向过程程序设计到面向对象程序设计是软件开发史上的一个里程碑。面向对象程序设计主要将精力集中在处理对象的设计和研究上，而改变了过去人们设计软件的思维方式，即程序设计者主要设计和研究的是数据格式和过程，这样极大地减少了软件开发的复杂性，提高了软件开发的效率。面向对象程序设计主要具有以下优点：

1. 可提高程序的重用性

重用是提高软件开发效率的最主要的方法，传统程序设计的重用技术是利用标准函数库，但是标准函数库缺乏必要的“柔性”，不能适应不同场合的不同需要，库函数往往仅提供最基本的、最常用的功能，在开发一个新的软件系统时，通常大部分函数仍需要开发者自己编写，甚至绝大部分函数是新编的。

面向对象程序设计能比较好地解决软件重用的问题。对象所固有的封装性和信息隐蔽等机制，使得对象内部的实现与外界隔离，具有较强的独立性，它可以作为一个大粒度的程序构件，供同类程序直接使用。

有两种方法可以重复使用一个对象类：一种方法是建立在各种环境下都能使用的类库对象集，供相关程序直接使用；另一种方法是从它派生出一个满足当前需要的新类。继承性机制使得子类可以重用其父类的数据和程序代码，而且可以在父类代码的基础上方便地修改和扩充，这种修改并不影响对原有类的使用。由于可以像使用集成电路（IC）构建计算机硬件那样，比较方便地重用对象类来构造软件系统，因此有人把对象称为“软件 IC”。

2. 可控制程序的复杂性

传统的程序设计方法忽略了数据和操作之间的内在联系，它把数据与其操作分离，因此存在使用错误的数据调用正确的程序模块，或使用正确的数据调用错误的程序模块的危险。使数据和操作保持一致，控制程序的复杂性，是程序员的一个沉重的负担。面向对象程序设计采用了数据抽象和信息隐蔽技术，把数据及对数据的操作放在一个类中，作为相互依存、不可分割的整体来处理。这样，在程序中任何要访问这些数据的地方都只需简单地通过传递消息和调用方法来进行，这就有效地控制了程序的复杂性。

3. 可控制程序的维护性

用传统程序设计语言开发出来的软件很难维护，是长期困扰人们的一个严重问题，是软件危机的突出表现。但面向对象程序设计方法所开发的软件可维护性较好。在面向对象程序设计中，对对象的操作只能通过消息传递来实现，所以只要消息模式即对应的方法界面不变，方法体的任何修改都不会导致发送消息的程序修改，这显然对程序的维护带来了方便。另外，类的封装和信息隐蔽机制使得外界对其中的数据和程序代码的非法操作成为不可能，这也就大大地减少了程序的出错率。

4. 能够更好地支持大型程序设计

在开发一个大型系统时，需要对任务进行清晰的、严格的划分，使每个程序员了解自己要做的工作以及与他人的接口，使每个程序员可以独立地设计、调试自己负责的模块，以使各个模块能够顺利地应用到整个系统中去。

类是一种抽象的数据类型，所以类可以作为一个程序模块。要比通常的子程序的独立性强得多，面向对象技术在数据抽象和抽象数据类型之上又引入了动态连接和继承性等机制，进一步扩展了基于数据抽象的模块设计，使其更好地支持大型程序设计。

5. 增强了计算机信息处理的范围

面向对象程序设计方法模拟人类习惯的解题方法，代表了计算机程序设计新颖的思维方法。这种方法把描述事物静态属性的数据结构和表示事物动态行为的操作放在一起构成一个整体，完整地、自然地表示客观世界中的实体。

用类来直接描述现实世界中的类型，可使计算机系统的描述和处理对象从数据扩展到现实世界和思维世界的各种事物，这实际上大大扩展了计算机系统处理的信息量和信息类型。

6. 能很好地适应新的硬件环境

面向对象程序设计中的对象、消息传递思想和机制，与分布式、并行处理、多机系统及网络等硬件环境也恰好相吻合。面向对象程序设计能够开发出适应这些新环境的软件系统。面向对象的思想也影响到计算机硬件的体系结构，现在已在研究直接支持对象概念的某些对象计算机。这样的计算机将会更适合于面向对象程序设计，更充分地发挥面向对象技术的威力。

由于面向对象程序设计的上述优点，我们看到，面向对象程序设计是目前解决软件开发面临难题的最有希望、最有前途的方法之一。

1.3 面向对象程序设计语言

1.3.1 面向对象程序设计语言的发展概况

面向对象方法（Object-Oriented Approach，OOP）起源于面向对象（Object-Oriented，OO）的编程语言，在编程语言这个领域，它的诞生与发展经历了下述主要阶段。

1. 雏形阶段

面向对象方法的某些概念，如“对象”、“对象属性”等可以追溯到 20 世纪 50 年代的人工智能早期研究。但是人们一般把 60 年代由挪威计算中心开发的 Simula 67 语言看作面向对象语言发展史上的第一个里程碑。对于 Simula 67 是不是面向对象的语言，评论者意见不一，但共同的看法是它确实具有一些面向对象的重要特征，被称作面向对象语言的先驱。

70 年代出现的 CLU、并发 Pascal、Ada 和 Modula-2 等编程语言对抽象数据类型理论的发展起到了重要作用。这些语言支持数据与操作的封装。例如，Ada 语言中的 package 和并发 Pascal 语言中的 class 和 monitor，都是数据与操作的结合体并且支持信息隐蔽，已经是比较完善的封装概念。但这些语言都不支持继承，这是它们与面向对象语言的主要差别。

一般认为，继承和封装是面向对象的编程语言两个最主要的特征。上述语言各自从不同的侧面局部地引入了这些概念并提供支持机制，但是都不全面。此外，这一时期在与上述语言有关的文献中并没有把面向对象作为一种完整的、系统的方法论加以论述和倡导，只是后人在研究面向对象方法的发展史时从上述语言中找到了某些概念的渊源。因此这一时期面向对象只是处于萌芽状态和雏形阶段。

在稍晚于 Simula 67 问世的时间，犹他大学的博士生 Alan Kay 为方便在个人计算机上开展图形学模拟工作，设计了一个实验性的语言 Flex。该语言从 Simula 67 中借鉴了许多概念，如类、对象、继承等。由于当时软硬件条件的限制，Kay 的尝试没有成功，但是他没有放弃自己的思想，在他加入 Xerox 公司 Palo Alto 研究中心（PARC）后继续进行了这一研究。

在 PARC，Kay 成为 Dynabook 项目组的成员，并成为该项目的软件 Smalltalk 的主要设计者。按照 Kay 在大学时的研究思路，吸收了 Simula 67 中的类、对象、继承等概念，借鉴了 CLU 语言的抽象数据类型以及 LISP 语言的一些思路，并受到 LOGO 语言用“画笔”类描述海龟行为的启发，Kay 和他的同事设计了 Smalltalk 语言。1972 年 PARC 发布了该语言的第一个版本 Smalltalk-72，其中正式使用了“面向对象”这个术语。Smalltalk 的目标是使软件开发者能用一些尽可能独立的（或者说自治的）单位来进行软件开发。按有关文献的说法，在 Smalltalk 中任何东西都是对象，即类的实例。对象具有封装性，因此是一个较为独立的程序单位。所有的对象都是类的实例；类有超类、子类之分，子类继承超类的所有信息。作为面向对象语言主要特征的继承与封装，在 Smalltalk 中都具备了。因此，Smalltalk 的问世标志着面向对象程序设计方法的正式形成。但是这个时期的 Smalltalk 语言还不够完善，被看作一种研究性和实验性的版本。

2. 完善阶段

从 70 年代初到 80 年代，PARC 一直坚持对 Smalltalk 的研究与改进。几经修改，先后发布了 Smalltalk-72/76/78 等版本，直到 1981 年推出该语言最完善的版本 Smalltalk-80，Smalltalk-80 的问世被认为是面向对象语言发展史上最重要的里程碑。迄今人们所采用的绝大部分面向对象的基本概念及其支持机制在 Smalltalk-80 中都已具备，它是第一个完善的、能够实际应用的面向对象语言。它的发布使越来越多的人认识并接受了面向对象的思想，形成了一种崭新的程序设计风格，引发了计算机软件领域一场意义深远的变革。此外，Smalltalk-80 不仅是一种编程语言，而且是一个具有类库支持和交互式图形用户界面的编程环境，这对于它的迅速流传也起到了很好的作用。

但是直到 80 年代后期，Smalltalk 的应用尚不够广泛，这种情况与它在学术上的重大影响相比显得很不相称，其原因有以下几点：

- 面向对象作为一种崭新的软件方法学被广泛接受需要一定的时间；
- Smalltalk 的商品化软件开发工作到 1987 年才开始进行；

- 追求纯面向对象的宗旨(例如严格的封装)使许多讲究实效的软件开发人员感到不便。

3. 繁荣阶段

自 80 年代中期到 90 年代，是面向对象语言走向繁荣的阶段。其主要表现是大批比较实用的面向对象程序设计语言的涌现，例如 C++，Objective-C，Object Pascal，CLOS（Common Lisp Object System），Eiffel，Actor 等等。

在这些语言中，Eiffel 和 Actor 也和 Smalltalk 一样，属于纯面向对象语言，其余几种被称作混合型面向对象语言。这时纯面向对象语言也比较重视实用性，例如 Eiffel 提供了强有力的开发工具，为解决多继承命名冲突提供了更名机制，并允许程序员用 export 语句控制对象的可见性。Smalltalk 自 1987 年起也开发了商品化的版本。混合型面向对象语言是在传统的面向过程语言中增加面向对象的语言成分。这类语言在实用性方面具有更大的优势：以某种被广泛使用的传统语言为基础进行扩充，并做到向后兼容，从而更容易被众多的编程人员接受。这里特别值得一提的是 C++，它是在 C 语言基础上扩充的，对 C 兼容，并且从开始研制就十分重视代码的执行效率(近几年推出的 C++版本代码执行效率已经与 C 语言相差无几)。所以 C++已成为目前应用最广泛的面向对象程序设计语言，国内外大量的软件开发单位已十分重视程序员是否具有 C++的编程技能。

从最近的动态来看，C++的销售总量仍居首位，但 Smalltalk 的销售增长率却一度超过 C++。这说明许多单位为了在软件开发中更彻底地运用面向对象方法而宁愿承受一些效率上的损失。

面向对象编程语言的繁荣是面向对象方法走向实用的重要标志，也是面向对象方法在计算机学术界、产业界和教育界受到越来越高重视的推动力。进入 90 年代以来，仍不断有新的面向对象程序设计语言的问世,许多非面向对象语言增加了面向对象概念与机制而发展为面向对象语言.这表明面向对象程序设计语言的繁荣仍在继续,也表明面向对象是今后的大势所趋。

1.3.2 几种典型的面向对象程序设计语言

1. Smalltalk 语言

Smalltalk 是公认的第一个真正的面向对象程序设计语言，它体现了纯正的面向对象程序设计思想。Smalltalk 中的一切元素都是对象，如数字、符号、串、表达式、程序等都是对象。该语言从本身的实现和程序设计环境到所支持的程序设计风格，都是面向对象的。

但由于早期版本的 Smalltalk 是基于 Xerox 的称为 Alto 的硬件平台而开发的，再加上它的动态联编解释执行机制导致的低运行效率，使得该语言并没有得到迅速的推广应用。Smalltalk 经过不断改进，直到 1981 年推出了 Smalltalk-80 以后，情况才有所改观。当前最流行的版本仍是 Smalltalk-80。另外，Digitalk 公司于 1986 年推出的 Smalltalk/v 是运行在 IBM PC 系列机的 DOS 环境下的一个 Smalltalk 版本。

Smalltalk 被认为是最纯正最具有代表性的面向对象程序设计语言。它在面向对象程序设计乃至面向对象技术中扮演着不可取代的重要角色。

2. Simula 语言

Simula 语言是 20 世纪 60 年代开发出来的，在 Simula 中已经引入了几个面向对象程序设计中最重要的概念和特性，如数据抽象的概念、类机构和继承机制。Simula 67 是具有代表性的一个版本，70 年代出现的 CLU、Ada、Modula-2 等语言也是在它的基础上发展起来的。

3. C++语言

为了填补传统的面向过程程序设计与面向对象程序设计之间的鸿沟，使得人们能从习惯了的面向过程程序设计平滑地过渡到面向对象程序设计，人们对广泛流行的 C 语言进行扩充，开发了 C++语言。C++的特点：

- C++是 C 的扩展，C 是 C++的子集，C++包括 C 的全部特征、属性和优点。同时，增加了对面向对象设计的完全支持；
- 与 C 一致，C++程序结构采用函数驱动机制实现；
- C++实现了类的封装、数据隐蔽、继承及多态，使其代码可重用并容易维护。

C++是一门高效的程序设计语言，既可进行过程化程序设计，又可进行面向对象程序设计。

4. Java 语言

Java 语言是由 Sun 公司的 J.Gosling、B.Joe 等人在 20 世纪 90 年代初开发的一种面向对象的程序设计语言。Java 是一种广泛使用的网络编程语言。首先，作为一种程序设计语言，它简单、面向对象、不依赖于机器结构，具有可移植性、稳定性和安全性，并且提供了并发的机制，具有很高的性能；其次，它最大限度地利用了网络，Java 的应用程序（Applet）可在网上传输；另外，Java 还提供了丰富的类库，使程序设计者可以很方便地建立自己的系统。

习题一

一、简答题

1. 什么是面向对象程序设计？
2. 什么是类？什么是对象？两者关系是什么？
3. 现实世界中的对象有哪些特征？请举例说明。
4. 什么是消息？消息具有什么性质？
5. 什么是抽象和封装？请举例说明。
6. 什么是继承？请举例说明。
7. 若类之间具有继承关系，则他们之间具有什么特征？
8. 什么是单继承、多继承？请举例说明。
9. 什么是多态？请举例说明。
10. 面向对象程序设计的主要优点是什么？

第 2 章　C++概述

C++语言是在 C 语言基础上扩充了面向对象机制而形成的一种面向对象程序设计语言，在传统的非面向对象方面，C++对 C 也做了不少扩充。本章先介绍这方面的内容，以便为后面章节的学习和编程做好准备。通过本章的学习，读者应该掌握以下内容：

- C++的产生、特点和 C++程序的结构特征
- C++对 C 功能的扩充
- C++程序的编写和实现
- C++上机操作的实践

2.1　C++起源和特点

2.1.1　C++的起源

C++是既适合于作为系统描述语言，也适合于编写应用软件的既面向对象又面向过程的一种混合型程序设计语言，它是在 C 语言的基础之上发展起来的。

在 C 语言推出之前，操作系统等系统软件主要是用汇编语言编写的（如著名的 UNIX 操作系统）。由于汇编语言依赖于计算机硬件，因此程序的可移植性和可读性比较差。为了提高程序的可读性和可移植性，最好能采用高级语言来编写这些系统软件。然而，一般的高级语言难以实现汇编语言的某些功能（如汇编语言可以直接对硬件进行操作、对内存地址进行操作和位操作等）。人们设想有一种能集一般高级语言和低级语言特性于一身的语言。于是，C 语言便应运而生了。

最初的 C 语言只是为描述和实现 UNIX 操作系统而提供的一种程序设计语言。1973 年，贝尔实验室的 K.Thompson 和 D.M.Ritchie 两人合作把 UNIX 的 90%以上的代码用 C 语言改写（即 UNIX 第五版）。后来 C 语言又做了多次改进，1978 年以后，C 语言已先后移植到大、中、小及微型机上，现在 C 语言已成为风靡全球的计算机程序设计语言。

到了 80 年代，美国 AT&T 贝尔实验室的 Bjarne Stroustrup 在 C 语言的基础上推出了 C++程序设计语言。由于 C++提出了把数据和在数据之上的操作封装在一起的类、对象和方法的机制，并通过派生、继承、重载和多态性等特征，实现了人们期待已久的软件复用和自动生成。这使得软件，特别是大型复杂软件的构造和维护变得更加有效和容易，并使软件开发能更自然地反映事物的本质，从而大大提高了软件的开发效率和质量。

C++越来越受到重视并得到广泛的应用，许多软件公司都为 C++设计编译系统。如 AT&T、Apple、Sun、Borland 和 Microsoft 等，其中国内最为流行的应当是 Borland 公司的 Borland C++

和 Microsoft 公司的 Visual C++。与此同时，许多大学和公司也在为 C++编写各种不同的类库，其中 Borland 公司的 OWL（Object Window Library）和 Microsoft 公司的 MFC（Microsoft Foundation Class）就是比较优秀的代表，尤其是 Microsoft 的 MFC，在国内外得到了较为广泛的应用。

C++对 C 的“增强”，表现在两个方面：

（1）在原来面向过程的机制基础上，对 C 语言的功能做了不少扩充。

（2）增加了面向对象的机制。

同时，不要把面向对象程序设计和面向过程设计对立起来，面向对象和面向过程不矛盾，而是各有用途、互为补充。在面向对象程序设计中仍然要用到结构化程序设计的知识，例如，在类中定义一个函数就需要结构化程序设计方法来实现。任何程序设计都需要编写操作代码，操作的过程就是面向过程的。对于简单的问题，直接用面向过程方法就可以轻而易举地解决。

2.1.2　C++的特点

C++现在得到了越来越广泛的应用，它继承了 C 语言的优点，并有自己的特点，最主要的有：

（1）C++全面兼容 C，这使得许多代码不经修改就可以为 C++所用，用 C 编写的众多的库函数和实用软件可以用于 C++中。

（2）用 C++编写的程序可读性更好，代码结构更为合理，可直接地在程序中映射问题空间的结构。

（3）生成代码的质量高，运行效率仅比汇编语言代码慢 10%～20%。

（4）从开发时间、费用到形成软件的可重用性、可扩充性、可维护性和可靠性等方面有了很大的提高，使得大中型的程序开发项目变得容易得多。

（5）支持面向对象的机制，可方便地构造出模拟现实问题的实体和操作。

总之，目前人们对 C++的兴趣越来越浓，它已经成为被广泛使用的通用程序设计语言。当前，在国内外使用、研究 C++的人们正迅猛增加，优秀的 C++版本和配套的工具软件不断涌现。

2.2　C++源程序的构成

2.2.1　一个简单的 C++示例程序

下面我们给出一个用 C++编写的例子，以便读者对 C++程序的格式有一个初步的了解。

例 2.1　在屏幕上显示“Hello，World!”。

其程序代码如下：

```
#include<iostream.h>                    //包含头文件
int main()                              //程序入口函数
{                                       //程序开始
    char str[]="Hello,World!";          //定义一个字符数组并初始化
    cout<<str<<endl;                    //在屏幕上输出字符串内容并换行
    return 0;
}                                       //程序结束
```

熟悉 C 语言的读者不难看出，用 C++编写的程序和用 C 编写的程序在程序结构上基本是相同的，都是以 main 函数作为程序的入口，两者都是以一对{}把函数中的语句括起来，而且两者都是以分号作为语句的结束标志。但是，两者也有一些不同之处，下面我们就来分析 C++和 C 语言不同的地方。

（1）在 C++程序中，一般在主函数 main 前面加一个类型声明符 int，表示 main 函数的返回值为整数（标准 C++规定 main 函数必须声明为 int 型，但目前使用的一些 C++编译系统并未完全执行 C++这一规定，如果主函数首行写成“void main()”也能通过）。程序第 6 行的作用是向操作系统返回 0。如果程序不能正常执行，则会自动向操作系统返回一个非零值，一般为-1。

（2）在 C++程序中，可以使用 C 语言中的“/*…*/”形式的注释行，还可以使用以“//”开头的注释。从例 2.1 可以看到：以“//”开头的注释可以不单独占一行，它可以出现在一行中的语句之后。编译系统将“//”以后到本行末尾的所有字符都作为注释。应注意：它是单行注释，不能跨行。C++的程序设计人员多愿意用这种注释方式，它比较灵活方便。

（3）在 C++程序中，一般使用 cout 进行输出。cout 是由 c 和 out 两个单词组成的，见名知意，它是 C++用于输出的语句。cout 实际上是 C++系统定义的对象名，称为输出流对象。对象和输出流对象的概念将在后面介绍。为了便于理解，我们把用 cout 和“<<”实现输出的语句简称为 cout 语句。“<<”是“插入运算符”，与 cout 配合使用，在本例中它的作用是将运算符“<<”右侧双撇号内的字符串“Hello,World!”插入到输出队列 cout 中，C++系统将输出流 cout 的内容输出到系统指定的设备（标准输出设备是指显示器）。除了可以使用 cout 进行输出外，在 C++中还可以用 printf 函数进行输出。

请注意：如果有这么一条语句“cin>>a>>b;”，它是输入语句，cin 是由 c 和 in 两个单词组合而成，与 cout 类似，cin 是 C++系统定义的输入流对象。“>>”是“提取运算符”，与 cin 配合使用，其作用是从输入设备（标准输入设备是指键盘）提取数据送到输入流 cin 中。用 cin 和“>>”实现输入的语句简称为 cin 语句。

（4）使用 cout 需要用到头文件 iostream.h。程序的第 1 行“#include<iostream.h>”是一个预处理命令，学过 C 语言的读者对此应该是很清楚的。文件 iostream.h 的内容是提供输入输出时所需要的一些信息。iostream 是 i-o-stream 三个单词的组合，从它的形式就可以知道它代表“输入输出流”的意思，由于这类文件都放在程序单元的开头，所以称为“头文件”（head file）。

通过上面的例子可以看出，C++语言和 C 语言两者之间既有紧密的联系，又各有特点。下面的内容将介绍 C++程序设计中的一些基础知识，这部分内容，C++和 C 有很多是一致的。由于本章是面向已经熟悉 C 语言并初步掌握 C++语言的读者，因此，对 C++的内容只是做一个简单的总结性概述，如果您对 C 及 C++语言很熟悉的话，可以跳过这部分内容的学习。

2.2.2 C++程序的结构特点

上面的示例程序并没有真正体现出 C++面向对象的风格。一个面向对象的 C++程序一般由类的声明和类的使用两大部分组成。即：

面向对象程序=类的声明部分+类的使用部分

类的使用部分一般由主函数及有关子函数组成。例 2.2 就是一个典型的 C++程序结构。

例 2.2 典型的 C++程序结构。

```
#include<iostream.h>
```

```
//类的声明部分
class A{
      int x,y,z;   //类 A 的数据成员声明
      …
      fun() {…} //类 A 的成员函数声明
      …
};
//类的使用部分
int main()
{
      A a;      //创建一个类 A 的对象 a
      …
      a.fun(); //给对象 a 发消息，调用函数 fun()
      return 0;
}
```

在 C++程序中，程序设计始终围绕“类”展开。通过声明类，构建了程序所要完成的功能，体现了面向对象程序设计的思想。在例 2.2 中声明了类 A，然后在主函数中创建了类 A 的对象 a，通过向对象 a 发送消息，调用成员函数 fun()，完成了所需要的操作。

2.3　C++对 C 的扩充

C++既可用于面向过程的程序设计，也可用于面向对象的程序设计。在面向过程程序设计的领域，C++继承了 C 语言提供的绝大部分功能和语法规定，并在此基础上做了不少扩充，主要有以下几个方面。

2.3.1　注释与续行

注释用来帮助阅读、理解及维护程序。在编译时，注释部分被忽略，不产生目标代码。C++语言提供两种注释方式，一种是与 C 兼容的多行注释，用“/*”和“*/”分界；另一种是单行注释，以“//”开头，表明本行中“//”符号后的内容是注释。例如以下两条语句是等价的：

```
x=y+z; /*This is a comment*/
x=y+z; //This is a comment
```

C++的“//”注释方式特别适合于内容不超过一行的注释，这时，它显得很简洁。

C++中还引入了一个续行符“\”（反斜杠）。这样，当一个语句太长时可以用该符号把它分段写在几行中。它的用法是写在一行的最后，就表示下一行为续行。

说明：

（1）以“//”开始的注释内容只在本行起作用。因此，当注释内容分多行时，通常用“/*…*/”方式；如果用“//”方式，则每行都要以“//”开头。

（2）“/*…*/”方式的注释不能嵌套，但它可以嵌套“//”方式的注释，例如：

```
/* This is a multiline comment
   inside of which //is nested a single_line comment
   Here is the end of the multiline comment.*/
```

（3）注释与源代码尽可能靠拢。当使用“//”注释方式时，注释应紧贴它们所要注释的

代码，它们使用相同的缩进，使用一个空注释行接于代码之后。对多行连续语句的注释应置于语句的上方作为语句的介绍性说明，而对单个语句的注释应置于语句的下方。

（4）避免行末注释。注释应避免与源结构处于同一行，否则会使注释与其所注释的源代码不对齐。但在描述长声明中的元素（如 enum 声明中的枚举操作符）时，也能容忍这种不好的注释方式。

（5）避免注释头。避免使用包含作者、电话号码、创建和修改日期的注释头，作者和电话号码很快就过时了。而创建和修改日期以及修改的原因则最好由配置管理工具来维护（或其他形式的版本历史文件）。

（6）避免冗余。注释中应避免重复程序标识符，避免复制别处有的信息（此时可使用一个指向信息的指针）。否则程序中的任何一处改动都可能需要多处进行相应的变动。如果其他地方没有进行所需的注释改动，将会导致误注释，这种结果比根本没有注释还要糟糕。

（7）合理编写代码而非采用注释。时刻注意所编写代码的合理性而非用注释。这可通过选择合理的名称、使用特殊的临时变量或重新安排代码的结构来实现。注意注释中的风格、语法和拼写，使用自然语言注释而不是电报或加密格式。

例如：

```
do{...}
  while (string_utility.locate(ch, str) != 0); //当找到时退出查找循环
```

将以上代码改写成：

```
do{...found_it = (string_utility.locate(ch, str) == 0);}
  while (!found_it);
```

就不需要注释语句。

2.3.2 C++的输入输出流

C++中把数据之间的传输操作称作流。在 C++中，流既可以表示数据从内存传送到某个载体或者设备中，即输出流；也可以表示数据从某个载体或者设备传送到内存缓冲区变量中，即输入流。数据在不同的设备之间传送后不一定会消失，广义地讲，也可以把与数据传送有关的事务叫作流。有时候，流还可以代表要进行传送的数据的结构、属性和特性，用一个名字来表示，叫作流类；而用流代表输入设备和输出设备，叫作流的对象。

C++为了方便用户，除可以利用 printf 和 scanf 函数进行输出和输入外，还增加了标准输入输出流 cout 和 cin。cout 是由 c 和 out 两个单词组成的，代表 C++的输出流，cin 是由 c 和 in 两个单词组成的，代表 C++的输入流，它们是在头文件 iostream.h 中定义的。键盘和显示器是计算机的标准输入输出设备，所以在键盘和显示器上的输入输出称为标准输入输出，标准流是不需要打开和关闭文件即可直接操作的流式文件。

C++预定义的标准流如表 1.2 所示。

表 1.2 C++预定义的标准流

流名	含义	隐含设备	流名	含义	隐含设备
cin	标准输入	键盘	cerr	标准出错输出	屏幕
cout	标准输出	屏幕	clog	cerr 的缓冲形式	屏幕

1. 用 cout 进行输出

cout 必须和输出运算符（插入运算符）“<<”一起使用。“<<”在这里不作为位运算的左移位运算符，而是起插入的作用，例如：“cout<<"Hello!\n"”的作用是将字符串"Hello!\n"插入到输出流 cout 中，也就是输出在标准输出设备上。

也可以不用'\n'控制换行，在头文件 iostream.h 中定义了控制符 endl 代表回车换行操作，作用与'\n'相同。endl 含义是“end of line”，表示结束一行。

此输出运算符采用左结合方式，允许多个输出操作组合到一个语句中。看下面的例子：

例 2.3 使用 cout 输出不同变量。

```
#include<iostream.h>
int main()
{
    int i=10,j=45;
    double x=56.83,y=534.65;
    char *str="Windows!";
    cout<<"i="<<i<<"  j="<<j<<'\n';
    cout<<"x="<<x<<"   y="<<y<<endl;
    cout<<"str="<<str<<'\n';
    return 1;
}
```

运行结果为：

```
i=10   j=45
x=56.83   y=534.65
str=Windows!
```

在使用输出运算符“<<”进行输出操作时，不同类型的变量也可以组合在一条语句中，例如“cout<<"i="<<i<<" j="<<j<<'\n';”就是由整型和字符型组合在一起的语句。编译程序在检查时，根据出现在“<<”操作符右边的变量或常量的类型来决定调用哪个“<<”的重载版本。

如果要指定输出所占的列数，可以用控制符 setw 设置（注意：若使用 setw，必须包含头文件 iomanip.h），例如：“setw(5)”的作用是为其后面一个输出项预留 5 列，如输出项的长度不足 5 列，则数据向右对齐，若超过 5 列，则按实际长度输出。如将上面的输出语句改为：

```
cout<<"i="<<setw(6)<<i<<"   j="<<setw(6)<<j<<'\n';
cout<<"x="<<setw(6)<<x<<"   y="<<setw(6)<<y<<endl;
cout<<"str="<<setw(6)<<str<<'\n';
```

输出结果为：

```
i=      10  j=      45
x=   56.83  y=534.65
str=Windows!
```

在 C++中将数据送到输出流称为“插入（inserting）”或“放到（puting）”。“<<”称为“插入运算符”。

2. 用 cin 进行输入

输入流是指输入设备向内存流动的数据流。标准输入流 cin 是从键盘向内存流动的数据流。用“>>”运算符从输入设备（键盘）取得数据送到输入流 cin 中，然后送到内存。在 C++中，这种输入称为“提取（extracting）”或“得到（getting）”。“>>”常称为“提取运算符”。

cin 要与“>>”配合使用。例如：

```
int i;
cin>>i;
cout<<i;
```

因为 i 为整型，则“>>”要求输入一个整数赋值给 i，若输入时输入了实数，则先类型转换，将实数转换成整数（取整）后再赋值给变量 i，而转换工作是系统自动进行的。

在缺省情况下，运算符“>>”将跳过空白符，因此对一组变量输入值时可用空格或换行将数值之间隔开。例如：

```
int i;
float x;
cin>>i>>x;
```

在输入时只需输入下面形式：

```
23   56.78
```

输入时要注意两个问题：

（1）不同类型的变量一起输入时，系统除检查是否有空白外，还检查输入数据与变量的匹配情况。例如：

```
cin>>i>>x;
```

若输入：

```
56.79   32.85
```

得到的结果则不是所预想的 i=56，x=32.85，而是 i=56，x=0.79。

再例如：

```
cin>>i>>str
```

若输入：

```
20   Windows!
```

和输入：

```
20Windows
```

结果是相同的，均是 i=20，str="Windows"，此时系统并没有通过空白符来分隔数据。

（2）在输入字符串时，字符串中不能有空格，一旦遇到空格，就当作输入结束。例如：

```
cin>>str
```

当输入为

```
Object Windows Programming!
```

所得的结果便是 str= "Object"，后面的全部被略去。

3. 说明

（1）使用 cin 或 cout 进行 I/O 操作时，在程序中必须嵌入头文件 iostream.h，否则编译时会出错。

（2）前面用 cout 和 cin 输出输入数据时，全部使用了系统缺省的格式。实际上，我们也可以对输入和输出格式进行控制。例如我们可用不同进制的方式显示数据，这时就要用设置转换基数的操作符 dec、hex 和 oct。其中 dec 把转换基数设置为十进制，hex 把转换基数设置为十六进制，oct 把转换基数设置为八进制，缺省的转换基数为十进制。请看下面的例子：

例 2.4 操作符 dec、hex 和 oct 的使用。

```
#include<iostream.h>
```

```
int main()
{
    int x=25;
    cout<<hex<<x<<"  "<<dec<<x<<"  "<<oct<<x<<'\n';
    return 1;
}
```

程序执行的结果为：

```
19  25  31
```

分别代表十六进制的 25、十进制的 25 及八进制的 25。

2.3.3 用 const 定义常变量

常量是指用来表达有固定数值或字符值的单词符号，在程序中不允许修改。在 C 语言中常用#define 命令来定义符号常量，如：

```
#define  PI 3.14159
```

实际上，只是在预编译时进行字符置换，把程序中出现的字符串 PI 全部置换为 3.14159。在预编译之后，程序中不再有 PI 这个标识符。PI 不是变量，没有类型，不占存储单元，而且不安全，如：

```
int a=1,b=2;
#define PI 3.14159
#define R a+b
cout<<PI*R*R<<endl;
```

输出的并不是 3.14159*(a+b)*(a+b)，而是 3.14159*a+b*a+b，程序因此而出错。

C++提供了用 const 定义常量的方法，如：

```
const float PI=3.14159;
```

定义了常量 PI，它具有变量的属性，有数据类型，占用存储单元，有地址，可以用指针指向它，只是在程序运行期间此变量的值是固定的，不能改变。它方便易用，避免了用#define 定义符号常量时出现的缺点。因此，const 问世后，已取代了用#define 定义符号常量的作用。一般把程序中不允许改变的值的变量定义为常变量。

const 可以与指针一起使用，它们的组合情况较复杂，可归纳为 3 种：指向常量的指针、常指针和指向常量的常指针。

1. 指向常量的指针（const int *p）

是指一个指向常量的指针变量。此种情形下通过间接引用指针不可改变变量的值，假设指针为 p，则*p 不可变。下面以例子说明：

```
const int a=1;
const int b=2;
int i=3;
int j=4;
const int *pi=&a;
```

或

```
int const *pi=&a;
```

注意：这两个定义是完全一样的，也就是说 const int 与 int const 可以互换，实质上规范的写法应该是 const 在 int 前面，都是指向一个整型常量的指针，p 可改变，但 p 所指内容不可改变。

const 并不修饰指针本身，pi 对赋值类型没要求，但 pi 是 int *型指针，所以所赋的必须是个地址值。如：

```
const int *pi=&i;        //合法，pi 赋变量的地址
const int *pi=&a;        //合法，pi 赋值常量的地址
*pi=j;                   //出错，*pi 不可变，不能更改指针的间接引用变量
pi=&j;                   //合法，pi 可变
pi=&b;                   //合法，pi 可变
pi++;                    //合法
--pi;                    //合法
```

由此可见，pi 是变量，可以赋值常量和变量的值，正如一个整型变量可赋整型数和整型变量一样。const 修饰的不是指针本身，而是其间接引用，=号两边的类型不必严格匹配，如：const int * pi = &a;中，pi 的类型为 int *，而&a 的类型为 const int * const，只要其中含有 int * 就可以。又如：const int * pi = &j;中，pi 的类型为 int *，而&j 的类型为 int * const，它向 pi 赋值并无大碍。

2. 常指针（int * const p）

指针指本身，而不是指向的对象（变量）声明为常量。这种情形下，指针本身为常量，不可改变，任何修改指针本身的行为都是非法的。例如：

```
int * const pi=&i; //合法，pi 的类型为 int * const，&i 的类型为 int * const
int * const pi=&a; //出错，pi 的类型为 int * const，&a 的类型为 const int * const
pi=&j; //出错，指针是常量，不可变
*pi=a; //合法，*pi 并没有限定是常量，可变
```

由此看出，pi 是常量，常量在初始化和赋值时，类型必须严格一致。也就是 const 修饰指针本身时，=号两边的变量类型必须严格一致，否则不能匹配。

3. 指向常量的常指针（const int * const p）

这个指针本身不能改变，它所指向的值也不能改变。假设有指针 p，此种情形下，p 和*p 都不可变。举例如下：

```
const int * const pi = &a;
```

或

```
int const * const pi = &a;
```

将 const pi 看作一体，就与第 1 种情况所述相同，只是要求 pi 必须为 const，正如上所说，=号两边的类型不必严格匹配，但必须含有 int *，&a 的类型为 const int * const，含有 int *，所以可以赋值。

```
const int * const pi=&i; //合法，&i 类型为 int * const，含有 int *可赋值
const int * pi1=&j;
const int * const pi=pi1; //合法，pi1 类型为 int *
pi=&b; //出错，pi 不可变
pi=&j; //出错，pi 不可变
*pi=b; //出错，*pi 不可变
*pi=j; //出错，*pi 不可变
pi++; //出错，pi 不可变
++i; //合法，i 是整型变量
a--; //出错，a 为 const
```

这种情况，跟以上两种情形有联系。对 const int * const pi = &a;我们可以这样看：const int *(const pi)=&a;（仅仅是表达需要），将 const pi 看作一体，就与上述第 1 种情况符合。只要含有 int *便可。

2.3.4　函数原型声明

在谈函数原型声明之前，我们需要明确几个概念：函数声明、函数定义和函数原型。

1. 函数声明

函数声明是为了让编译器知道在函数使用之前函数的意图。在函数声明时，要明确函数的返回值类型、函数名、参数类型。

2. 函数的定义

函数只有定义之后才能使用。函数的定义就是要写出函数完成特定功能所需要的代码。除了 void 类型的函数都要有一个 return 语句。如果函数没有任何语句，那它就是一个空（empty）函数。注意空函数并不是无效的，它也是一种有效的定义，在某些场合也会用到空函数，比如后面章节讲到的类的构造函数和析构函数。

3. 函数原型

函数原型就是一个函数的“模板”。函数原型用来对比函数调用和定义本身。它定义了返回数据类型、函数名字以及函数参数数据类型。在调用一个函数时，C++编译器将该调用与内存中已有的模型进行比较，若它们不匹配，会产生一个“未声明标识符”错误，某些编译器可能产生其他警告信息。

在 C 语言中，如果函数调用的位置在函数定义之前，则应在函数调用之前对所调用的函数做声明，但如果所调用的函数是整型的，也可以不进行函数声明。对于函数声明的形式，C 语言建议采用函数原型声明。但这并不是强制的，在编译时不严格要求，对整型函数可以不进行声明，或采用以下几种形式，都能编译通过。例如：

```
int sum(int x,int y);     //sum 函数原型声明
int sum();                //没有列出 sum 函数的参数
sum();                    //sum 是整型函数，可以省略函数类型
```

在 C++中，如果函数调用的位置在函数定义之前，则要求在函数调用之前必须对所调用函数做函数原型声明，这不是建议性的，而是强制性的。这样做的目的是便于编译系统对函数调用的合法性进行严格的检查，尽量保证程序的正确性。

函数原型的语法形式一般为：

　　返回类型 函数名(参数表);

函数原型是一条语句，它必须以分号结束。它由函数的返回类型、函数名和参数表构成。参数表包含所有参数及它们的类型，参数之间用逗号分开。

参数表中一般包括参数类型和参数名，也可以只包括参数类型而不包括参数名，如下面两种写法等价：

```
int sum(int x,int y);     //参数表中包括参数类型和参数名
int sum(int,int);         //参数表中只包括参数类型，不包括参数名
```

在编译时只检查参数类型，而不检查参数名。

2.3.5 函数重载

用 C 语言编程时，有时会发现几个不同名的函数实现的是同一类的操作。例如要求从 3 个数中找出其中最大者，而这 3 个数的类型事先不确定，可以是整型、实型或长整型。在写 C 语言程序时，需要分别设计出 3 个函数，其原型为：

```
int max1(int a,int b,int c);          //求 3 个整数中的最大者
float max2(float a,float b,float c);  //求 3 个浮点数中的最大者
long max3(long a,long b,long c);      //求 3 个长整数中的最大者
```

C 语言规定在同一作用域中不能有同名的函数，因此 3 个函数名字必须不同。

C++允许在同一作用域中用同一函数名定义多个函数，这些函数的参数个数和参数类型不相同，这些同名的函数用来实现不同的功能，这就是函数的重载。

所谓函数重载是指同一个函数名可以对应着多个函数的实现。例如，可以给函数名 add()定义多个函数实现，该函数的功能是求和，即求两个操作数的和。其中，一个函数实现是求两个整数之和，另一个实现是求两个浮点数之和，再一个实现是求两个复数之和。每种实现对应着一个函数体，这些函数的名字相同，但是函数的参数的类型不同。这就是函数重载的概念。函数重载在类和对象的应用中尤其重要。

函数重载要求编译器能够唯一地确定调用一个函数时应执行哪段函数代码，即采用哪个函数实现。确定函数实现时，要求从函数参数的个数和类型上来区分。这就是说，进行函数重载时，要求同名函数在参数个数上不同，或者参数类型上不同。否则，将无法实现重载。

1. 参数类型不同的重载函数

例 2.5 参数类型不同的重载函数。

```
#include<iostream.h>
int add(int, int);
double add(double,double);
void main()
{
    cout<<add(5, 0)<<endl;
    cout<<add(5.0,10.5)<<endl;
}
int add(int x,int y)
{
    return x+y;
}
double add(double a,double b)
{
    return a+b;
}
```

该程序中，在 main()函数中调用相同名字 add 的两个函数，前边一个 add()函数对应的是两个 int 型数求和的函数实现，而后边一个 add()函数对应的是两个 double 型数求和的函数实现。这便是函数的重载。

以上程序输出结果为：

```
5
15.5
```

2. 参数个数不同的重载函数

例 2.6　参数个数不相同的重载函数。

```
#include<iostream.h>
int min(int a,int b);
int min(int a,int b,int c);
int min(int a,int b,int c,int d);
void main()
{
    cout<<min(13,5,4,9)<<endl;
    cout<<min(-2,8,0)<<endl;
}
int min(int a,int b)
{
    return a<b?a:b;
}
int min(int a,int b,int c)
{
    int t = min(a,b);
    return min(t,c);
}
int min(int a,int b,int c,int d)
{
    int t1=min(a,b);
    int t2=min(c,d);
    return min(t1,t2);
}
```

该程序中出现了函数重载，函数名 min 对应有三个不同的实现，函数的区分依据参数个数不同，这里的三个函数实现中，参数个数分别为 2、3 和 4，在调用函数时根据实参的个数来选取不同的函数实现。

说明：

（1）返回类型不在参数匹配检查之列。若两个函数除返回类型不同外，其他均相同，则是非法的。例如：

```
int max(int a,int b);
double max(int a,int b);
```

由于参数个数和类型完全相同，编译程序将无法区分这两个函数。因为在确定调用哪一个函数之前，返回类型是不知道的。

（2）函数的重载与带缺省值的函数一起使用时，有可能引起二义性，例如：

```
void Drawcircle(int r=0,int x=0,int y=0);
void Drawcircle(int r);
```

C++尽管提供重载，但调用 Drawcircle(20)时，编译器无法确定使用哪一个函数。

（3）在函数调用时，如果给出的实参和形参类型不相符，C++的编译器会自动进行类型转换。如果转换成功，则程序继续执行，但在这种情况下，有可能产生无法识别的错误。例如，有两个函数的原型如下：

```
void f1(int x);
void f1(long x);
```

虽然这两个函数满足函数重载的条件，但是，如果我们用下面的数据去调用，就会出现无法识别的错误：

```
int c=f1(5.56);
```

这是因为编译器无法确定将 5.56 转换成 int 还是 long 类型的原因造成的。

2.3.6 带有缺省参数的函数

在 C++中，允许在函数的说明或定义时给一个或多个参数指定缺省值。这样在调用时，可以不给出参数，而按指定的缺省值进行工作。

例如，以下是带缺省参数值的函数说明：

```
void initialize(int printNo,int state=0);
```

该函数将指定的打印机初始化为指定状态。其中第一个参数 printNo 表示打印机编号，第二个参数 state 表示打印机状态。若调用时没有给定第二个参数，系统会自动将打印机的初始化状态设为 0。在调用上述函数时可以用以下几种语句：

```
initialize(1);          //初始化 1 号打印机，设置状态为 0
initialize(1,0);        //效果同上
initialize(1,1);        //初始化 1 号打印机，设置状态为 1
```

函数可以将其全部或部分参数说明为带缺省值，但缺省值的参数只能放在参数表的最后。这是因为，系统进行参数匹配时是依照从前往后的顺序，如果中间参数有缺省值，它就无法判断哪些参数使用缺省值。

例如，以下函数说明不正确：

```
Fun(int par1=1,int par2,int par3=3);
Fun(int par1,int par2=2,int par3=3);
Fun(int par1,int par2=2,int par3);
```

程序还可以通过重新说明函数使本来不带缺省值的参数带上缺省值，这是使通用函数特定化的有效方法。但需注意：在一个文件中，函数的某一参数只能在一次说明中指定缺省值。

例如，以下说明合法：

```
void initialize(int printNo,int state=0);
void initialize(int printNo=1,int state);   //重新说明 printNo 的缺省值
```

而下面第二行的说明是非法的：

```
void initialize(int printNo,int state=0);
void initialize(int printNo,int state=1);   //重新说明 state 的缺省值
```

例 2.7 重新说明缺省值的例子。

```
#include<iostream.h>
void initialize(int printNo,int state=0);
void initialize(int printNo=1,int state);    //重新说明 printNo 的缺省值
void main()
{
    initialize();
    initialize(0);
    initialize(1,1);
```

```
}
void initialize(int printNo,int state)
{
    cout<<"printNo="<<printNo<<",";
    cout<<"state="<<state<<endl;
}
```

上述程序中，initialize()函数是一个带缺省参数值的函数，通过重新说明缺省值，使其第一个参数的缺省值为 1，第二个参数的缺省值为 0。程序的执行结果如下：

```
printNo=1，state=0
printNo=0，state=0
printNo=1，state=1
```

说明：

（1）当函数既有说明（被重新说明缺省值）又有定义（开始定义缺省值）后，不能再在函数定义中指定缺省值。

（2）当一个函数中有多个缺省值时，则形参分布中缺省值参数应从右到左逐渐定义。在函数调用时，系统按从左到右的顺序将实参与形参结合，当实参的数目不足时，系统将按同样的顺序用说明或定义中的默认值来补齐所缺少的参数。

2.3.7　变量的引用

1. 引用的概念

引用是个别名，当建立引用时，程序用另一个变量的名字初始化它。从那时起，引用作为这个变量的别名而使用，对引用的改动实际就是对这个变量的改动。为建立引用，先写上目标的类型，后跟引用运算符“&”，然后是引用的名字。引用可使用任何合法变量名。

例如，引用一个整型变量：

```
int a;
int& b=a;
```

声明 b 是对整型数的引用，初始化为 a 的引用。在这里，要求 a 已经有声明或定义，而引用仅仅是它的别名，不能喧宾夺主。引用不是值，不占存储空间，声明引用时，所引用的变量的存储状态不会改变。请注意：在上述声明中，&是“引用声明符”，此时它并不代表地址。不要理解为“把 a 的值赋给 b 的地址”。由于引用不是独立的变量，编译系统不给它分配存储单元，因此在建立引用时只有声明，没有定义，只是声明它和它所引用的某一变量的关系。

例 2.8　引用的使用。

```
#include<iostream.h>
void main()
{
    int intOne;
    int& rInt=intOne;
    intOne=5;
    cout <<"intOne:" <<intOne <<endl;
    cout <<"rInt:" <<rInt <<endl;
    intOne=7;
    cout <<"intOne:" <<intOne <<endl;
```

```
    cout <<"rInt:" <<rInt <<endl;
}
```

运行结果为：

```
intOne:5
rInt:5
intOne:7
rInt:7
```

引用 rInt 用 intOne 来初始化。以后，无论改变 intOne 还是 rInt，实际都是指 intOne，两者的值都一样。

注意：与指针类似，下面三种声明引用的方法都是合法的：

```
int a;
int& b=a; 或 int &b=a;或 int & b=a;
```

2. 引用的操作

如果程序寻找引用的地址，它只能找到所引用的目标的地址。

例 2.9 取引用地址。

```
#include <iostream.h>
void main()
{
    int intOne;
    int& rInt=intOne;
    intOne=5;
    cout <<"intOne:" <<intOne <<endl;
    cout <<"rInt:" <<rInt <<endl;
    cout <<"&intOne:" <<&intOne <<endl;
    cout <<"&rInt:" <<&rInt <<endl;
}
```

运行结果为：

```
intOne:5
rInt:5
&intOne:0x0012FF7C
&rInt:0x0012FF7C
```

C++没有提供访问引用本身地址的方法，因为它与指针或其他变量的地址不同，它没有任何意义。引用在建立时就初始化，而且总是作为目标的别名使用，即使对它使用地址操作符时也是如此。对引用的理解可以见图 2-1。

0x0012FF7C intOne(rInt)	5

图 2-1 定义 rInt 引用与变量的关系

引用一旦初始化，它就维系在一定的目标上，再也不分开。任何对该引用的赋值，都是对引用所关联的目标赋值，而不能将引用关联到另一个目标上。

例 2.10 给引用赋新值。

```
#include <iostream.h>
void main()
```

```
{
    int intOne;
    int& rInt=intOne;
    intOne=5;
    cout <<"intOne:" <<intOne <<endl;
    cout <<"rInt:" <<rInt <<endl;
    cout <<"&intOne:" <<&intOne <<endl;
    cout <<"&rInt:" <<&rInt <<endl;
    int intTwo=8;
    rInt=intTwo;
    cout <<"intOne:" <<intOne <<endl;
    cout <<"intTwo:" <<intTwo <<endl;
    cout <<"rInt:" <<rInt <<endl;
    cout <<"&intOne:" <<&intOne <<endl;
    cout <<"&intTwo:" <<&intTwo <<endl;
    cout <<"&rInt:" <<&rInt <<endl;
}
```

运行结果为：

```
intOne:5
rInt:5
&intOne:0x0012FF7C
&rInt:0x0012FF7C
intOne:8
intTwo:8
rInt:8
&intOne:0x0012FF7C
&intTwo:0x0012FF74
&rInt:0x0012FF7C
```

在程序中，引用 rInt 被重新赋值为变量 intTwo 的值。从运行结果看出，rInt 仍然关联在原 intOne 上，因为 rInt 与 intOne 的地址是一样的，见图 2-2。

0x0012FF7C intOne(rInt)	8	0x0012FF74 intTwo	8

图 2-2 引用被赋值的意义

rInt=intTwo;

等价于 intOne=intTwo;

引用与指针有很大的差别，指针是变量，可以把它再赋值成指向别处的地址，然而，建立引用时必须进行初始化，并且初始化后不能再关联其他不同的变量。

3. 引用的说明

（1）引用并不是一种独立的数据类型，除了用作函数的参数或返回类型外，它必须与某一种类型的数据关联。声明引用时必须指定它代表的是哪个变量，即对它初始化。例如：

```
int a;
int &b;                 //错误，没有指定 b 代表哪个变量
float a;int &b=a;       //错误，声明 b 是一个整型变量的别名，而 a 不是整型变量
```

为引用提供的初始值，可以是另一个变量的别名。例如：

```
int a=5;
int &b=a;
int &c=b;
```

这样声明后，变量 a 有两个别名：b 和 c。

（2）引用在初始化后不能再被重新声明为另一个变量的别名。例如：

```
int a=3,b=4;
int &c=a;
c=&b;                    //错误，企图使 c 改变成为整型变量 b 的别名
int &c=b;                //错误，企图重新声明 c 为整型变量 b 的别名
```

（3）尽管引用运算符与取地址操作符使用相同的符号，但它们是不一样的。引用仅在声明时带有引用运算符“&”，以后就像普通变量一样使用，不能再带“&”。其他场合使用的“&”都是取地址操作符。例如：

```
int a=5;
int &b=a;            //声明引用 b，“&”为引用运算符
b=123;               //使用引用 b，不带引用运算符
int *ip=&a;          //在此，“&”为取地址操作符
cout<<&pi;           //在此，“&”为取地址操作符
```

（4）不能建立 void 类型的引用，例如：

```
void &a=9;           //错误
```

因为任何实际存在的变量都属于非 void 类型，void 的含义是无类型或空类型，void 只是在语法上相当一个类型而已。

（5）不能建立数组变量的引用。例如：

```
char c[6]="hello";
char &rc[6]=c;               //错误
```

企图建立一个包含 6 个元素的数组变量的引用，这样是不行的，数组名 c 只代表数组首元素地址，本身并不是一个占有存储空间的变量。

（6）可以建立指针变量的引用，例如：

```
int i=5;
int *p=&i;           //定义指针变量 p，指向 i
int * &pt=p;         //pt 是一个指向整型变量的指针变量的引用，初始化为 p
```

从定义的形式可以看出，&pt 表示 pt 是一个变量的引用，它代表一个 int *类型的数据变量（指针变量），如果输出*pt 的值，就是*p 的值 5。

（7）不能建立引用的引用。引用本身不是一种数据类型，所以没有引用的引用。例如：

```
int a;
int && b=a;          //错误，不能建立引用的引用
```

（8）可以用 const 对引用加以限定，不允许改变该引用的值。例如：

```
int a=5;
const int &b=a;      //声明常引用，不允许改变 a 的值
b=3;                 //企图改变引用 b 的值，错误
```

但是它并不阻止改变引用所代表的变量的值，如：

```
a=3;                 //合法
```

此时输出 b 和 a 的值都是 3。

这一特性在使用引用作为函数形参时有用，因为有时希望保护形参的值不被改变，就会使用这一特性。

（9）可以用常量或表达式对引用进行初始化，但此时必须用 const 进行声明。例如：

```
int i=5;
const &a=i+3;        //合法
```

此时编译系统会生成一个临时变量，用来存放该表达式的值，引用是该临时变量的别名。系统将“const &a=i+3;”转换为：

```
int temp=i+3;      //先将表达式的值存放在临时变量 temp 中
const int &a=temp;//声明 a 是 temp 的别名
```

临时变量是在内部实现的，用户不能访问临时变量。

这种办法不仅可以用表达式对引用进行初始化，还可以用不同类型的变量对之初始化（要求能赋值兼容的类型）。例如：

```
double d=3.1415926;//d 是 double 类型的变量
const int &a=d;      //用 d 初始化 a
```

编译系统将做如下转换：

```
int temp=d;          //先将 double 类型变量 d 转换为 int 型，存放在 temp 中
const int &a=temp; //temp 和 a 同类型
```

但要注意：此时引用 a 的值是 3，而不是 3.1415926。因为从根本来说，只能对变量建立引用。

如果在上面声明引用时不用 const，则会发生错误。例如：

```
double d=3.1415926;//d 是 double 类型变量
int &a=d;            //未加 const，错误
```

4．引用作函数参数

C++提供引用，其主要的用途就是将引用作为函数的参数。在讨论这个问题之前，先看一个采用指针参数的例子：

例 2.11　使用指针变量作形参，实现两个变量的互换。

```
#include<iostream.h>
void swap(int *p1,int *p2)
{
    int temp;
    temp=*p1;
    *p1=*p2;
    *p2=temp;
}
int main()
{
    int i=3,j=5;
    swap(&i,&j);
    cout<<"i="<<i<<"   j="<<j<<endl;
    return 1;
}
```

程序运行的结果如下：

```
i=5   j=3
```

可见，指针参数是一种地址传递参数的方法，使用这种传地址方法调用函数 swap()后，i 和 j 的值被交换了。

除了采用指针参数的方式外，C++又提供了采用引用参数传递参数的方式，这是和上述方式性质完全不同的参数传递方式。请看下面的例子：

例 2.12 利用引用参数实现两个变量的值互换。

```
#include<iostream.h>
void swap(int &a,int &b)
{
    int temp;
    temp=a;
    a=b;
    b=temp;
}
int main()
{
    int i=3,j=5;
    swap(i,j);
    cout<<"i="<<i<<"    j="<<j<<endl;
    return 1;
}
```

输出结果为：

```
i=5   j=3
```

当程序中调用函数 swap()时，实参 i 和 j 分别引用 a 和 b，所以对 a 和 b 的访问就是对 i 和 j 的访问，所以函数 swap()改变了 main()函数中变量 i 和 j 的值。

尽管通过引用参数产生的效果同指针参数产生的效果是一样的，但其语法更清楚简单。因为按指针参数来传递时，函数中指针变量要另外开辟内存单元，其内容是地址，并且在函数中为了表示指针变量所指向的变量，必须使用指针运算符*（例如在例 2.11 中使用*p1，*p2），而引用不是一个独立的变量，不单独占内存单元，并且在使用中引用就代表变量，不必使用指针运算符*。C++主张用引用参数传递取代指针参数传递的方式，因为前者语法容易且不宜出错。

5. 用引用返回函数的值

函数可以返回一个引用，将函数说明为一个引用的主要目的是：为了将该函数用在赋值运算符的左边。请看下面两个例子。

例 2.13 下面的程序是统计学生中 A 类学生与 B 类学生各占多少。A 类学生的标准是平均分在 80 分以上，其余都是 B 类学生，先看不返回引用的情况。

```
#include<iostream.h>
int array[6][4]={{60,80,90,75},{75,85,65,77},{80,88,90,98},
{89,100,78,81},{62,68,69,75},{85,85,77,91}};
int getLevel(int grade[], int size);
void main()
{
    int typeA=0,typeB=0;
    int student=6;
```

```
    int gradesize=4;
    for(int i=0; i<student; i++) //处理所有的学生
        if(getLevel(array[i], gradesize))
            typeA++;
        else
            typeB++;
    cout <<"number of type A is " <<typeA <<endl;
    cout <<"number of type B is " <<typeB <<endl;
}
int getLevel(int grade[], int size)
{
    int sum=0;
    for(int i=0; i<size; i++) //成绩总分
        sum+=grade[i];
    sum/=size; //平均分
    if(sum>=80)
        return 1; //type A student
    else
        return 0; //type B student
}
```

运行结果为：

```
number of type A is 3
number of type B is 3
```

该程序通过函数调用判明该学生成绩属于 A 类还是 B 类，然后给 A 类学生人数增量或给 B 类学生人数增量。

例 2.14　将例 2.13 通过返回引用实现。

```
#include <iostream.h>
int array[6][4]={{60,80,90,75},{75,85,65,77},{80,88,90,98},
{89,100,78,81},{62,68,69,75},{85,85,77,91}};
int getLevel(int grade[], int size);
void main()
{
    int &level(int grade[], int size,int &ta,int &tb);
    int typeA=0,typeB=0;
    int student=6;
    int gradesize=4;
    for(int i=0; i<student; i++) //处理所有的学生
        level(array[i],gradesize,typeA,typeB)++;//函数调用作左值
    cout <<"number of type A is " <<typeA <<endl;
    cout <<"number of type B is " <<typeB <<endl;
}
int &level(int grade[], int size,int &ta,int &tb)
{
    int sum=0;
    for(int i=0; i<size; i++) //成绩总分
        sum+=grade[i];
```

```
        sum/=size; //平均分
        if(sum>=80)
            return ta; //type A student
        else
            return tb; //type B student
    }
```

该程序中的 level()函数返回一个引用，为了返回一个非全局变量的引用，就要传递两个引用参数 typeA 和 typeB。由于返回的是引用，所以可以作为左值直接进行增量操作。该函数调用代表 typeA 还是 typeB 的左值视具体的学生成绩统计结果而定。

说明：在定义返回引用的函数时，注意不要返回对该函数内的自动变量（局部变量）的引用。例如：

```
int & fun()
{
    int a;
    //…
    return a;
}
```

由于自动变量的生存期仅局限于函数内部，当函数返回时，自动变量就消失了，上述函数返回一个无效的引用。

2.3.8 内联函数

调用函数时需要一定的执行时间，如果有的函数需要频繁使用，则累计所用时间会很长，从而降低程序的执行效率。C++提供一种提高效率的方法，即在编译时将所调用函数代码嵌入到主程序中。这种嵌入到主函数中的函数体称为内联函数（inline function）。

1. 内联函数的定义

定义内联函数的方法很简单，只需在函数首行的左端加一个关键字 inline 即可。

例 2.15 内联函数的使用。

```
#include<iostream.h>
inline double circle(double r)   //内联函数
{
    return 3.14159*r*r;
}
int main()
{
    for(int i=1;i<=3;i++)
        cout<<"r="<<i<<"  S="<<circle(i)<<endl;
    return 0;
}
```

程序运行的结果如下：

```
r=1  S=3.14159
r=2  S=12.5664
r=3  S=28.2743
```

编译器看到 inline 后，为该函数创建一段代码，以便在后面每次碰到该函数的调用都用相应的一段代码来替换。

2. 先声明后调用

内联函数必须在被调用之前声明或定义。因为内联函数的代码必须在被替换之前已经生成被替换的代码，因此，下面的代码不会像预计的那样被编译。

例 2.16　内联函数在调用前必须声明或定义。

```
#include<iostream.h>
int isnumber(char);   //此处无 inline
void main()
{
    char c;
    while((c=cin.get())!='\n')
    {
        if(isnumber(c)) //调用一个小函数
            cout<<"you entered a digit\n";
        else
            cout<<"you entered a non—digit\n";
    }
}
inline int isnumber(char ch) //此处为 inline
{
    return(ch>='0' && ch<='9')?1:0;
}
```

编译程序不认为那是内联函数，对待该函数如普通函数那样，产生该函数的调用代码并进行连接。

3. 内联函数与宏定义

C++内联函数具有与 C 中的宏定义#define 相同的作用和相似的机理，但消除了#define 的不安全因素。请看下面例子。

例 2.17　用宏定义实现求平方值。

```
#include<iostream.h>
#define power(x) x*x
int main()
{
    cout<<power(2)<<endl;
    cout<<power(1+1)<<endl;
    return 0;
}
```

程序运行结果是：

```
4
3
```

第 2 个结果显然不是程序设计者所希望的，原因是在进行宏替换时只是简单地将字符“1+1”取代 x，因此 power(1+1)被置换为 1+1*1+1，结果为 3。

如果不用#define 而用内联函数，也可以达到同样的目的，但避免了上面的副作用。例 2.18 程序改为使用内联函数代替宏定义就能进行正确的运算。

例 2.18 用内联函数实现求平方值。

```
#include<iostream.h>
inline int power(int x)      //内联函数
{
    return x*x;
}
int main()
{
    cout<<power(2)<<endl;
    cout<<power(1+1)<<endl;
    return 0;
}
```

程序运行结果是：

```
4
4
```

不难看出此运行结果是正确的。

4. 内联函数的函数体限制

内联函数中，不能含有复杂的结构控制语句，如 switch 和 while。如果内联函数有这些语句，则编译将该函数视同普通函数那样产生函数调用代码。

另外，递归函数（自己调用自己的函数）是不能被用来作内联函数的。

内联函数只适用于只有 1～5 行的小函数。对一个包含许多语句的大函数，函数调用和返回的开销相对来说微不足道，所以也没有必要用内联函数来实现。

2.3.9 作用域标识符::

每一个变量都有其有效的作用域，只能在变量的作用域内使用该变量，不能直接使用其他作用域中的变量。例如：

```
#include<iostream.h>
float a=13.5;
void main()
{
    int a=5;
    cout<<a;
}
```

程序中有两个 a 变量：一个是全局实型变量 a；另一个是 main 函数中的整型变量 a，它是在 main 函数中有效的局部变量。根据规定，在 main 函数中局部变量将屏蔽全局变量。因此用 cout 输出的将是局部变量 a 的值 5，而不是实型变量的值 13.5。如果想输出全局实型变量的值，有什么办法呢？C++提供了作用域标识符::，它能指定所需要的作用域。可以把 main 函数改为：

```
#include<iostream.h>
float a=13.5;
void main()
{
    int a=5;
    cout<<a<<endl;
```

```
        cout<<::a<<endl;
    }
```

运行时输出：

5（局部变量 a 的值）
13.5（全局变量 a 的值）

::a 表示全局作用域中的变量 a。请注意：不能用::访问函数中的局部变量。

2.3.10　灵活的局部变量定义

我们知道在 C 语言中，全局变量定义在函数之外，它的作用范围是从定义所在的位置到源程序结束，局部变量定义在函数之内，但必须集中在可执行语句之前。而 C++的变量定义非常灵活，它允许变量的定义与可执行语句在程序中交替出现。这样，当程序员需要用到某个变量时才定义它。例如在 C 中，下面的程序段是非法的：

```
fun()
{
    int i;
    i=10;
    int j;
    j=20;
    //…
}
```

因为语句 i=10 插在两个变量定义之间，C 编译时出错，编译中止。但在 C++中，这段程序是正确的，编译时不会出错。例如下面这段程序，在 C++中是正确的：

```
int fun(int x,int y)
{
    for(int i=0;i<10;i++)
    {
        int sum=0;
        sum+=i;
        cout<<"sum="<<sum<<endl;
    }
    int z=0;
    z=x+y;
    return z;
}
```

总之，C++允许在代码块中的任何地方定义局部变量，它所定义的变量从其说明点到该变量所在的最小分程序结束的范围内有效。最后要强调的是，在 C++中局部变量的使用同样也符合“先定义，后使用”的规定。

2.3.11　结构名、联合名和枚举名可作为类型名

在 C++中，结构名、联合名、枚举名都是类型名。在定义变量时，不必在结构名、联合名或枚举名前冠以 struct、union 或 enum。例如：

```
enum boole{FALSE,TRUE};
struct string{
    char *str;
```

```
    int length;
};
union number{
    int i;
    float f;
};
```

在C语言中，定义变量时，必须写成：

```
enum boole Yes_No;
struct string str;
union number x;
```

但是，在C++中，可以说明为：

```
boole Yes_No;
string str;
number x;
```

2.3.12 强制类型转换

在C语言中如果要把一个整型数（int）转换为浮点数（float），要求使用如下的格式：

```
int a=10;
float f=(float)a;
```

C++支持这种格式，但还提供了另外一种函数调用方法，即将类型名作为函数名使用，使得类型转换的执行看起来好像调用函数。上面的语句可改写成：

```
int a=10;
float f=float(a);
```

以上两种方式C++都能接受，但推荐使用后一种方式。

2.3.13 字符串变量

C++中除了使用字符串数组处理字符串外，还提供了一种更方便的方法——用字符串类型（string 类型）定义字符串变量。之所以抛弃“char *”的字符串而选用C++标准程序库中的string类，是因为它和前者比较起来，不必担心内存是否足够、字符串长度等等，而且作为一个类出现，它集成的操作函数足以完成我们大多数情况下的需要。关于类将在后面章节讲到，这里我们尽可以把它看成是C++的基本数据类型。

1. 声明一个C++字符串变量

与其他普通变量一样，字符串变量必须先定义后才能使用，定义字符串变量要用类名string。如：

```
string str1;            //定义 str1 为字符串变量
string str2="China";    //定义 str2 同时对其初始化
```

为了在程序中使用“string”类型，必须包含头文件<string>，如#include <string>。注意，不是string.h，string.h是C字符串头文件。如果在Visual C++ 6.0以上使用，必须加上命名空间，如：

```
using namespace std;
```

2. 字符串变量的输入输出

```
#include<iostream>    //注意这里不是 iostream.h 了，虽然以前的情况都是加.h 的
```

```
#include<string>
using namespace std;
int main()
{
        string s;           //定义一个空串 s
        cin>>s;             //输入字符串给 s，以空格结束
        cout<<s<<endl;      //输出字符串变量 s
        return 0;
}
```

#include<iostream.h>是在旧的标准 C++中使用。在新标准中，用#include<iostream>。iostream 的意思是输入输出流。#include<iostream>是标准的 C++头文件，任何符合标准的 C++开发环境都有这个头文件。还要注意的是在 VS 编程时要添加：

```
#include<iostream>
using namespace std;
```

其原因是：后缀为.h 的头文件 C++标准已经明确提出不支持了，早些的实现将标准库功能定义在全局空间里，声明在带.h 后缀的头文件里，C++标准为了和 C 区别开，也为了正确使用命名空间，规定头文件不使用后缀.h。因此，当使用<iostream.h>时，相当于在 C 中调用库函数，使用的是全局命名空间，也就是早期的 C++实现；当使用<iostream>时，该头文件没有定义全局命名空间，必须使用 namespace std;这样才能正确使用 cout。

string 类型的输入操作需要注意以下几点：

- 读取并忽略开头所有的空白字符（如空格、换行符、制表符）；
- 读取字符直至再次遇到空白字符，读取终止。

因此，如果输入到程序的是"　Hello World!　"（注意到开头和结尾的空格），则屏幕上将输出"Hello"，而不含任何空格。

输入和输出操作的行为与系统预定义类型操作符基本类似。尤其是，这些操作符返回左操作数作为运算结果。因此，我们可以把多个读操作或多个写操作放在一起：

```
string s1,s2;
cin>>s1>>s2;           //读入第一字符串给 s1，第二个字符串给 s2
cout<<s1<<s2<<endl;  //分别输出字符串 s1、s2
```

如果给定和上一个程序同样的输入，则输出的结果将是：

```
HelloWorld!
```

3. 字符串变量的赋值

在定义了字符串变量后，可以用赋值语句把一个字符串常量赋值给它，如：

```
str1="China";
```

而对于字符串数组就不能这样赋值：

```
char str[30];
str="China";        //错误
```

既可以用字符串常量给字符串变量赋值，也可以用一个字符串变量给另一个字符串变量赋值。如：

```
str1=str2;  //注意这个地方 str1 和 str2 都已经被定义为字符串变量
```

赋值操作后，str1 就包含了 str2 串所有字符的一个副本。

字符串变量的赋值操作的实现都会遇到一些效率上的问题，但值得注意的是，理论上讲，

赋值操作确实会增加系统开销。它必须先把 str1 占用的相关内存释放掉，然后再分配给 str1 足够存放 str2 副本的内存空间，最后把 str2 中的所有字符复制到新分配的内存空间中。另外，向字符串变量赋值时不必精确计算字符个数，不必顾虑是否会“超长”而影响系统安全，为使用者提供了很大方便。可以对字符串变量中某一个字符进行操作，如：

```
string word="Then";        //定义并初始化字符串变量 word
word[2]='a';               //修改序号为 2 的字符，将'e'改为'a'
```

4. 两个字符串变量相加

字符串“string”变量的加法被定义为连接“concatenation”（串联，连接）。也就是说，两个或多个“string”变量可以通过使用加操作符“+”或者复合赋值操作符“+=”连接起来。如：

```
string s1="hello,";
string s2="world\n";
string s3=s1+s2;          // s3 是"hello,world\n"
```

也可以：

```
string s1="hello";
string s2="world";
string s3=s1+","+s2+"\n";
```

如果要把 s2 直接追加到 s1 的末尾，可以使用+=操作符。如：

```
s1+=s2;                   //等于 s1=s1+s2
```

当进行“string”变量和字符串字面值混合连接操作时，“+”操作符的左右操作数必须至少有一个是“string”类型。如：

```
string s1="hello";
string s2="world";
string s3=s1+", ";              //合法
string s4="hello"+", ";         //错误
string s5=s1+", "+"world";      //合法
string s6="hello"+", "+s2;      //错误
```

s3 和 s4 的初始化只用了一个单独的操作。在这些例子中，很容易判断 s3 的初始化是合法的，即把一个“string”变量和一个字符串字面值连接起来。而 s4 的初始化试图将两个字符串字面值相加，因此是非法的。

s5 的初始化方法显得有点不可思议，但这种用法和标准输入输出的串联效果是一样的。本例中，string 标准库定义加操作返回一个 string 对象。这样，在对 s5 进行初始化时，子表达式 s1 + ", "将返回一个新 string 对象，后者再和字面值"world"连接。整个初始化过程可以改写为：

```
string tmp=s1+", ";      //合法
s5=tmp+"world";          //合法
```

而 s6 的初始化是非法的。依次来看每个子表达式，第一个子表达式试图把两个字符串字面值连接起来，这是不允许的，因此这个语句是错误的。

5. 用关系运算符实现字符串比较

比较两个字符串的大小实际上是比较每个字符串中的字符。字符串比较运算区分大小写，即同一个字符的大小写形式被认为是两个不同的字符。在多数计算机上，大写的字母位于小写字母之前，即任何一个大写字母都小于任意的小写字母。“==”比较两个字符串，如果相等，则返回“true”。两个字符串相等是指它们的长度相同，且含有相同的字符。标准库还定义了“!=”操作符来测试两个字符串是否不等。

关系操作符比较两个 string 对象时采用了和（大小写敏感的）字典排序相同的策略：

（1）如果两个 string 对象长度不同，且短的 string 对象与长的 string 对象的前面部分相匹配，则短的 string 对象小于长的 string 对象。

（2）如果两个 string 对象的字符不同，则比较第一个不匹配的字符。

关系操作符<、<=、>、>=分别用于测试一个字符串是否小于、小于或等于、大于、大于或等于另一个字符串。例如：

```
string big="big",small="small";
string s1=big;        //将字符串变量 big 赋值给 s1
if (big==small)       //假
    //...
if (big<=s1)          //真，因为 big 是等于 s1
    //...
```

2.3.14　new 和 delete

在软件开发中，常常需要动态地分配和撤销内存空间。C 语言中利用库函数 malloc 和 free 来分配和撤销内存空间。但是使用 malloc 函数时必须指定需要开辟的内存空间的大小。其调用形式为 malloc(size) 。size 是字节数，需要人们事先求出或用 sizeof 运算符由系统求出。此外，malloc 函数只知道应开辟空间的大小而不知道数据的类型，因此无法使其返回的指针指向具体的数据。其返回值一律为 void *类型，必须在程序中进行强制类型转换，才能使其返回的指针指向具体的数据。

C++提供了较简便且功能较强的运算符 new 和 delete 来取代 malloc 和 free 函数（为了与 C 语言兼容，仍保留这两个函数）。

1．动态分配内存运算符 new

运算符 new 的作用主要是为了动态分配内存。new 后面跟一个数据类型，并跟一对可选的方括号，[]里面为要求的元素个数。它返回一个指向内存块开始位置的指针。其形式为：

```
pointer = new type;
```

或者 pointer = new type[elements];

第一个表达式用来给一个单元素的数据类型分配内存。第二个表达式用来给一个数组分配内存。例如：

```
new int;          //开辟一个存放整数的空间，返回一个指向整型数据的指针
new int(20);      //开辟一个存放整数的空间，并指定该整数的初值为 20
new char [15]; //开辟一个存放字符数组的空间，该数组有 15 个元素，返回一个指向字符数据的指针
new int [3][2]; //开辟一个存放二维整型数组的空间，该数组大小为 3*2
float *p=new float(3.14159);//开辟一个存放实数的空间，并指定该实数的初始值为 3.14159，将返回
的指向实型数据的指针赋给指针变量 p
```

动态内存分配通常由操作系统控制，在多任务的环境中，它可以被多个应用（Applications）共享，因此内存有可能被用光。如果这种情况发生，操作系统遇到操作符 new 时不能分配所需的内存，一个无效指针（null pointer）将被返回。因此，建议在使用 new 之后总是检查返回的指针是否为空（null），如下例所示：

```
int * bobby;
bobby=new int[5];
```

```
if(bobby==NULL)
{
        //出错后处理
};
```

2. 撤销内存运算符 delete

既然动态分配的内存只是在程序运行的某一具体阶段才有用，那么一旦它不再被需要时就应该被释放，以便给后面的内存申请使用。操作符 delete 因此而产生，它的形式是：

```
delete pointer;
```

或
```
delete [] pointer;
```

第一种表达形式用来删除给单个元素分配的内存，第二种表达形式用来删除给多元素（数组）分配的内存。在多数编译器中两种表达式等价，使用中没有区别，虽然它们实际上是两种不同的操作，需要考虑操作符重载（在后面章节中将会讲到)。例如：

```
char *pt=new char[10];
float *p=new float(3.14159);
delete p;            //释放 p 所指向的动态分配的内存空间
delete []pt;         //释放 pt 所指向的为数组动态分配的内存空间
```

3. 实例

例 2.19 动态分配空间以存放一个结构体变量。

```
#include<iostream.h>
#include<string.h>
struct person{
      char name[20];
      int age;
      char sex;
};
int main()
{
      person *p;
      p=new person;
      strcpy(p->name,"Wang Jun");
      p->age=23;p->sex='M';
      cout<<"\n"<<p->name<<" "<<p->age<<" "<<p->sex<<endl;
      delete p;
      return 0;
}
```

程序运行结果如下：

```
Wang Jun 23 M
```

注意：new 和 delete 是运算符，不是函数，因此执行效率高。malloc 要和 free 函数配合使用，new 和 delete 配合使用。不要混合使用（例如用 malloc 函数分配空间，用 delete 撤销）。

2.4 C++编写和实现

C++源程序的实现与其他高级语言源程序实现的原理一样。一般都要经过编辑、编译、连接、运行。其中最重要的是编译过程，C++是以编译方式实现的高级语言。C++程序的实现，必须要使用某种 C++语言的编译器对程序进行编译。编译器的功能是将程序的源代码转换成为机器代码的形式，称为目标代码；目标代码进行连接，生成可执行文件。

使用文本编辑工具编写 C++程序，其文件后缀为.cpp，这种形式的程序称为源代码（Source Code）。如图 2-3 中开始→编辑源程序→源程序。

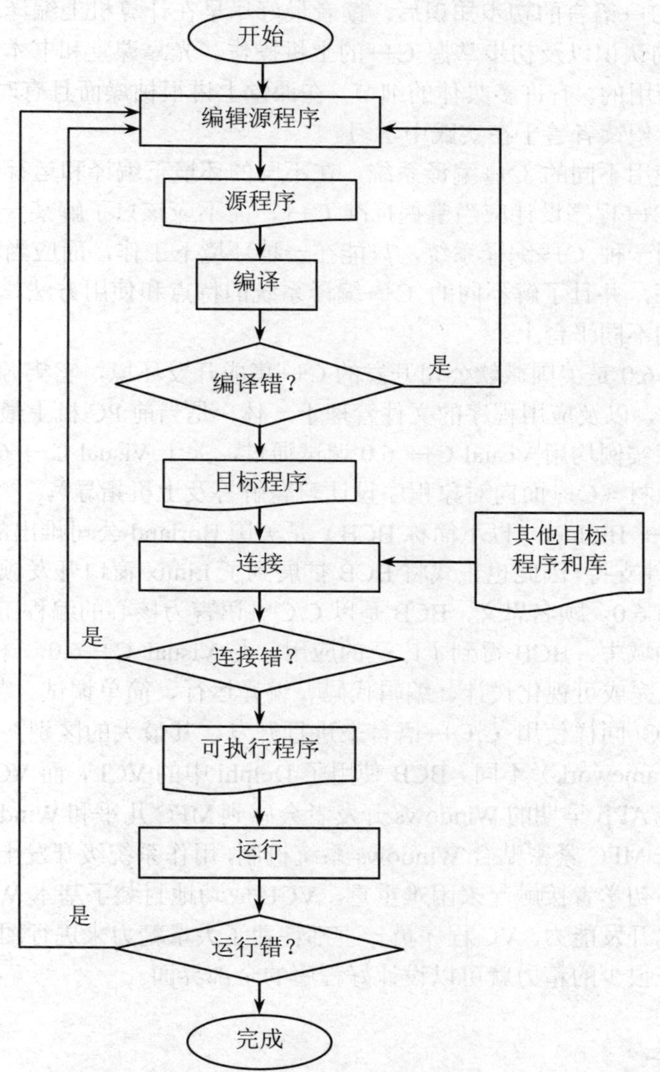

图 2-3　一个程序从源代码到执行文件产生过程

编译器将源代码转换成二进制形式，文件后缀为.obj，这种形式的程序称为目标代码（Objective Code）。如图 2-3 中源程序→编译→目标程序，如果出错需回头去检查源代码。

将若干目标代码和现有的二进制代码库经过连接器连接，产生可执行代码（Executable Code），文件后缀为.exe，只有.exe 文件才能运行。如图 2-3 中目标程序→连接→可执行程序，同样，如果出错需回头去检查源代码。

如果可执行程序运行过程中出错，需要检查、修改源代码，然后重新编译、连接，直到正确为止。

2.5 关于 C++上机实践

在了解了 C++语言的初步知识后，读者最好尽早在计算机上编译和运行 C++程序，以加深对 C++程序的认识以及初步掌握 C++的上机操作。光靠课堂和书本是难以真正掌握 C++的所有知识及其应用的。有许多具体的细节，在课堂上讲很枯燥而且有时还难以讲明白，上机一试就明白了。希望读者善于在实践中学习。

读者可以使用不同的 C++编译系统，在不同的环境下编译和运行一个 C++程序。需要强调的是，学习 C++程序设计应当掌握标准 C++，而不应该只了解某一种“地方化”的 C++。不应当只会使用一种 C++编译系统，只能在一种环境下工作，而应当能在不同的 C++环境下运行自己的程序，并且了解不同的 C++编译系统的特点和使用方法，在需要时能将自己的程序方便地移植到不同平台上。

Visual C++ 6.0 是美国微软公司开发的 C++集成开发环境，它集源程序的编写、编译、连接、调试、运行，以及应用程序的文件管理于一体，是当前 PC 机上最流行的 C++程序开发环境。本书的程序实例均用 Visual C++ 6.0 调试通过，关于 Visual C++ 6.0 的详细使用及调试，请见本书配套教材《C++面向对象程序设计习题解答及上机指导》。

Borland C++ Builder（以下简称 BCB）是美国 Borland 公司推出的 Windows（6.0 版本中加入了 CLX 控件支持，因此也正式将 BCB 扩展到了 Linux 窗口开发领域中）可视化开发工具，目前最新版本为 6.0。顾名思义，BCB 是以 C/C++语言为核心的编程工具。在桌面程序开发和数据库开发等领域中，BCB 得到了广泛的应用。与 Visual C++6.0 一样 BCB 也提供集成开发环境 IDE，可以完成可视化设计、编辑代码、编译运行、简单调试、帮助查询等。

BCB 与 VC 同样使用 C/C++语言来进行开发，其最大的区别在于使用的应用程序架构（Application Framework）不同。BCB 使用了 Delphi 中的 VCL，而 VC 使用了 MFC。MFC 直接来自 Windows API，早期的 Windows 开发者会感到 MFC 几乎和 Windows API 是一一对应的。这样的好处就是 MFC 紧密贴合 Windows 系统机制，用作系统级开发十分便利；缺点就是 MFC 过于庞杂烦琐，初学者接触起来困难重重。VCL 成功地封装了基本 Windows API，并且提供了强大的可视化开发能力。VC 程序员一直都耗费了大量精力来进行图形界面的设计，而 BCB 程序员只需要花很少的精力就可以设计好程序的全部界面。

习题二

一、选择题

1．下面说法错误的选项是_______。

A．引用表达式是一个左值表达式，因此它可以出现在形参和实参的任何一方

B．若一个函数返回了引用，那么该函数的调用也可以被赋值

C．所有函数都可以返回引用

D．引用返回值时，不生成值的副本

2．已知：“int k=1000;”，下列表示引用的方法中，________是正确的。

A．int &x=k;　　B．char &y;　　C．int &z=1000;　　D．float &t=&k;

3．对定义重载函数的下列要求中，________是错误的。

A．要求参数的个数不同

B．要求参数中至少有一个类型不同

C．要求参数个数相同时，参数类型不同

D．要求函数的返回值不同

4．系统在调用重载函数时往往根据一些条件确定哪个重载函数被调用，在下列选项中，不能作为依据的是________。

A．参数个数　　B．参数的类型　　C．函数名称　　D．函数的类型

5．在 C++中，关于下列设置参数默认值的描述中，正确的是________。

A．不允许设置参数的默认值

B．设置参数默认值只能在定义函数时设置

C．设置参数默认值时，应该先设置右边的再设置左边的

D．设置参数默认值时，应该全部参数都设置

6．下列对重载函数的描述中，________是错误的。

A．重载函数中不允许使用默认参数

B．重载函数编译时根据参数表进行选择

C．不要使用重载函数来描述毫不相干的函数

D．构造函数重载将会给初始化带来多种方式

7．在函数声明时，下列________项是不必要的。

A．函数的类型　　B．函数参数类型　　C．函数的名字　　D．返回值表达式

8．在函数的返回值类型与返回值表达式的类型的描述中，错误的是________。

A．函数返回值的类型是在定义函数时确定，在函数调用时是不能改变的

B．函数返回值的类型就是返回值表达式的类型

C．函数返回值表达式类型与返回值类型不同时，函数返回值表达式类型应转换成返回值类型

D．函数返回值类型确定了返回值表达式的类型

9．下面程序的正确执行结果为________。

```
#include<iostream.h>
int f(int);
void main()
{
    int a=2,i;
    for(i=0;i<3;i++)
    cout<<f(a)<<" ";
    cout<<endl;
}
int f(int a)
{
    int b=0;
```

```
        static int c=3;
        b++;
        c++;
        return (a+b+c);
    }
```

A．7 7 7　　B．7 10 13　　C．7 9 11　　D．7 8 9

10．在C++中，函数原型不能标识________。

A．函数的返回类型　　B．函数参数的个数

C．函数参数类型　　D．函数的功能

二、简答题

1．简述C++的重要特点。C++对C有哪些扩充？

2．简述C++程序开发的步骤。

三、分析题

1．分析以下程序的执行结果。

```
#include<iostream.h>
int &fun(int &x)
{
    x+=10;
    return x;
}
void main()
{
    int y=0;
    int &m=fun(y);
    cout<<m<<endl;
    m=20;
    cout<<y<<endl;
}
```

2．分析以下程序的执行结果。

```
#include<iostream.h>
void swap(int &x,int &y)
{
    int temp;
    temp=x; x=y; y=temp;
}
void main()
{
    int x=10,y=20;
    swap(x,y);
    cout<<"x="<<x<<",y="<<y<<endl;
}
```

3．分析以下程序的执行结果。

```
#include<iostream.h>
void main()
{
    int a[]={10,20,30,40},*pa=a;
    int *&pb=pa;
    pb++;
    cout<<*pa<<endl;
}
```

四、编程题

1．输入一个三位整数，将它反向输出。

2．将一个一维整型数组中相同的元素删除到只保留一个，然后按由大到小的顺序输出。

3．对 3 个变量按由小到大的顺序排序，要求使用变量的引用。

4．求 2 个或 3 个正整数中的最大数，用带默认参数的函数实现。

5．创建一个函数 f1()，返回其参数的平方根。重载 f1()三次，让它返回整数、长整数与双精度的平方根（计算平方根可以使用标准库函数 sqrt()）。

6．编写程序将两个字符串连接起来，结果放到第一个字符串中，要求用 string 方法。

7．创建一个函数 plus()，它把两个数值加在一起，返回它们的和，提供处理 int、double 和 string 类型的重载版本。

8．有 7 个字符串，要求将它们按由小到大的顺序排列，用 string 方法。

9．编写程序，将数组 A 中的 n 个数据从小到大写入数组 B 中，数据类型可以是整型、单精度型、双精度型。用重载函数实现。

10．用 new 和 delete 运算符动态分配内存空间的方法编写程序。从键盘输入 15 个整型数放入一个数组中，并计算出所有元素之和，打印出最大值、最小值和平均值。

第 3 章　类和对象

类与对象是面向对象程序设计的基础，是 C++的主要特性之一。类实际上是一种新的数据类型，它是实现抽象类型的工具。类是对某一类对象集合的抽象；而对象是某一类的对象，因此，类和对象是密切相关的。没有离开对象的类，也没有不依赖类的对象。本章介绍有关类和对象的基本概念和使用方法。类和对象的概念比较复杂，必须认真掌握。通过本章的学习，读者应该掌握以下内容：

- 类和对象的概念和定义
- 构造函数与析构函数的定义
- 对象数组和对象指针的定义与使用
- 对象作为函数形参的使用
- 对象的赋值和复制
- 静态成员和友元的定义与使用
- 常类型的定义与使用

3.1　类与对象的基本概念

C++的类是用户自定义的一种数据类型，和其他的数据类型不同的是，组成这种类型的不仅可以有数据，而且可以有对数据进行操作的函数。类构成了实现 C++面向对象程序设计的基础。类是 C++封装的基本单元，它把数据和函数封装在一起。当类的成员声明为保护的时候，外部不能访问；声明为公共的时候，则在任何地方都可以访问。

3.1.1　从结构到类

在 C 语言中，可以定义结构体类型，将多个相关的变量包装为一个整体使用。在结构体中的变量可以是相同、部分相同，或完全不同的数据类型。在 C 语言中，结构体不能包含函数。在面向对象的程序设计中，对象具有状态（属性）和行为，状态保存在成员变量中，行为通过成员方法（函数）来实现。C 语言中的结构体只能描述一个对象的状态，不能描述一个对象的行为。在 C++中，对结构体进行了扩展，C++的结构体可以包含函数。

1. 结构体的定义

例 3.1　有关坐标点结构的例子。

```
#include<iostream.h>
struct point
{
```

```
        int x;
        int y;
    };
    void main()
    {
        point pt;
        pt.x=0;
        pt.y=0;
        cout<<pt.x<<endl<<pt.y<<endl;
    }
```

在这段程序中，我们定义了一个结构体 point，在这个结构体当中，定义了两个整型的变量，作为一个点的 x 坐标和 y 坐标。在 main 函数中，定义了一个结构体的变量 pt，对 pt 的两个成员变量进行赋值，然后调用 C++的输出流类的对象 cout 输出这个点的坐标。

现在将结构体 point 的定义修改一下，写成例 3.2 这种形式。

例 3.2　带有成员函数坐标点结构的例子。

```
#include<iostream.h>
struct point
{
    int x;
    int y;
    void output()
    {
        cout<<x<<endl<<y<<endl;
    }
};
void main()
{
    point pt;
    pt.x=0;
    pt.y=0;
    pt.output();
}
```

在 point 这个结构体中加入了一个函数 output。我们知道在 C 语言中，结构体中是不能有函数的，然而在 C++中，结构体中是可以有函数的，称为成员函数。这样，在 main 函数中打印 x 和 y 坐标的值就可以按如下方式调用：

```
pt.output();
```

2. 结构体与类

将上面例 3.2 所示的 point 结构体定义中的关键字 struct 换成 class，得到如例 3.3 所示的类的定义。

例 3.3　一个坐标点类的定义。

```
#include<iostream.h>
class point
{
    int x;
```

```
        int y;
        void output()
        {
            cout<<x<<endl<<y<<endl;
        }
};
void main()
{
        point pt;
        pt.x=0;
        pt.y=0;
        pt.output();
}
```

这就是 C++中类的定义，看起来是不是和结构体的定义很类似？在 C++语言中，结构体是用关键字 struct 声明的类。类和结构体的定义除了使用关键字“class”和“struct”不同之外，更重要的是在成员的访问控制方面有所差异。结构体默认情况下，其成员是公有（public）的；类默认情况下，其成员是私有（private）的。在一个类当中，公有成员可以在类的外部进行访问，而私有成员就只能在类的内部进行访问。例如，现在设计家庭这样一个类，对于客厅，可以让家庭成员以外的人访问，就可以将客厅设置为 public；对于卧室，只有家庭成员才能访问，可以将其设置为 private。

如果编译例 3.3 所示的程序，将会出现如图 3-1 所示的错误提示信息，提示我们不能访问类中私有（private）的成员变量和成员函数。

```
error C2248: 'x' : cannot access private member declared in class 'point'
p(4) : see declaration of 'x'
error C2248: 'y' : cannot access private member declared in class 'point'
p(5) : see declaration of 'y'
error C2248: 'output' : cannot access private member declared in class 'point'
p(6) : see declaration of 'output'
```

图 3-1 在类的外部访问类中私有成员变量提示出错

3.1.2 类的定义

类主要由三部分组成，分别是类名、数据成员和成员函数。按访问权限划分，数据成员和成员函数又可分为三种，分别是公有数据成员与成员函数、保护数据成员与成员函数，以及私有数据成员与成员函数。类声明的一般格式如下：

```
class 类名 {
public:
    公有数据成员;
    公有成员函数;
protected:
    保护数据成员;
    保护成员函数;
private:
    私有数据成员;
    私有成员函数;
};
```

类的声明由关键字 class 开始，后跟类名，类名是标识符，花括号中是类体，最后以一个“;”结束。这里以日期为例，用一个类来描述日期，其形式如下：

```
class Date
{
public:
        void SetDate(int y, int m, int d);
        int IsLeapYear();
        void Print();
private:
        int year, month, day;
};
```

在此声明了一个类 Date，封装了有关数据和对这些数据的操作（即函数），分别称为类 Date 的数据成员和成员函数。

类体中一般有三个关键字：private、protected 和 public，称为访问权限关键字。每个关键字下面又都可以有数据成员和成员函数。数据成员和成员函数一般也统称为类的成员。

1. private（私有）成员

private 修饰部分称为类的私有部分，这部分的数据成员和成员函数称为类的私有成员。私有成员只能被本类的成员函数访问，而类的外部的任何访问都是非法的。这样，私有成员就被隐蔽在类中，在类的外部无法访问，从而实现了访问权限的有效控制。在类 Date 中就声明了三个只能由 Date 类成员函数访问的数据成员：year、month 和 day。

2. public（公有）成员

public 修饰部分称为类的公有部分，这部分的数据成员和成员函数称为类的公有成员。公有成员可以被程序中的函数（包括类内和类外）访问，即它对外是完全开放的。公有部分往往是一些操作（即成员函数），它是提供给用户的接口，来自类外部的访问需要通过这种接口来进行。例如，在类 Date 中声明了设置日期成员函数 SetDate()和日期显示成员函数 Print()，它们都是公有的成员函数，类外部想对类 Date 的私有数据进行操作，只能通过这两个函数来实现。

3. protected（保护）成员

protected 修饰部分称为类的保护部分，这部分的数据成员和成员函数称为类的保护成员。保护类成员可以被本类的成员函数访问，也可以被本类的派生类的成员函数访问，而在类的外部任何访问都是非法的，即它是半隐蔽的，这个问题将在以后章节中介绍。

说明：

（1）如果一个类体中没有一个访问权限关键字，则其中的数据成员和成员函数都默认为私有的。若私有部分处于类体中第一部分时，关键字 private 可以省略。

（2）针对具体的类来说，类声明格式中的三个部分并非一定要全有，但至少要有其中的一部分。类声明中的 private、protected 和 public 三个关键字可以按任意顺序出现任意次。

（3）在类体中不允许对所定义的数据成员进行初始化。

（4）类中的数据成员的类型可以是任意的，包含整型、浮点型、字符型、数组、指针和引用等，但是不能用自动（auto）、寄存器（register）或外部（extern）进行说明，也可以是对象。另一个类的对象，可以作该类的成员，但是作自身类的成员是不可以的，而自身类的指针或引用又是可以的。当一个类的对象作为某个类的成员时，如果这个类的的定义在后，则需要提前说明。

3.1.3 成员函数的定义

成员函数的定义可以采用以下两种方式：

1．类外定义成员函数

将成员函数以普通函数的形式进行定义，在类定义中只给出成员函数的原型，而成员函数体写在类的外部。这种成员函数在类外定义的一般形式是：

```
返回类型 类名::成员函数名（参数表）
{
    //函数体
}
```

例如，以下是表示学生类Student的定义：

```
class Student
{
public:
    void display();//公有成员函数原型声明
private:
    int num;
    string name;
    char sex;
};
void Student::display()//在类外定义 display 函数
{//函数体
    cout<<"num:"<<num<<endl;
    cout<<"name:"<<name<<endl;
    cout<<"sex:"<<sex<<endl;
}
```

在这个例子中，虽然函数display()的函数体写在类外部，但它属于类Student的成员函数，它可以直接使用类Student中的数据成员num、name和sex。

说明：在类的外部定义成员函数时，需要在成员函数名之前加上类名，在类名和函数之间应加上作用域标识符“::”，例如上面例子中的“Student::”。

2．类中定义成员函数

将成员函数以内联函数的形式进行定义。在C++中可以用以下两种格式将成员函数定义为类的内联函数：

（1）隐式定义

这种方法直接将函数体定义在类体中，例如：

```
class Student
{
public:
    void display()
    {
        cout<<"num:"<<num<<endl;
```

```
            cout<<"name:"<<name<<endl;
            cout<<"sex:"<<sex<<endl;
        }
    private:
        int num;
        string name;
        char sex;
    };
```

此时，函数 display()就是隐式的内联成员函数。在程序调用内联成员函数时，并不是真正地执行函数的调用过程（如保留返回地址等处理），而是把函数代码嵌入程序的调用点。这样可以大大减少调用成员函数的时间开销。

（2）显式定义

在类声明中只给出成员函数的原型，而成员函数体写在类的外部。但为了使它起内联函数的作用，在成员函数返回类型前加上关键字“inline”，以此显式地说明这是一个内联函数。其一般定义格式如下：

```
inline 返回类型 类名::成员函数（参数表）
{
    //函数体
}
```

例如上面的例子改为显式定义可变成如下形式：

```
class Student
{
public:
    void display();
private:
    int num;
    string name;
    char sex;
};
inline void Student::display()
{
    cout<<"num:"<<num<<endl;
    cout<<"name:"<<name<<endl;
    cout<<"sex:"<<sex<<endl;
}
```

说明：

①关键字 inline 必须与函数定义体放在一起才能使函数成为内联，仅将 inline 放在函数声明前面不起任何作用，编译器将它作为普通函数处理。例如函数说明写成：

```
inline void display();
```

不能说明这是一个内联函数，有效的定义应该如下：

```
inline void Student::display()
{
    cout<<"num:"<<num<<endl;
    cout<<"name:"<<name<<endl;
```

```
        cout<<"sex:"<<sex<<endl;
    }
```

②内联函数的定义必须出现在内联函数第一次被调用之前。

③通常只有较短的成员函数才定义为内联函数，对于较长的成员函数最好作为一般函数来处理，否则将导致更高的内存消耗。

3.1.4 对象的定义及使用

1. 类和对象的关系

通常我们把具有共同属性和行为的事物所构成的集合称为类。在 C++中，可以把相同数据结构和系统操作集的对象看成属于同一类。

一个类就是用户声明的一种数据类型，而且是抽象数据类型。每一种数据类型（包括预定义数据类型和自定义数据类型）都是对某一类数据的抽象，在程序中定义的每一个变量都是所属数据类型的一个实例。类的对象可以看成是该类类型的一个实例，定义一个对象和定义一个普通变量相似。

在 C++中，类与对象间的关系可以用数据类型 int 和整型变量 i 之间的关系来类比。类类型和 int 类型均代表的是一种数据抽象的概念，而对象和整型变量却是代表具体的东西。正像定义 int 类型的变量一样，也可定义类的变量。C++把类的变量叫作类的对象，对象也称为类的实例。

2. 对象的定义

我们已经知道，对象是类的实例。对象属于某个已知的类。因此，定义对象之前，一定要先定义好该对象的类。定义对象可以有以下几种方法：

（1）声明了类之后，在使用时再定义对象，定义对象的格式与一般变量的定义格式相同，例如：

```
class Student
{
public:
    void display()
    {
        cout<<"num:"<<num<<endl;
        cout<<"name:"<<name<<endl;
        cout<<"sex:"<<sex<<endl;
    }
private:
    int num;
    char name[20];
    char sex;
};
```

声明 Student 类后，定义对象有两种形式：

- class 类名 对象名表

如：class Student stud1,stud2;//把 class 和 Student 合起来作为一个类名，用来定义对象。

- 类名 对象名表

如：Student stud1,stud2;//直接用类名定义对象。

这两种方法是等效的。前一种方法是从 C 语言继承下来的，后一种方法是 C++的特色，显然这种方法更为简捷方便。

（2）在声明类的同时直接定义对象，即在声明类的右花括号“}”后，直接写出属于该类的对象名表。例如：

```
class Student
{
public:
    //…
private:
    //…
}stud1,stud2;
```

在声明类 Student 的同时，直接定义了对象 stud1 和 stud2。这时定义的对象是一个全局对象。

（3）不出现类名，直接定义对象。例如：

```
class//无类名
{
public:
    //…
private:
    //…
}stud1,stud2;//定义两个无类名的类对象
```

说明：

①直接定义对象在 C++中是合法的、允许的，但却很少用，也不提倡用。在实际的程序开发中，一般都采用上面三种方法中的第 1 种方法。在小型程序中或所声明的类只用于本程序时，也可以用第 2 种方法。

②声明了一个类便声明了一种类型，它并不接受和存储具体的值，只作为生成具体对象的一种“样板”，只有定义了对象后，系统才为对象分配存储空间。

3. 对象中成员的访问

在程序中经常需要访问对象中的成员。访问对象中的成员可以有三种方法：

（1）通过对象名和成员运算符访问对象中的成员

不论是数据成员，还是成员函数，只要是公有的，在类的外部都可以通过类的对象进行访问，访问的一般形式是：

```
对象名.成员名
```

其中“.”是成员运算符，用来对成员进行限定，指明所访问的是哪一个对象中的成员。注意不能只写成员名而忽略对象名。例如在程序中可以写出以下语句：

```
stud1.num=1001;//假设 num 已定义为公有的整型数据成员
stud1.display();//正确，调用对象 stud1 的公有成员函数
display();//错误，没有指明是哪一个对象的 display 函数。编译时把 display 作为普通函数处理。
```

如果已定义 num 为私有数据成员，下面的语句是错误的：

```
stud1.num=10101;//num 是私有数据成员，不能被外界引用
```

例 3.4　使用类 Date 的完整程序。

```
#include<iostream.h>
class Date{
```

```
public:
        void SetDate(int y,int m,int d)
        {
                year=y;month=m;day=d;
        }
        void ShowDate()
        {
                cout<<year<<"."<<month<<"."<<day<<endl;
        }
private:
        int year;
        int month;
        int day;
};
void main()
{
        Date dt1,dt2;
        dt1.SetDate(2010,5,12);//调用 dt1 的 SetDate()，初始化对象 dt1
        dt2.SetDate(2012,6,25);//调用 dt2 的 SetDate()，初始化对象 dt2
        dt1.ShowDate();//调用 dt1 的 ShowDate()，显示对象 dt1 中的值
        dt2.ShowDate();//调用 dt2 的 ShowDate()，显示对象 dt2 中的值
}
```

程序运行结果如下：

```
2010.5.12
2012.6.25
```

（2）通过指向对象的指针访问对象中的成员

在 C 语言中已经介绍了指向结构体变量的指针，可以通过指针引用结构体中的成员。用指针访问对象中的成员的方法与此类似，访问的一般形式是：

对象指针名->成员名

例如：

```
class Time
{
public : //数据成员是公用的
    int hour;
    int minute;
};
Time t,*p;//定义对象 t 和指针变量 p
p=&t;//使 p 指向对象 t
cout<<p->hour;//输出 p 指向的对象中的成员 hour
```

在 p 指向 t 的前提下，p->hour，(*p).hour 和 t.hour 三者等价。

（3）通过对象的引用变量访问对象中的成员

如果为一个对象定义了一个引用变量，它们共占同一段存储单元，实际上它们是同一个对象，只是用不同的名字表示而已。因此完全可以通过引用变量来访问对象中的成员，访问的一般形式是：

对象引用名.成员名

例如，如果已声明了 Time 类，并有以下定义语句：

```
Time t1; //定义对象 t1
Time &t2=t1;//定义 Time 类引用变量 t2，并使之初始化为 t1
cout<<t2.hour;//输出对象 t1 中的成员 hour
```

由于 t2 与 t1 共占同一段存储单元（即 t2 是 t1 的别名），因此 t2.hour 就是 t1.hour。

3.1.5　类的作用域和类成员的访问属性

1. 类的作用域

作用域就是一个标识符能够起作用的程序范围。所谓类的作用域就是指在类声明中的一对花括号所括起来的部分。

类的作用域简称类域，在类域中定义的变量不能使用 auto、register 和 extern 等修饰符，只能用 static 修饰符，而定义的函数也不能用 extern 修饰符。另外，在类域中的静态数据成员和成员函数还具有外部的连接属性。

通俗地讲在类的作用域（一对花括号括起来的部分）中，所有标识符（包括数据成员和成员函数）相互之间都是可见的，所以成员函数可以不受限制地访问该类的成员。而在类的外部，对该类的数据成员或成员函数的访问则要受到一定的限制，有时甚至是不允许的，这体现了类的封装性。通过下面的例子来帮助我们理解类的作用域。

例 3.5　理解类的作用域。

```
#include<iostream.h>
class test
{
public:
        int i;
        void init(int);
        void show()
        {cout<<"i="<<i<<endl;}//可以访问类中的数据成员 i
};
void test::init(int k)
{i=k;}                              //可以访问类中的数据成员 i
int fun()
{return i;}                         //非法，不能直接访问类中的数据成员 i
void main()
{
        test ob;
        ob.init(5);                 //给数据成员 i 赋初值 5
        ob.show();
        i=8;                        //非法，不能直接访问类中的数据成员 i，可改写成 ob.i=8
        ob.show();
}
```

本例中声明了类 test，它有一个数据成员 i，两个成员函数 init()和 show()，这些成员都是公有成员。在两个成员函数中都访问了类 test 的数据成员 i。根据类的定义外部函数可以访问对象的公有成员，那么 fun()和 main()中能够直接访问类中的公有数据成员 i 吗？

编译上面的程序，在标出非法的两行语句上产生了错误，原因是这两行语句中使用了没有定义的变量 i。这表明对于 fun()和 main()中访问的 i，并不是类 test 中定义的公有数据成员 i，所以在类的外部不能直接以变量名访问数据成员。虽然函数 test::init()定义在类说明的花括号外面，但它仍是类的一部分，也包含在类的作用域中，所以可以直接用变量名访问数据成员 i。

若要在 main()中访问对象 ob 的数据成员 i，必须指明对象名，即像下面这样访问：

```
ob.i=1;
```

如果在例 3.5 的程序前面加上一个全局变量 i 的说明：

```
int i;
```

则 fun()和 main()中对 i 的访问不会产生错误，但访问的是全局变量 i，而不是数据成员 i。在类的成员函数中访问的 i 仍然是数据成员 i，而不是全局变量 i。

2. 类成员的访问属性

在不考虑继承的情况下，我们归纳一下类成员的访问属性。类成员有三种访问属性：公有类型（public）、私有类型（private）和保护类型（protected）。

（1）类型说明为公有的成员不但可以被类中成员函数访问；还可以在类的外部通过类的对象进行访问。

（2）类型说明为私有的成员只能被类中成员函数访问，不能在类的外部通过类的对象进行访问。

（3）类型说明为保护的成员除了类本身的成员函数可以访问外，该类的派生类的成员也可以访问，但不能在类的外部通过类的对象进行访问。

前面讲过，类的成员函数可以访问类的所有成员，没有任何限制，而类的对象对类的成员访问受类的成员的访问属性所制约。例如声明了以下一个类：

```
class Sample
{
public:
        int i;
        int geti()
        {return i;}          //类的成员函数可以访问类的公有成员
        int getj()
        {return j;}          //类的成员函数可以访问类的私有成员
        int getk()
        {return k;}          //类的成员函数可以访问类的保护成员
private:
        int j;
protected:
        int k;
};
//...
Sample aa;                   //定义类 Sample 的对象 aa
aa.i;                        //合法，通过对象访问公有成员 i
aa.j;                        //非法，通过对象访问私有成员 j
aa.k                         //非法，通过对象访问保护成员 k
//...
```

类 Sample 的成员函数可以访问类中所有成员，类 Sample 的对象 aa 只能访问类的公有成员 i，而不能访问类 Sample 的私有成员 j 和保护成员 k。

一般来说，公有成员是类的对外接口，而私有成员和保护成员是类的内部数据和内部实现，不希望外界访问。将类的成员划分为不同的访问级别有两个好处：一是信息隐蔽，即实现封装，将类的内部数据与内部实现和外部接口分开，这样使该类的外部程序不需要了解类的详细实现；二是数据保护，即将类的重要信息保护起来，以免被其他程序不恰当地修改。

3.2　构造函数与析构函数

构造函数和析构函数都是类的成员函数，但它们都是特殊的成员函数，执行特殊的功能，无需调用便自动执行，而且这些函数的名字与类的名字有关。

3.2.1　对象的初始化和构造函数

1. 对象的初始化

在建立一个对象时，常常需要做某些初始化的工作，例如对数据成员赋初值。如果一个数据成员未被赋值，则它的值是不可预知的，因为在系统为它分配内存时，保留了这些存储单元的现状，这就成为了这些数据成员的初始值。这种状况显然不符合人们的期望。对象是一个实体，它反映了客观事物的属性（例如时钟的时、分、秒的值），应该有确定的值。

注意：类的数据成员不能在声明类时初始化。如果一个类中所有成员都是公有的，则可以在定义对象时对数据成员进行初始化。如：

```
class Time
{
    public : //声明为公有成员
    hour;
    minute;
    sec;
};
Time t1={14,56,30}; //将 t1 初始化为 14:56:30
```

这种情况和结构体变量的初始化差不多，在一个花括号内顺序列出各公用数据成员的值，两个值之间用逗号分隔。但是，如果数据成员是私有的，或者类中有 private 或 protected 的成员，就不能用这种方法初始化。

在前边讲过的几个例子中，是用成员函数来对对象中的数据成员进行赋值（如例 3.4 中的 SetDate 函数）。从下面例子中可以看到，用户在主函数中调用 set_time 函数来为数据成员赋值。

例 3.6　使用成员函数初始化对象。

```
#include<iostream.h>
class Time{
public:
    void set_time(int h,int m,int s)
    {
        hour=h;
        minute=m;
```

```
            sec=s;
        }
        void show_time()
        {
            cout<<hour<<":"<<minute<<":"<<sec<<endl;
        }
    private:
        int hour;
        int minute;
        int sec;
    };
    void main()
    {
        Time t1;
        t1.set_time(8,15,30);
        t1.show_time();
    }
```

程序运行后结果如下：

```
8:15:30
```

2. 构造函数

如果对一个类定义了多个对象，而且类中的数据成员比较多，那么，使用成员函数对对象进行初始化就显得非常臃肿烦琐。为解决这个问题，C++提供了构造函数（constructor）来处理对象的初始化。

构造函数是一种特殊的成员函数，它主要用于为对象分配空间，进行初始化。构造函数除了具有一般成员函数的特征外，还具有一些特殊的性质：

（1）构造函数的名字必须与类名相同。

（2）构造函数被声明为公有函数，与其他成员函数不同，不需要用户来调用它，而是在建立对象时自动执行。

（3）构造函数没有返回值，因此也不需要在定义构造函数时声明类型，这是它和一般函数的一个重要的不同点。

（4）构造函数可以重载，即一个类中可以定义多个参数个数或参数类型不同的构造函数。

（5）如果用户自己没有定义构造函数，则 C++系统会自动生成一个构造函数，只是这个构造函数的函数体是空的，也没有参数，不执行初始化操作。

下面我们为 Time 类建立一个构造函数。

例 3.7 为类 Time 建立一个构造函数。

```
#include<iostream.h>
class Time{
public:
    Time()
    {
      hour=0;
      minute=0;
```

```
            sec=0;
        }
        void set_time();
        void show_time();
    private:
        int hour;
        int minute;
        int sec;
};
void Time::set_time( )
{
    cin>>hour;
    cin>>minute;
    cin>>sec;
}
void Time::show_time( )
{
    cout<<hour<<":"<<minute<<":"<<sec<<endl;
}
void main()
{
    Time t1;
    t1.set_time();
    t1.show_time();
    Time t2;
    t2.show_time();
}
```

程序运行如下：

```
8 20 35↙
8:20:35
0:0:0
```

上面是在类内定义构造函数，也可以只在类内对构造函数进行声明而在类外定义构造函数。将程序中的第 4～9 行改为下面一行：

```
Time( ); //对构造函数进行声明
```

在类外定义构造函数：

```
Time::Time( ) //在类外定义构造成员函数，要加上类名 Time 和作用域标识符“::”
{
    hour=0;
    minute=0;
    sec=0;
}
```

3．带参数的构造函数

在例 3.7 中构造函数不带参数，在函数体中对数据成员赋初值。这种方式使该类的每一个对象都得到同一组初值（例如例 3.7 中各数据成员的初值均为 0）。

但有时用户希望对不同的对象赋予不同的初值。可以采用带参数的构造函数，在调用不同对象的构造函数时，从外面将不同的数据传递给构造函数，以实现不同的初始化。

构造函数首部的一般格式为：

构造函数名(类型 1 形参 1,类型 2 形参 2,…)

前面已说明用户是不能调用构造函数的，因此无法采用常规的调用函数的方法给出实参。实参是在定义对象时给出的。通常，利用构造函数创建对象并传递实参有以下两种方法：

（1）用构造函数直接创建对象,其一般形式为：

类名 对象名(实参 1,实参 2,…);

例 3.8 利用带参数的构造函数创建对象。

```
#include <iostream.h>
class Box
{
    public :
    Box(int,int,int);
    int volume( );
    private :
    int height;
    int width;
    int length;
};
Box::Box(int h,int w,int len) //在类外定义带参数的构造函数
{
    height=h;
    width=w;
    length=len;
}
int Box::volume( ) //定义计算体积的函数
{
    return (height*width*length);
}
int main( )
{
    Box box1(12,25,30); //建立对象 box1，并指定 box1 长、宽、高的值
    cout<<"The volume of box1 is "<<box1.volume( )<<endl;
    Box box2(15,30,21); //建立对象 box2，并指定 box2 长、宽、高的值
    cout<<"The volume of box2 is "<<box2.volume( )<<endl;
    return 0;
}
```

程序运行结果如下：

```
The volume of box1 is 9000
The volume of box2 is 9450
```

从上面的例子可看出，在 main()函数中没有显示调用构造函数 Box()的语句。构造函数是在定义对象时被系统自动调用的，带参数的构造函数中的形参，其对应的实参在定义对象时给定。用这种方法可以方便地实现对不同的对象进行不同的初始化。

（2）利用构造函数创建对象时，通过指针和 new 来实现。其一般语法形式为：

类名 *指针变量=new 类名(实参 1,实参 2,…);

例如：

```
Box *pb=new Box(12,25,30);
```

下面，将例 3.8 的主函数改为用如下方法来实现，其运行结果与原例题完全相同。

```
int main( )
{

    Box *pb1=new Box(12,25,30);
    cout<<"The volume of box1 is "<<pb1->volume( )<<endl;
    Box *pb2=new Box(15,30,21);
    cout<<"The volume of box2 is "<<pb2->volume( )<<endl;
    return 0;
}
```

3.2.2 用参数初始化列表对数据成员初始化

上面介绍的是在构造函数的函数体内通过赋值语句对数据成员实现初始化。C++还提供另一种初始化数据成员的方法——参数初始化列表来实现对数据成员的初始化。这种方法不在函数体内对数据成员初始化，而是在函数首部实现。

带有参数初始化列表的构造函数的一般形式如下：

类名::构造函数名(类型 1 形参 1,类型 2 形参 2,…):数据成员名 1(初始值 1),数据成员名 2(初始值 2), …

一般情况下，使用参数初始化列表对数据成员初始化和使用构造函数对数据成员赋值效果是一样的，但在以下几种情况时必须使用参数初始化列表对数据成员初始化：

（1）常量成员，因为常量只能初始化不能赋值，所以必须放在参数初始化列表里面。

（2）引用类型，引用必须在定义的时候初始化，并且不能重新赋值，所以也要写在初始化列表里面。

（3）成员类型是没有默认构造函数的类，若没有提供显式参数初始化列表方式完成初始化，则编译器隐式地使用成员类型的默认构造函数。若类没有默认构造函数，则编译器尝试使用默认构造函数将会失败。

下面一段代码定义了 ABC 和 MyClass 两个类，其中 ABC 有显式的带参数的构造函数，则它无法依靠编译器生成无参构造函数（默认构造函数），所以没有三个 int 整型数，就无法创建 ABC 的对象。ABC 类对象是 MyClass 的成员，想初始化它的对象 abc，那就只能用参数初始化列表来完成，没有其他办法将参数传递给 ABC 类构造函数。

```
class ABC{
public:
        ABC(int x,int y,int z)
        {a=x;b=y;c=z;}
private:
        int a;
        int b;
        int c;
};
```

```
class MyClass{
public:
    MyClass():abc(1,2,3){}
private:
    ABC abc;
};
```

例 3.9 参数初始化列表的使用。

```
#include<iostream.h>
class A{
public:
    A(int i):x(i),rx(x),pi(3.14)//rx(x)相当于 rx=x
    {}                          //pi(3.14)相当于 pi=3.14
    void display()
    { cout<<"x="<<x<<" rx="<<rx<<" pi="<<pi<<endl;}
private:
    int x;
    int &rx;
    const float pi;
};
void main()
{
    A aa(10);
    aa.display();
}
```

程序运行结果如下：

```
x=10 rx=10 pi=3.14
```

通过参数初始化列表就可以在类的声明中对常量类型和引用类型进行初始化了。实际上，除了以上原因外，构造函数采用参数初始化列表对数据成员进行初始化，更加简洁明了。例如例 3.8 中定义构造函数可以改用以下形式：

```
Box::Box(int h,int w,int len):height(h),width(w),length(len){ }
```

这种写法方便简练，尤其当需要初始化的数据成员较多时更显其优越性。甚至可以直接在类体中（而不是在类外）定义构造函数。

说明：类成员是按照它们在类中出现的顺序进行初始化的，而不是按照它们在参数初始化列表出现的顺序初始化的。

例如，下面的代码在构造函数的初始化列表中对两个成员进行初始化，但结果出乎意料。

例 3.10 在构造函数的初始化列表中对成员进行初始化。

```
#include<iostream.h>
class CMyClass{
public:
    CMyClass(int x, int y):m_y(x),m_x(m_y)
    {
        cout<<"m_x="<<m_x<<endl;
        cout<<"m_y="<<m_y<<endl;
    }
```

```
private:
        int m_x;
        int m_y;
};
void main()
{
        CMyClass mc(15,10);
}
```

程序运行结果如下：

```
m_x=-858993460
m_y=15
```

m_x 的值是随机值，因为虽然 m_y 在初始化列表里面出现在 m_x 前面，但是 m_x 先于 m_y 定义，所以先初始化 m_x，而 m_x 由 m_y 初始化，此时 m_y 尚未初始化，所以导致 m_x 的值未定义。一个好的习惯是，按照成员定义的顺序进行初始化。

3.2.3　构造函数的重载

在一个类中可以定义多个构造函数，以便为类对象提供不同的初始化的方法，供用户选用。这些构造函数具有相同的名字，而参数的个数或参数的类型不相同，这称为构造函数的重载。

通过下面的例子可以了解怎样应用构造函数的重载。例 3.11 在例 3.8 的基础上，定义了两个构造函数，其中一个无参数，一个有参数。

例 3.11　重载构造函数应用实例。

```
#include <iostream.h>
class Box
{
    public :
    Box();
    Box(int,int,int);
    int volume( );
    private :
    int height;
    int width;
    int length;
};
Box::Box()//在类外定义一个无参的构造函数
{
      height=10;
      width=10;
      length=10;
}
Box::Box(int h,int w,int len) //在类外定义带参数的构造函数
{
    height=h;
    width=w;
    length=len;
```

```
}
int Box::volume( ) //定义计算体积的函数
{
    return (height*width*length);
}
int main( )
{

    Box box1;
    cout<<"The volume of box1 is "<<box1.volume( )<<endl;
    Box box2(12,30,25);
    cout<<"The volume of box2 is "<<box2.volume( )<<endl;
    return 0;
}
```

程序运行结果如下：

```
The volume of box1 is 1000
The volume of box2 is 9000
```

说明：

（1）调用构造函数时不必给出实参的构造函数称为默认构造函数（default constructor）。显然，无参的构造函数属于默认构造函数。一个类只能有一个默认构造函数。

（2）如果在建立对象时选用的是无参构造函数，应注意正确书写定义对象的语句。如在例 3.11 中使用无参构造函数创建对象时，应该用语句“Box box1;”，而不是用语句“Box box1();”。因为语句“Box box1();”表明声明一个名为 box1 的普通函数。

（3）尽管在一个类中可以包含多个构造函数，但对于每一个对象来说，建立对象时只执行其中一个构造函数，并非每个构造函数都被执行。

3.2.4 带默认参数的构造函数

构造函数中参数的值既可以通过实参传递，也可以指定为某些默认值，即如果用户不指定实参值，编译系统就使形参取默认值。在构造函数中也可采用这样的方法来实现初始化。

例 3.11 的问题也可以使用包含默认参数的构造函数来处理。例 3.12 将例 3.11 程序中的构造函数改用含默认值的参数，长、宽、高的默认值均为 10。

例 3.12 带默认参数的构造函数应用实例。

```
#include<iostream.h>
class Box{
public:
    Box(int h=10,int w=10,int len=10); //在声明构造函数时指定默认参数
    int volume( );
private:
    int height;
    int width;
    int length;
};
Box::Box(int h,int w,int len) //在定义函数时可以不指定默认参数
{
```

```
        height=h;
        width=w;
        length=len;
    }
    int Box::volume( )
    {
        return (height*width*length);
    }
    int main( )
    {
        Box box1; //没有给实参
        cout<<"The volume of box1 is :"<<box1.volume( )<<endl;
        Box box2(15); //只给定一个实参
        cout<<"The volume of box2 is :"<<box2.volume( )<<endl;
        Box box3(15,30); //只给定 2 个实参
        cout<<"The volume of box3 is :"<<box3.volume( )<<endl;
        Box box4(15,30,20); //给定 3 个实参
        cout<<"The volume of box4 is :"<<box4.volume( )<<endl;
        return 0;
    }
```

程序运行结果如下：

```
The volume of box1 is :1000
The volume of box2 is :1500
The volume of box3 is :4500
The volume of box4 is :9000
```

在类 Box 中，构造函数 Box()的三个参数均含有默认参数值 10。因此，在定义对象时可根据需要使用其默认值。

在上面定义了四个对象 box1、box2、box3 和 box4，它们都是合法的对象。由于传递参数的个数不同，使它们的私有数据成员 height、width 和 length 取得不同值。由于在定义 box1 时没有传递参数，所以 height、width 和 length 均取构造函数的默认值 10；定义 box2 时传递了一个参数，这个参数传递给了构造函数的第一个形参，而第二个、第三个形参使用默认值。则对象 height 取值为 15，width 和 length 取值为 10；定义 box3 时传递了两个参数，这两个参数传递给了构造函数的第一个形参和第二个形参，而第三个形参使用默认值。则对象 height 取值为 15，width 取值为 30，length 取值为 10；定义 box4 时传递了三个参数，这三个参数传递给了构造函数的第一个、第二个和第三个形参，则对象 height 取值为 15，width 取值为 30，length 取值为 20。

在构造函数中使用默认参数非常方便有效，它提供了建立对象时的多种选择，它的作用相当于好几个重载的构造函数。即使在调用构造函数时没有提供实参值，不仅不会出错，而且还能确保按照默认的参数值对对象进行初始化。尤其在希望每一个对象都有同样的初始化状况时用这种方法更为方便。

说明：

（1）应该在声明构造函数时指定默认值，而不能只在定义构造函数时指定默认值。

（2）程序第 4 行在声明构造函数时，形参名可以省略。例如：

```
Box(int =10,int =10,int =10); //在声明构造函数时指定默认参数
```

（3）如果构造函数的全部参数都指定了默认值，则在定义对象时可以传递一个或几个实参，也可以不传递实参。

（4）在一个类中定义了全部带有默认参数的构造函数后，不能再定义重载构造函数。例如：

```
class x{
public:
        x();                //没有参数构造函数
        x(int i=0);         //带默认值参数的构造函数
};
//...
void main()
{
        x one(10);          //正确，调用 x(int i=0)
        x two;              //存在二义性
}
```

该例定义了两个重载构造函数 x，其中一个没有参数，另一个带有默认值参数。创建对象 two 时由于没有给出参数，既可以调用第一个构造函数，也可以调用第二个构造函数。这时编译系统无法确定应该调用哪一个构造函数，因此产生了二义性。

3.2.5 析构函数

析构函数（destructor）也是一个特殊的成员函数，它的作用与构造函数相反，它的名字是类名的前面加一个“～”符号。析构函数的作用并不是删除对象，而是在撤销对象占用的内存之前完成一些清理工作，使这部分内存可以被程序分配给新对象使用。程序设计者事先设计好析构函数，以完成所需的功能，只要对象的生命期结束，程序就自动执行析构函数来完成这些工作。

具体地说如果出现以下几种情况，程序就会执行析构函数：

（1）如果在一个函数中定义了一个对象（它是自动局部对象），当这个函数调用结束时，对象应该释放，在对象释放前自动执行析构函数。

（2）static 局部对象在函数调用结束时对象并不释放，因此也不调用析构函数，只在 main 函数结束或调用 exit 函数结束程序时，才调用 static 局部对象的析构函数。

（3）如果定义了一个全局对象，则在程序的流程离开其作用域时（如 main 函数结束或调用 exit 函数），调用该全局对象的析构函数。

（4）如果用 new 运算符动态地创建了一个对象，当用 delete 运算符释放该对象时，先调用该对象的析构函数。

析构函数有以下一些特点：

（1）如果用户没有定义析构函数，C++编译系统会自动生成一个析构函数，但它只是徒有析构函数的名称和形式，实际上什么操作都不执行。

（2）析构函数不返回任何值，没有函数类型，也没有函数参数，而且不能被重载。因此一个类只能有一个析构函数。

（3）当撤销对象时，编译系统会自动地调用析构函数。

下面我们重新定义类 Student，使它既含有构造函数，又含有析构函数。

例 3.13　带有构造函数和析构函数的 Student 类。

```
#include<string>
#include<iostream>
using namespace std;
class Student //声明 Student 类
{
public:
    Student(int n,string nam,char s ) //定义构造函数
    {
        num=n;
        int len=nam.size();//求字符串变量 nam 的长度
        nam.copy(name,len,0);//将 nam 的内容拷贝给 name，长度为 len，从 0 开始
        name[len]='\0';//在 name 字符串最后加结束符
        sex=s;
        cout<<"Constructor called."<<endl; //输出有关信息
    }
    ~Student( ) //定义析构函数
    {
        cout<<"Destructor called."<<endl;
    } //输出有关信息
    void display( ) //定义成员函数
    {
        cout<<"num: "<<num<<endl;
        cout<<"name: "<<name<<endl;
        cout<<"sex: "<<sex<<endl<<endl;
    }
private:
    int num;
    char name[20];
    char sex;
};

int main( )
{
    Student stud1(10010,"Wang_li",'f'); //建立对象 stud1
    stud1.display( ); //输出学生 1 的数据
    Student stud2(10011,"Zhang_fun",'m'); //定义对象 stud2
    stud2.display( ); //输出学生 2 的数据
    return 0;
}
```

在类 Student 中定义了构造函数和析构函数，其中构造函数中用 String 字符串变量对字符数组进行赋值，中间做了一些转换，所以在使用的头文件中都没有“.h”，并用到了命名空间，前面章节有详细描述，这里不再赘述；由于类 Student 较为简单，对象撤销不需要什么特殊的清理工作，因此让析构函数只输出一个串“Destructor called.”。

程序执行结果如下：

```
Constructor called.
```

```
num: 10010
name: Wang_li
sex: f

Constructor called.
num: 10011
name: Zhang_fun
sex: m

Destructor called.
Destructor called.
```

下面还是以 Student 类为例，对该类稍做修改，数据成员 name 改为字符指针，在构造函数中用运算符 new 为 name 动态分配内存空间，在析构函数中用运算符 delete 释放已分配的存储空间。这是构造函数和析构函数最常见的用法。

例 3.14 带有构造函数和析构函数的 Student 类。

```
#include<string.h>
#include<iostream.h>
class Student //声明 Student 类
{
public:
    Student(int n,char *nam,char s ) //定义构造函数
    {
        num=n;
        name= new char[strlen(nam)+1];
        strcpy(name,nam);
        sex=s;
        cout<<"Constructor called."<<endl; //输出有关信息
    }
    ~Student( ) //定义析构函数
    {
        cout<<"Destructor called."<<endl;
        delete []name;
    } //输出有关信息
    void display( ) //定义成员函数
    {
        cout<<"num: "<<num<<endl;
        cout<<"name: "<<name<<endl;
        cout<<"sex: "<<sex<<endl<<endl;
    }
private:
    int num;
    char *name;
    char sex;
};

int main( )
{
```

```
    Student stud1(10010,"Wang_li",'f'); //建立对象 stud1
    stud1.display( ); //输出学生 1 的数据
    Student stud2(10011,"Zhang_fun",'m'); //定义对象 stud2
    stud2.display( ); //输出学生 2 的数据
    return 0;
}
```

3.3　对象数组和对象指针

对象作为类类型的变量与C++中的其他基本变量一样，也可以被定义为数组形式和指针形式。

3.3.1　对象数组

所谓对象数组是指每一个数组元素都是对象的数组，也就是说，若一个类有若干个对象，我们把这一系列的对象用一个数组来存放。对象数组的元素是对象，不仅具有数据成员，而且还有函数成员。

1．对象数组的定义及访问

对象数组的定义格式为：

类名 对象数组名[下标表达式]…[={初始化列表}];

其中对象数组元素的存储类型与变量一样有 extern 型、static 型和 auto 型等，该对象数组元素由类名指明所属类，与普通数组类似，方括号内下标表达式给出某一维的元素个数，对象向量只有一个方括号，二维对象数组有两个方括号，如此类推。

例如：

```
Point p1[4];//定义了类 Point 的对象一维数组 p1，数组元素的个数为 4
Point p2[3][4];//定义了类 Point 的对象二维数组 p2，数组的大小为 3 行 4 列
```

与基本数据类型的数组一样，在使用对象数组时也只能访问单个数组元素，也就是一个对象，通过这个对象，也可以访问到它的公有成员，一般形式是：

数组名[下标][…].成员名

例 3.15　对象数组的应用。

```
#include<iostream.h>
class Point{
    int x, y;
public :
    Point() { x = y = 0; }
    Point(int xi, int yi)
    { x = xi; y = yi; }
    Point(int c) { x = y = c; }
    void Print( )
    {
        cout << "(" << x<< "," << y << ")";
    }
};
void main()
{
```

```
    Point p1[4];
    Point p2[4]={5,6,7,8};
    Point p3[4]={Point(9,10),Point(11,12),Point(13,14),Point(15,16)};
    Point p4[4]={Point(17,18),Point(19,20)};
    Point p5[2][2]={21,22,Point(23,24)};
    for(int i=0;i<4;i++)
        p1[i].Print();
    cout<<endl;
    p1[0]=Point(1,1);
    p1[1]=Point(2,2);
    p1[2]=Point(3,3);
    p1[3]=Point(4,4);
    for(i=0;i<4;i++)
        p1[i].Print();
    cout<<endl;
    for(i=0;i<4;i++)
        p2[i].Print();
    cout<<endl;
    for(i=0;i<4;i++)
        p3[i].Print();
    cout<<endl;
    for(i=0;i<4;i++)
        p4[i].Print();
    cout<<endl;
    for(i=0;i<2;i++)
        for(int j=0;j<2;j++)
            p5[i][j].Print();
    cout<<endl;
}
```

程序运行结果如下：

```
(0,0)(0,0)(0,0)(0,0)
(1,1)(2,2)(3,3)(4,4)
(5,5)(6,6)(7,7)(8,8)
(9,10)(11,12)(13,14)(15,16)
(17,18)(19,20)(0,0)(0,0)
(21,21)(22,22)(23,24)(0,0)
```

2. 对象数组的初始化

（1）当对象数组所属类含有带参数的构造函数时，可用初始化列表按顺序调用构造函数初始化对象数组的每个元素。如上例中：

```
Point p3[4]={Point(9,10),Point(11,12),Point(13,14),Point(15,16)};
```

如果类定义中有无参构造函数，也可以先定义后再给每个元素赋值，其赋值格式为：

```
对象数组名[行下标] [列下标] = 构造函数名(实参表);
```

例如：

```
Point p1[4];
p1[0]=Point(1,1);
```

```
p1[1]=Point(2,2);
p1[2]=Point(3,3);
p1[3]=Point(4,4);
```

（2）若对象数组所属类含有单个参数的构造函数，那么对象数组的初始化列表可简写为每个数组元素的初始化的实参列表。例如：

```
Point p2[4]={5,6,7,8};
```

当然也可以写成如下形式：

```
Point p2[4]={Point(5),Point(6),Point(7),Point(8)};
```

（3）对象数组创建时若没有初始化列表，其所属类中必须定义无参数的构造函数，在创建对象数组的每个元素时自动调用它。

例如：

```
Point p1[4];
```

说明：

（1）如果对象数组所属类没有无参构造函数，使用“Point p1[4];”定义数组时编译将报错，所以当我们要使用对象数组时，最好定义一个该类的无参构造函数以免出错。注意：C++规定无参的构造函数为系统缺省构造函数，当某个类没有定义构造函数时，系统会创建一个缺省的构造函数（实质上是一个空函数体）；如果该类定义了有参构造函数，系统不会创建缺省构造函数，根据程序需要就必须要编写一个无参构造函数。

（2）对象数组初始化列表中可以使用单个参数的构造函数，也可以使用多参数的构造函数，当然也可以调用缺省的构造函数（无参构造函数）。例如：

```
Point p5[2][2]={21,22,Point(23,24)};
```

在初始化列表中 p5[0][0]、p5[0][1]调用的是单参数的构造函数；p5[1][0]调用的是 2 个参数的构造函数；p5[1][1]调用的是缺省构造函数（无参构造函数）。

（3）多维对象数组的定义与一维数组类似，多维数组的使用与普通的二维数组的使用一样。例如：

```
Point p5[2][2]={21,22,Point(23,24)};//定义二维对象数组
p5[0][1].Print();//二维对象数组元素公有成员的访问
```

（4）如果对象数组所属类含有析构函数，每当创建对象数组时，按每个元素的排列顺序调用构造函数，每当撤消数组时，按相反的顺序调用析构函数。

例 3.16　对象数组构造函数和析构函数的调用顺序。

```
#include<iostream.h>
#include<string.h>
class Personal{
        char name[20];
public :
        Personal(char * n)
        {
                strcpy(name , n);
                cout<<name<<" says hello !\n";
        }
        ~Personal(void)
        {
```

```
            cout<<name<<" says goodbye !\n";
        }
    };
    void main()
    {
        cout<<"创建对象数组,调用构造函数 :\n";
        Personal people[3]={"Wang", "Li", "Zhang"};
        cout<<"撤消对象数组,调用析构函数 :\n";
    }
```

程序运行结果如下：

```
创建对象数组,调用构造函数 :
Wang says hello !
Li says hello !
Zhang says hello !
撤消对象数组,调用析构函数 :
Zhang says goodbye !
Li says goodbye !
Wang says goodbye !
```

3.3.2 对象指针

1. 指向对象的指针

每一个对象在初始化后都会在内存中占有一定的空间。因此，既可以通过对象名访问一个对象，也可以通过对象地址来访问一个对象。对象指针就是用于存放对象地址的变量。声明对象指针的一般形式为：

类名 *对象指针名;

说明对象指针的语法和说明其他数据类型指针的语法相同。使用对象指针时，首先要把它指向一个已创建的对象，然后才能访问该对象的公有成员。

在一般情况下，用点运算符（.）来访问对象的成员，当用指向对象的指针来访问对象成员时，就要用“->”操作符。下例展示了对象指针的使用。

（1）用指针访问单个对象成员

例 3.17 对象指针的使用。

```
#include <iostream.h>
class exe{
public:
    void set_a(int a)
    {x=a;}
    void show_a()
    {cout<<x<<endl;}
private:
    int x;
};
main()
{
    exe ob,*p;          //声明类 exe 的对象 ob 和类 exe 的对象指针 p
```

```
        ob.set_a(2);
        ob.show_a();        //利用对象名访问对象的成员
        p=&ob;              //将对象 ob 的地址赋给对象指针 p
        p->show_a();        //利用对象指针访问对象的成员
        return 0;
    }
```

程序的运行结果如下：

```
2
2
```

在这个例子中，声明了一个类 exe，ob 是类 exe 的一个对象，p 是类 exe 的对象指针，对象 ob 的地址是用地址操作符（&）获得并赋给对象指针 p 的。

（2）用对象指针访问对象数组

对象指针不仅能访问单个对象，也能访问对象数组。下面的语句声明了一个对象指针和一个有两个元素的对象数组：

```
exe *p;        //声明对象指针
exe ob[2];     //声明对象数组 ob[2]
```

若只有数组名，没有下标，这时的数组名代表第一元素的地址，所以执行语句：

```
p=ob;
```

就把对象数组的第一个元素的地址赋给对象指针 p。可以对例 3.17 做如下修改：

```
main()
{
    exe ob[2],*p;
    ob[0].set_a(10);
    ob[1].set_a(20);
    p=ob;
    p->show_a();
    p++;
    p->show_a();
    return 0;
}
```

程序的运行结果如下：

```
10
20
```

例 3.18 下面将通过一个例子来说明如何通过对象指针来访问对象数组，使程序以相反的顺序来显示对象数组的内容。

```
#include <iostream.h>
class example{
public:
    example(int n,int m)
    {x=n;y=m;}
    int get_x()
    {return x;}
    int get_y()
    {return y;}
```

```
    private:
        int x,y;
    };
    main()
    {
        example op[4]={
        example(1,2),
        example(3,4),
        example(5,6),
        example(7,8)};
        int i;
        example   *p;
        p=&op[3];     //取出最后一个数组元素的地址
        for(i=0;i<4;i++)
        {
            cout<<p->get_x()<<'  ';
            cout<<p->get_y()<<"\n";
            p--;          //指向前一个数组元素
        }
        cout<<"\n";
        return 0;
    }
```

程序的运行结果如下：

```
7  8
5  6
3  4
1  2
```

2. 指向类成员指针

类的成员本身也是一个变量、函数或者对象等。因此，也可以直接将它们的地址存放到一个指针变量中，这样，就可以使指针直接指向对象的成员，进而可以通过这些指针访问对象的成员。需要指出的是，通过指向成员的指针只能访问公有的数据成员和成员函数。

指向对象的成员的指针使用前要先声明再赋值，然后才能访问。

（1）指向类数据成员的指针

指向数据成员的指针格式如下：

类型说明符 类名::*指针名

例如下面类：

```
class A{
public:
    int a,b,c;
};
```

定义指向类 A 中整型数据成员的指针 p 可以说明为：

```
int A::*p;
```

虽然“::”是作用域标识符，但在这种情况下，“A ::”最好读成“A 的成员”。这时，从右向左看，此声明可读作：p 是一个指针，指向类 A 的数据成员，其数据类型是整数。p 可以指向仅有的三个数据成员 a、b、c 中的一个，即类 A 的唯一一组整型数据成员。不过，p 一次只能指向一个数据成员。从这一点看，有点“共同体”类型的味道。

声明了一个指向数据成员的指针后，需要对其进行赋值，也就是要确定指向类的哪一个成员。对数据成员指针赋值的一般格式如下：

    数据成员指针名=&类名::数据成员名;

例如 p 可以使用以下的赋值方式指向 A 的三个合适的数据成员中的任意一个，则语句：

    p=&A ::member;

表示将类 A 的 member 的地址存入 p 中。因为类的声明只确定了各个数据成员的类型、所占内存大小以及它们的相对位置，在声明时并不是为数据成员分配具体的地址，所以取一个类成员的地址使用表达式&X::member，这样得到的地址不是真实地址，而是 member 在类 X 的所有对象中的偏移值。

由于类是通过对象实例化的，只有在定义了对象时才能为具体的对象分配内存空间，这时只要将对象在内存中的起始地址与成员指针中存放的相对偏移值结合起来就可以访问对象的数据成员了，用数据成员指针访问数据成员可通过以下两种格式来实现：

    对象名.*数据成员指针名

或

    对象指针名->*数据成员指针名

例 3.19　访问对象的公有数据成员的几种方式。

```
#include <iostream.h>
class A{
public:
      A(int i)
      {a=i;b=0;c=0;}
      int a,b,c;
};
void main()
{
      A ob(5);
      A *pc1;                    //声明一个对象指针 pc1
      pc1=&ob;                   //给对象指针 pc1 赋值
      int A::*pc2;               //声明一个数据成员指针 pc2
      pc2=&A::a;                 //给数据成员指针 pc2 赋值，可以合并为：int A::*pc2=&A::a;
      cout<<ob.*pc2<<endl;       //用数据成员指针 pc2 访问数据成员
      cout<<pc1->*pc2<<endl;//用数据成员指针 pc2 访问数据成员
      cout<<ob.a<<endl;          //使用对象名访问数据成员
}
```

运行结果为：

```
5
5
5
```

（2）指向类成员函数的指针

定义指向对象成员函数的指针变量的方法和定义指向普通函数的指针变量的方法有所不同。成员函数与普通函数一个最大的区别是，它是类中的一个成员。编译系统要求在类似上面的赋值语句中，指针变量的类型必须与赋值号右侧函数的类型相匹配，体现在以下三个方面都要匹配：

- 函数参数的类型和参数个数；
- 函数返回值的类型；
- 所属的类。

定义指向公用成员函数的指针变量的一般形式为：

数据类型名 (类名::*指针变量名)(参数列表);

如类 Time：

```
class Time
{
    public:
    Time(int,int,int);
    int hour;
    int minute;
    int sec;
    void get_time( );
};
```

定义指向类成员函数的指针 p2 的声明如下：

```
void (Time::*p2)( );
```

成员函数指针赋值的一般格式为：

成员函数指针变量名=&类名::成员函数名;

前面已定义了一个指向类Time的公有成员函数指针p2，可以让它指向一个公有成员函数，只需把公有成员函数的入口地址赋给一个指向公有成员函数的指针变量即可。如：

```
p2=&Time::get_time;
```

在实际使用过程中“&”可以省略，一般写成“p2=Time::get_time;”。

对于一个普通函数而言，函数名就是它的起始地址，将起始地址赋给指针，就可以通过指针调用函数。虽然类的成员函数并不在每个对象中复制一份拷贝，但是语法规定必须要通过对象来调用成员函数，因此上述赋值之后，也还不能用指针直接调用成员函数，而是需要首先声明类的对象，然后通过以下两种形式利用成员函数指针调用成员函数：

（对象名.*成员函数指针名）（参数表）

或

（对象指针名->*成员函数指针名）（参数表）

例 3.20 访问对象的公有成员函数的几种方式。

```
#include <iostream.h>
class Time{
public:
    Time(int,int,int);
    void get_time( );   //声明公有成员函数
private:
    int hour;
    int minute;
    int sec;
};
```

```
Time::Time(int h,int m,int s)
{
    hour=h;
    minute=m;
    sec=s;
}
void Time::get_time( )//定义公有成员函数
{
    cout<<hour<<":"<<minute<<":"<<sec<<endl;
}
int main( )
{
    Time t1(10,13,56);          //定义 Time 类对象 t1
    Time *p1=&t1;               //定义对象指针变量 p1，并使 p1 指向 t1
    void (Time::*p2)( );        //定义指向 Time 类公有成员函数的指针变量 p2
    p2=&Time::get_time;         //使 p2 指向 Time 类公有成员函数 get_time
    p1->get_time();             //使用对象指针访问成员函数 get_time()
    t1.get_time();              //使用对象访问成员函数 get_time()
    (t1.*p2)();                 //使用对象和成员函数指针访问成员函数 get_time()
    (p1->*p2)();                //使用对象指针和成员函数指针访问成员函数 get_time()
    return 1;
}
```

程序执行的结果为：

```
10:13:56
10:13:56
10:13:56
10:13:56
```

说明：

（1）“p2=&Time::get_time;”中的“&”可以省略，一般写成“p2=Time::get_time;”。

（2）“void (Time::*p2)( );”和“p2=Time::get_time;”可以合并为一条语句：

```
void (Time::*p2)()=Time::get_time;
```

3.3.3 this 指针

在前面曾提到过，每个对象中的数据成员都分别占有存储空间，如果对同一个类定义了 n 个对象，则有 n 组同样大小的空间以存放 n 个对象中的数据成员。但是，不同对象在调用其成员函数时都调用同一个函数代码段。

那么，当不同对象的成员函数引用各自的数据成员时，如何保证引用的是所指定的对象的数据成员呢？假如，对于例 3.8 程序中定义的 Box 类，定义了三个同类对象 a、b、c。如果有 a.volume()，应该是引用对象 a 中的 height、width 和 length，计算出长方体 a 的体积；如果有 b.volume()，应该是引用对象 b 中的 height、width 和 length，计算出长方体 b 的体积。而现在都用同一个函数段，系统怎样使它分别引用 a 或 b 中的数据成员呢？在每一个成员函数中都包含一个特殊的指针，这个指针的名字是固定的，称为 this 指针。它是指向本类对象的指针，它的值是当前被调用的成员函数所在对象的起始地址。

例如，当调用成员函数 a.volume()时，编译系统就把对象 a 的起始地址赋给 this 指针，于是在成员函数引用数据成员时，就按照 this 的指向找到对象 a 的数据成员。例如 volume 函数要计算 height*width*length 的值，实际上是执行：

```
(this->height)*(this->width)*(this->length)
```

由于当前 this 指向 a，因此相当于执行：

```
(a.height)*(a.width)*( a.length)
```

这就计算出长方体 a 的体积。

同样如果有 b.volume()，编译系统就把对象 b 的起始地址赋给成员函数 volume 的 this 指针，显然计算出来的是长方体 b 的体积。this 指针是隐式使用的，它是作为参数被传递给成员函数的。

成员函数 volume 的定义如下：

```
int Box::volume( )
{
  return (height*width*length);
}
```

C++把它实际处理为：

```
int Box::volume(Box *this)
{
  return (this->height * this->width * this->length);
}
```

即在成员函数的形参表中增加一个 this 指针。在调用该成员函数时，实际上是用以下方式调用的：

```
a.volume(&a);
```

将对象 a 的地址传给形参 this 指针。然后按 this 的指向去引用其他成员。

需要说明的是这些都是编译系统自动实现的，编程人员不必人为地在形参中增加 this 指针，也不必将对象 a 的地址传给 this 指针。在需要时也可以显式地使用 this 指针。

例如在 Box 类的 volume 函数中，下面两种表示方法都是合法的、相互等价的。

```
return (height * width * length); //隐含使用 this 指针
return (this->height * this->width * this->length); //显式使用 this 指针
```

可以用*this 表示被调用的成员函数所在的对象，*this 就是 this 所指向的对象，即当前的对象。例如在成员函数 a.volume()的函数体中，如果出现*this，它就是本对象 a。上面的 return 语句也可写成：

```
return((*this).height * (*this).width * (*this).length);
```

注意*this 两侧的括号不能省略，不能写成*this.height。

所谓“调用对象 a 的成员函数 f”，实际上是在调用成员函数 f 时使 this 指针指向对象 a，从而访问对象 a 的成员。在使用“调用对象 a 的成员函数 f”时，应当对它的含义有正确的理解。

例 3.21 显示 this 指针的值。

```
#include <iostream.h>
class A{
public:
        A(int x1)
        {x=x1;}
```

```
        void disp()
        {cout<<"this="<<this<<"    when x="<<this->x<<"\n";}
 private:
        int x;
 };
 int main()
 {
        A a(1),b(2),c(3);
        a.disp();
        b.disp();
        c.disp();
        return 0;
 }
```

程序运行结果为：

```
this=0x0012FF7C     when x=1
this=0x0012FF78     when x=2
this=0x0012FF74     when x=3
```

3.4　向函数传递对象

3.4.1　使用对象作为函数参数

对象可以作为参数传递给函数，其方法与传递其他类型的数据相同。在向函数传递对象时，是通过传值调用传递给函数的。因此，函数中对对象的任何修改均不影响调用该函数的对象本身。下面的例子说明了这一点。

例 3.22　使用对象作为函数参数。

```
#include<iostream.h>
class aClass{
public:
       aClass(int n)
       {    i = n;   }
       void set(int n)
       {    i = n;   }
       int get()
       {    return i;}
private:
       int i;
};
void sqr(aClass ob)
{
       ob.set(ob.get()*ob.get ());
       cout<<"cope of obj has i value of ";
       cout<<ob.get()<<"\n";
       cout<<"the address for the ob is "<<&ob<<endl;
```

```
}
main()
{
    aClass obj(10);
    sqr(obj);
    cout<<"But, obj.i is unchanged in main:";
    cout<<obj.get ()<<endl;
    cout<<"the address for the ob is "<<&obj<<endl;
    return 0;
}
```

程序运行结果为：

```
cope of obj has i value of 100
the address for the ob is 0x0012FF2C
But, obj.i is unchanged in main:10
the address for the ob is 0x0012FF7C
```

从运行结果可以看出，本例函数中对对象的任何修改均不影响调用该函数的对象本身。但是如同其他类型的变量一样，也可以将对象的地址传递给函数。这时函数对对象的修改将影响调用该函数的对象本身，下面介绍有关实现的方法。

3.4.2 使用对象指针作为函数参数

对象指针可以作为函数的参数，使用对象指针作为函数参数可以实现传址调用，即可在被调用函数中改变调用函数的参数对象的值，实现函数之间的信息传递。同时使用对象指针实参仅将对象的地址传递给形参，而不是副本的拷贝，这样可以提高运行效率，减少时间和空间的开销。

当函数的形参是对象指针时，调用函数的实参应该是某个对象的地址值。下面对前面的例题稍做修改，来说明对象指针作为函数参数的使用。

例 3.23 使用对象指针作为函数参数。

```
#include<iostream.h>
class aClass{
public:
    aClass(int n)
    {i=n;}
    void set(int n)
    {i=n;}
    int get()
    {return i;}
private:
    int i;
};
void sqr(aClass *ob)
{
    cout<<"copy of obj has  i value of ";
    cout<<ob->get()<<"\n";
    ob->set(ob->get()*ob->get());
```

```
}
int main()
{
    aClass obj(10);
    sqr(&obj);
    cout<<"Now,obj.i in main() has been changed:";
    cout<<obj.get()<<"\n";
    return 0;
}
```

程序运行结果为：

```
copy of obj has   i value of 10
Now,obj.i in main() has been changed:100
```

调用函数前 obj.i 的值是 10，调用后 obj.i 的值是 100，可见在函数中对对象的修改，影响了调用该函数的对象本身。

3.4.3　使用对象引用作为函数参数

在实际中，使用对象引用作为函数参数非常普遍，大部分程序员喜欢用对象引用取代对象指针作为函数参数。因为使用对象引用作为函数参数不但具有用对象指针作函数参数的优点，而且用对象引用作函数参数将更简单、更直接。下面将前面的例子稍做修改，说明如何使用对象引用作为函数参数。

例 3.24　使用对象引用作为函数参数。

```
#include<iostream.h>
class aClass{
public:
    aClass(int n)
    {i=n;}
    void set(int n)
    {i=n;}
    int get()
    {return i;}
private:
    int i;
};
void sqr(aClass &ob)
{
    cout<<"copy of obj has   i value of";
    cout<<ob.get()<<"\n";
    ob.set(ob.get()*ob.get());
}
main()
{
    aClass obj(10);
    sqr(obj);
    cout<<"Now,obj.i in main() has been changed:";
```

```
        cout<<obj.get()<<"\n";
        return 0;
    }
```

程序运行结果为：

```
copy of obj has   i value of10
Now,obj.i in main() has been changed:100
```

说明：本例和前面例题的主要区别在于上一个例题使用对象指针作为函数参数，而本例使用对象引用作为函数参数，两个例子的输出结果完全相同。请读者着重比较两种参数在使用上的区别。

3.5 对象的赋值和复制

3.5.1 对象赋值

如果对一个类定义了两个或多个对象，则这些同类的对象之间可以互相赋值，或者说，一个对象的值可以赋给另一个同类的对象。这里所指的对象的值是指对象中所有数据成员的值。

对象之间的赋值也是通过赋值运算符“=”来进行。本来，赋值运算符“=”只能用来对单个的变量赋值，现在被扩展为两个同类对象之间的赋值，这是通过对赋值运算符的重载实现的。

这个过程实际是通过成员复制来完成的，即将一个对象的成员值一一复制给另一对象的对应成员。

对象赋值的一般形式为：

```
对象名 1 =  对象名 2;
```

注意对象名 1 和对象名 2 必须属于同一个类。例如：

```
Student stud1,stud2; //定义两个同类的对象
 ⋮
stud2=stud1; //将 stud1 赋给 stud2
```

通过下面的例子可以了解怎样进行对象的赋值。

例 3.25 对象赋值的例子。

```
#include<iostream.h>
class Box{
public:
      Box(int =10,int =10,int =10); //声明有默认参数的构造函数
      int volume( );
private:
      int height;
      int width;
      int length;
};
Box::Box(int h,int w,int len)
{
      height=h;
```

```
        width=w;
        length=len;
    }
    int Box::volume( )
    {
        return (height*width*length); //返回体积
    }
    int main( )
    {
        Box box1(15,30,25),box2; //定义两个对象 box1 和 box2
        cout<<"The volume of box1 is "<<box1.volume( )<<endl;
        box2=box1; //将 box1 的值赋给 box2
        cout<<"The volume of box2 is "<<box2.volume( )<<endl;
        return 0;
    }
```

程序运行结果为：

```
The volume of box1 is 11250
The volume of box2 is 11250
```

说明：

（1）在使用对象赋值时，两个对象的类型必须相同，如果对象的类型不同，编译时将报错。

（2）对象的赋值只对其中的数据成员赋值，而不对成员函数赋值。

（3）对象的赋值通过缺省的赋值运算符函数来实现，有关赋值运算符函数将在后面章节中介绍。

（4）类的数据成员中不能包括动态分配的数据，否则在赋值时可能出现严重后果。

3.5.2　对象复制

有时需要用到多个完全相同的对象，例如，同一型号的每一个产品从外表到内部属性都是一样的，如果要对每一个产品进行处理，就需要建立多个同样的对象，并要进行相同的初始化。此外，有时需要将对象在某一瞬时的状态保留下来。运用对象的复制可以解决这个问题。

1．拷贝构造函数

用一个已有的对象快速地复制出多个完全相同的对象。例如：

```
Box box2(box1);
```

其作用是用已有的对象 box1 去克隆出一个新对象 box2。

C++中对象复制的一般形式为：

```
类名　对象 2（对象 1）;
```

可以看出它与前面介绍过的定义对象方式类似，但是括号中给出的参数不是一般的变量，而是对象。在建立对象时调用一个特殊的构造函数——拷贝构造函数（copy constructor）。这个函数的形式如下：

```
Box::Box(const Box& b)
{
    height=b.height; width=b.width; length=b.length;
}
```

拷贝构造函数具有以下特点：

（1）拷贝构造函数也是一种构造函数，其函数名与类名相同，并且该函数也没有返回值类型。

（2）该函数只有一个参数，这个参数是本类的对象（不能是其他类的对象），而且采用对象的引用的形式，一般约定加 const 声明，使参数值不能改变，以免在调用此函数时因不慎而使对象值被修改。

（3）如果用户自己未定义拷贝构造函数，则编译系统会自动提供一个默认的拷贝构造函数，其作用只是简单地复制类中每个数据成员。

回顾复制对象的语句 Box box2(box1); 这实际上也是建立对象的语句，建立一个新对象 box2。由于在括号内给定的实参是对象，因此编译系统就调用拷贝构造函数（它的形参也是对象），而不会去调用其他构造函数。实参 box1 的地址传递给形参 b（b 是 box1 的引用），因此执行拷贝构造函数的函数体时，将 box1 对象中各数据成员的值赋给 box2 中各数据成员。

C++还提供另一种方便用户的复制形式，用赋值号代替括号，例如：

```
Box box2=box1; //用 box1 初始化 box2
```

其一般形式为：

```
类名 对象名 1 = 对象名 2;
```

可以在一个语句中进行多个对象的复制。例如：

```
Box box2=box1,box3=box2;
```

用 box1 来复制 box2 和 box3。

说明：对象的复制和上节介绍的对象的赋值在概念上和语法上是不同的。对象的赋值是对一个已经存在的对象赋值，因此必须先定义被赋值的对象，才能进行赋值。而对象的复制则是从无到有地建立一个新对象，并使它与一个已有的对象完全相同（包括对象的结构和数据成员的值）。

2. 自定义拷贝构造函数

自定义拷贝构造函数的一般形式如下：

```
类名::类名(const 类名 &对象名)
{
    //拷贝构造函数的函数体
}
```

例 3.26 自定义拷贝构造函数的使用。

```
#include<iostream.h>
class Box{
public:
      Box(int =10,int =10,int =10); //声明有默认参数的构造函数
      Box(const Box &b)          //拷贝构造函数
      {
            height=2*b.height;
            width=2*b.width;
            length=2*b.length;
            cout<<"Using copy constructor"<<endl;
      }
      int volume();
```

```
private:
        int height;
        int width;
        int length;
};
Box::Box(int h,int w,int len)
{
        height=h;
        width=w;
        length=len;
}
int Box::volume()
{
        return (height*width*length); //返回体积
}
int main()
{
        Box box1(1,2,3); //定义对象 box1
        cout<<"The volume of box1 is "<<box1.volume( )<<endl;
        Box box2(box1);//通过拷贝构造函数定义对象 box2
        cout<<"The volume of box2 is "<<box2.volume( )<<endl;
        return 0;
}
```

程序运行结果为：

```
The volume of box1 is 6
Using copy constructor
The volume of box2 is 48
```

从运行结果可以看出，该程序调用了一次普通构造函数来初始化对象 box1。程序中又调用了一次拷贝构造函数，来用对象 box1 去初始化对象 box2。

在程序中，用一个对象去初始化另一个对象，或者说，用一个对象去复制另一个对象，可以有选择、有变化地复制，类似于复印机复制文件一样，可大可小，也可以只复制其中的一部分。

3. 缺省拷贝构造函数

如果没有编写自定义的拷贝构造函数，C++会自动地将一个已存在的对象赋值给新对象，这种按成员逐一复制的过程是由缺省拷贝构造函数自动完成的。

若把例 3.26 中的自定义拷贝构造函数去掉，改变为例 3.27，将调用缺省的拷贝构造函数。

例 3.27　缺省拷贝构造函数的使用。

```
#include<iostream.h>
class Box{
public:
        Box(int =10,int =10,int =10); //声明有默认参数的构造函数
        int volume( );
private:
        int height;
        int width;
```

```
    int length;
};
Box::Box(int h,int w,int len)
{
    height=h;
    width=w;
    length=len;
}
int Box::volume()
{
    return (height*width*length); //返回体积
}
int main()
{
    Box box1(1,2,3); //定义对象 box1
    cout<<"The volume of box1 is "<<box1.volume( )<<endl;
    Box box2=box1; //使用缺省拷贝构造函数定义对象 box2
    cout<<"The volume of box2 is "<<box2.volume( )<<endl;
    return 0;
}
```

程序运行结果为：

```
The volume of box1 is 6
The volume of box2 is 6
```

4．调用拷贝构造函数的三种情况

普通构造函数在程序中建立对象时被调用，拷贝构造函数在用已有对象复制一个新对象时被调用，在以下三种情况下需要克隆对象：

（1）程序中需要新建立一个对象，并用另一个同类的对象对它初始化。如例 3.26、例 3.27 主函数 main()中的下述语句，便是属于这一种情况，这时需要调用拷贝构造函数：

```
Box box2(box1); //用对象 box1 初始化 box2
Box box2=box1; //用对象 box1 初始化 box2
```

（2）当函数的参数为类的对象时，在调用函数时需要将实参对象完整地传递给形参，也就是需要建立一个实参的拷贝，这就是按实参复制一个形参，系统是通过调用拷贝构造函数来实现的，这样能保证形参具有和实参完全相同的值。例如：

```
void fun(Box b) //形参是类的对象
{ }
int main()
{
    Box box1(12,15,18);
    fun(box1); //实参是类的对象，调用函数时将通过拷贝构造函数复制一个新对象 b
    return 0;
}
```

（3）函数的返回值是类的对象。在函数调用完毕将返回值带回函数调用处时，需要将函数中的对象复制一个临时对象并传给该函数的调用处。例如：

```
Box f() //函数 f 的类型为 Box 类类型
{
    Box box1(12,15,18);
    return box1; //返回值是 Box 类的对象
}
int main()
{
    Box box2; //定义 Box 类的对象 box2
    box2=f(); //调用 f 函数，返回 Box 类的临时对象，并将它赋值给 box2
}
```

以上几种调用拷贝构造函数都是由编译系统自动实现的，不必由用户自己去调用，读者只要知道在这些情况下需要调用拷贝构造函数即可。

5. 浅拷贝和深拷贝

所谓浅拷贝，指的是在对象复制时，只是对对象中的数据成员进行简单的赋值，默认拷贝构造函数执行的也是浅拷贝。大多情况下“浅拷贝”已经能很好地工作了，但是一旦对象存在动态成员，浅拷贝就会出问题，让我们看下面例题。

例 3.28　关于浅拷贝的例子。

```
#include<iostream.h>
class Rect{
public:
        Rect(int w,int h) //  构造函数，p 指向堆中分配的一块空间
        {
                p=new int(100);
                width=w;
                height=h;
                cout<<"Constructing..."<<*p<<endl;
        }
        ~Rect() //  析构函数，释放动态分配的空间
        {
                cout<<"Destructing..."<<p<<" "<<*p<<endl;
                if(p != NULL)
                        delete p;
        }
private:
        int width;
        int height;
        int *p; //指针成员
};
int main()
{
        Rect rect1(5,10);
        Rect rect2(rect1); //  复制对象
        return 0;
}
```

程序运行结果为：

```
Constructing...100
Destructing...0x00372250 100
Destructing...0x00372250 -572662307
```

程序开始运行，创建对象 rect1 时，调用普通构造函数，用运算符 new 动态分配内存，整型指针 p 指向这块内存，并将 100 作为初始值赋给它，这时产生第一行输出“Constructing...100”；执行语句“Rect rect2(rect1);”时，因为没有定义拷贝构造函数，于是就调用缺省的拷贝构造函数，把对象 rect1 的数据成员逐个拷贝到 rect2 的对应数据成员中，使得 rect2 和 rect1 完全一样，但并没有给 rect2 中 p 新分配空间，此时 rect1 中的 p 和 rect2 中的 p 指向同一空间，里面的值是 100；主程序结束时，对象逐个撤销，先撤销对象 rect2，第一次调用析构函数，用运算符 delete 释放动态分配的内存空间，并同时得到第二行输出“Destructing...0x00372250 100”。撤销对象 rect1 时，第二次调用析构函数，因为这时指针 p 所指的空间已被释放，所以第三行输出显示“Destructing...0x00372250 -572662307”，*p 的值是一个随机数。当执行析构函数中语句“delete p;”时，企图释放同一空间，从而导致了对同一内存的两次释放，这当然是不允许的，必然引起运行错误。

为了解决浅拷贝出现的错误，必须显式地定义拷贝构造函数，对于对象中动态成员，就不能仅仅简单地赋值了，而应该重新动态分配空间，这就是所谓的深拷贝。

下面的例子是在例 3.28 的基础上，增加了一个类的拷贝构造函数。

例 3.29 关于深拷贝的例子。

```
#include<iostream.h>
class Rect{
public:
    Rect(int w,int h)    //构造函数，p 指向堆中分配的一块空间
    {
        p=new int(100);
        width=w;
        height=h;
        cout<<"Constructing..."<<*p<<endl;
    }
    Rect(const Rect& r)
    {
        cout<<"Copy constructing..."<<*(r.p)<<endl;
        width = r.width;
        height = r.height;
        p = new int;   //为新对象重新动态分配空间
        *p = *(r.p);
    }
    ~Rect()    //析构函数，释放动态分配的空间
    {
        cout<<"Destructing..."<<p<<" "<<*p<<endl;
        if(p != NULL)
            delete p;
    }
```

```
private:
        int width;
        int height;
        int *p; //指针成员
};
int main()
{
        Rect rect1(5,10);
        Rect rect2(rect1); //  复制对象
        return 0;
}
```

程序运行结果为：

```
Constructing...100
Copy constructing...100
Destructing...0x003724C0 100
Destructing...0x00372250 100
```

在此主要说明本例和例 3.28 不同的地方，执行“Rect rect2(rect1);”语句时，调用自定义拷贝构造函数，不但把对象 rect1 的数据成员 width、height 逐个拷贝给 rect2 对应的数据成员，而且新分配内存空间给 rect2 中的 p，将 rect1 中 p 所指的内存空间存储的值赋给 rect2 中 p 所指的内存中，这时产生第二行输出“Copy constructing...100”；主程序结束，先撤销 rect2，调用析构函数，用运算符 delete 释放动态分配给 rect2 的内存空间，并同时得到第三行输出“Destructing...0x003724C0 100”，撤销对象 rect1 时，再次调用析构函数，释放分配给对象 rect1 的内存空间，同时执行第四行输出“Destructing...0x00372250 100”。可见增加了自定义的拷贝构造函数后，程序执行深拷贝，运行结果正确。

3.6　静态成员

为了实现一个类的不同对象之间的数据和函数共享，C++提出了静态成员的概念。静态成员包括静态数据成员和静态成员函数。下面分别对它们进行讨论。

3.6.1　静态数据成员

在没有讲述本章内容之前如果我们想要在一个范围内共享某一个数据，可以通过全局变量实现数据共享。如果在一个程序文件中有多个函数，在每一个函数中都可以改变全局变量的值，全局变量的值被各函数共享。但是用全局变量的安全性得不到保证，由于在各处都可以自由地修改全局变量的值，很有可能因偶然失误，全局变量的值就被修改，导致程序的失败。因此在实际工作中很少使用全局变量。

同理如果有 n 个同类的对象，那么每一个对象都分别有自己的数据成员，不同对象的数据成员各自有值，互不相干。但是有时人们希望某一个或几个数据成员为所有对象所共有。这样可以实现数据共享。

如果想在同类的多个对象之间实现数据共享，也不要用全局对象，可以用静态的数据成员。静态数据成员是一种特殊的数据成员，它以关键字 static 开头。定义静态数据成员的格式如下：

```
static 数据类型 数据成员名;
```

例如：

```
class Box{
public:
        Box(int,int);
        int volume( );
        static int height; //把 height 定义为静态的数据成员
        int width;
        int length;
};
```

如果希望各对象中的 height 的值是一样的，就可以把它定义为静态数据成员，这样它就为各对象共有，而不只属于某个对象的成员，所有对象都可以引用它。

静态的数据成员在内存中只占一份空间，每个对象都可以引用这个静态数据成员。静态数据成员的值对所有对象都是一样的，如果改变它的值，则在各对象中这个数据成员的值都同时改变了。这样可以节约空间，提高效率。

例 3.30 静态数据成员的使用举例。

```
#include<iostream.h>
class Box{
public:
        Box(int,int);
        int volume( );
        static int height;
        int width;
        int length;
};
Box::Box(int w,int len)
{
        width=w;
        length=len;
}
int Box::volume( )
{
        return (height*width*length); //返回体积
}
int Box::height=10;       //静态数据成员 height 初始化
int main( )
{
        Box a(15,20),b(20,30);
        cout<<a.height<<endl; //通过 a 引用
        cout<<b.height<<endl; //通过 b 引用
        cout<<Box::height<<endl; //通过类名引用
        cout<<a.volume()<<endl;   //调用 volume()函数
        return 0;
}
```

程序运行结果为：

```
10
10
10
3000
```

在上面的例子中，类 Box 的数据成员 height 被定义为静态类型，初始化后其值为 10，它们为所有 Box 类的对象所共享。因此，输出结果中前三行输出的值相同（都是 10）。这就验证了所有对象的静态数据成员实际上是同一个数据成员。

说明：

（1）静态数据成员不属于某一个对象，在为对象所分配的空间中不包括静态数据成员所占的空间。静态数据成员是在所有对象之外单独开辟空间。只要在类中定义了静态数据成员，即使不定义对象，也为静态数据成员分配空间，它可以被引用。在一个类中可以有一个或多个静态数据成员，所有的对象共享这些静态数据成员，都可以引用它。

（2）静态成员初始化与一般数据成员初始化不同。静态数据成员初始化的格式如下：

数据类型 类名::静态数据成员名=初值;

例如：int Box::height=10; //表示对 Box 类中的数据成员初始化。

初始化时需要注意：

- 初始化在类体外进行，前面不加 static，以免与一般静态变量或对象相混淆。
- 初始化时不加该成员的访问权限控制符 private、protected 和 public 等。
- 不能用参数初始化表对静态数据成员初始化。例如：
  Box(int h,int w,int len):height(h){ } //错误，height 是静态数据成员
- 如果未对静态数据成员赋初值，则编译系统会自动赋予初值。

（3）静态数据成员与静态变量一样，是在编译时创建并初始化。它在该类的任何对象建立之前就存在。因此，公有的静态数据成员可以在对象定义之前，使用“类名::”访问静态数据成员。对象定义后，公有静态数据成员也可以通过对象进行访问。

用类名访问静态数据成员格式如下：

类名::静态数据成员名

如例 3.30 中的 Box::height。

用对象访问公有静态数据成员的格式如下：

对象名.静态数据成员;

对象指针->静态数据成员;

例 3.31　公有静态数据成员的访问。

```
#include<iostream.h>
class MyClass{
public:
        static int i;
        int Geti()
        {
              return i;
        }
};
int MyClass::i=0; //初始化静态数据成员
```

```
void main()
{
    MyClass::i=100;//公有静态数据成员可以在对象定义之前被访问
    MyClass a,b;
    cout<<"a.i="<<a.Geti()<<endl;
    cout<<"b.i="<<b.Geti()<<endl;
    a.i=200;        //公有静态数据成员可以通过对象进行访问
    cout<<"a.i="<<a.Geti()<<endl;
    cout<<"b.i="<<b.Geti()<<endl;
}
```

程序运行结果为：

```
a.i=100
b.i=100
a.i=200
b.i=200
```

从上例也可以看出，由于静态数据成员只有一个值，所以不论被哪一个对象访问，所得结果是一样的。所以，从这个意义上讲，静态数据成员也是类的公共数据成员，是对象的共享数据项。

（4）私有静态数据成员不能使用“类名::”去访问，当然不能被类外部函数访问，也不能用对象进行访问，而必须通过公用的成员函数引用。

（5）有了静态数据成员，各对象之间的数据有了沟通的渠道来实现数据共享，因此可以不使用全局变量。全局变量破坏了封装的原则，不符合面向对象程序的要求。静态数据成员的主要用途是定义类的各个对象所公用的数据，如统计总数、平均数等。

3.6.2 静态成员函数

在类的定义中，函数也可以定义为静态的，在类中声明函数的前面加 static 就成了静态成员函数。和静态数据成员一样，静态成员函数是类的一部分，而不是对象的一部分。定义静态成员函数的格式如下：

static 返回类型 静态成员函数(参数表);

例如：static int volume();。

如果要在类外调用公用的静态成员函数，要使用类名和作用域标识符“::”，格式如下：

类名::静态成员函数名(参数表);

例如：Box::volume();。

实际上也允许通过对象名或对象指针调用静态成员函数，格式如下：

对象名.静态成员函数名(参数表);
对象指针->静态成员函数名(参数表);

例如：a.volume();或者 p->volume();。

但这并不意味着此函数只是属于对象 a 的，而只是用 a 的名字而已。

例 3.32 静态成员函数来访问静态数据成员。

```
#include<iostream.h>
class Student{ //定义 Student 类
public:
    Student(int n,int a,float s):num(n),age(a),score(s){ } //定义构造函数
```

```
        void total( );
        static float average( ); //声明静态成员函数
    private:
        int num;
        int age;
        float score;
        static float sum; //静态数据成员
        static int count; //静态数据成员
    };
    void Student::total( ) //定义非静态成员函数
    {
        sum+=score; //累加总分
        count++; //累计已统计的人数
    }
    float Student::average( ) //定义静态成员函数
    {
        return (sum/count);
    }
    float Student::sum=0; //对静态数据成员初始化
    int Student::count=0; //对静态数据成员初始化
    int main( )
    {
        Student stud[3]={ //定义对象数组并初始化
        Student(1001,18,70), Student(1002,19,78), Student(1005,20,98) };
        int n;
        cout<<"please input the number of students:";
        cin>>n; //输入需要求前面多少名学生的平均成绩
        for(int i=0;i<n;i++) //调用 n 次 total 函数
            stud[i].total();
        cout<<"the average score of "<<n<<" students is "<<Student::average( )<<endl; //调用静态成员函数
        return 0;
    }
```

运行结果为：

```
please input the number of students:3↙
the average score of 3 students is 82
```

程序说明：

（1）在主函数中定义了 stud 对象数组，为了使程序简练，只定义它含三个元素，分别存放三个学生的数据。程序的作用是先求用户指定的 n 名学生的总分，然后求平均成绩（n 由用户输入）。

（2）在 Student 类中定义了两个静态数据成员 sum（总分）和 count（累计需要统计的学生人数）， 这是由于这两个数据成员的值需要进行累加，它们并不是只属于某一个对象元素，而是由各对象元素共享。可以看出它们的值是在不断变化的，而且无论对哪个对象元素而言都是相同的，而且始终不释放内存空间。

（3）total 是公有的成员函数，其作用是将一个学生的成绩累加到 sum 中。公有的成员函数可以引用本对象中的一般数据成员（非静态数据成员），也可以引用类中的静态数据成员。其中 score 是非静态数据成员，sum 和 count 是静态数据成员。

（4）average 是静态成员函数，它可以直接引用私有的静态数据成员（不必加类名或对象名），函数返回成绩的平均值。

（5）在 main 函数中，引用 total 函数要加对象名（在此用对象数组元素名），引用静态成员函数 average 函数要用类名或对象名。

下面对静态成员函数的使用做几点说明：

（1）与静态数据成员不同，静态成员函数的作用不是为了对象之间的沟通，而是为了能处理静态数据成员。一般情况下，静态成员函数主要是用来访问全局变量或同一类的静态数据成员。

（2）使用静态成员函数另一个好处是，可以在建立任何对象之前处理静态数据成员，这是普通成员函数不能实现的功能。

（3）静态成员函数可以定义成内嵌，也可以定义在类外面，在类外定义时，不要用 static 前缀。

（4）静态成员函数与非静态成员函数的根本区别是：非静态成员函数有 this 指针，而静态成员函数没有 this 指针。由此决定了静态成员函数不能访问本类中的非静态成员。

（5）静态成员函数如果一定要引用本类的非静态成员，应该加对象名和成员运算符“.”或对象指针和成员运算符“->”来访问对象的非静态成员。

（6）编译器将静态成员函数限定为内部连接，也就是说，与当前文件相连接的其他文件中的同名函数不会与该函数发生冲突，维护了该函数使用的安全性，这是使用静态成员函数的另一个原因。

（7）私有静态成员函数不能被类外部函数和对象访问。

下面的例子给出了静态成员函数访问非静态数据成员的方法。

例 3.33 静态成员函数来访问非静态数据成员。

```
#include<iostream.h>
class Small_cat{
public:
        Small_cat(int w){
                weight = w;
                total_weight += w;
                total_num++;
        }
        static void display(Small_cat& w){
                cout << w.weight << endl;
        }
        static void total_show(){
                cout << total_weight << endl;
                cout << total_num << endl;
        }
private:
        int weight;
        static int total_weight;
```

```
        static int total_num;
};
int Small_cat::total_weight = 0;
int Small_cat::total_num = 0;
int main()
{
        Small_cat w1(9), w2(8), w3(7);
        Small_cat::display(w1);
        Small_cat::display(w2);
        Small_cat::display(w3);
        Small_cat::total_show();
        return 0;
}
```

例 3.33 中声明了一个类 Small_cat，在类中两个静态数据成员 total_weight 和 total_num 分别用来累计小猫的重量和累计小猫的只数。在类中还定义了一个静态成员函数 display()用于访问非静态数据成员，显示一只猫的重量，这个静态成员函数将对象作为参数。在类中还定义了一个静态成员函数 total_show()，用于显示小猫的只数和总重量。每当定义一个 Small_cat 的对象时，就通过调用构造函数把每只小猫的重量累加到总重量（total_weight），同时小猫的总数（total_num）加 1。

程序运行结果为：

```
9
8
7
24
3
```

3.7　友元

我们已知道类具有封装和信息隐藏的特性，只有类的成员函数才能访问类的私有成员，程序中的其他函数是无法访问私有成员的。非成员函数可以访问类中的公有成员，但是如果将数据成员都定义为公有的，这又破坏了隐藏的特性。另外，在某些情况下，特别是在对某些成员函数多次调用时，由于参数传递、类型检查和安全性检查等都需要时间开销，从而影响了程序的运行效率。

为了解决上述问题，C++提出一种使用友元的方案。友元是一种定义在类外部的普通函数，但它需要在类体内进行说明，为了与该类的成员函数加以区别，在说明时前面加关键字 friend。友元不是成员函数，但是它可以访问类中的私有成员。友元的作用在于提高程序的运行效率(即减少了类型检查和安全性检查等都需要的时间开销)，但是它破坏了类的封装性和隐藏性，使得非成员函数可以访问类的私有成员。

友元可以是一个函数，该函数被称为友元函数；友元也可以是一个类，该类被称为友元类。

3.7.1　友元函数

如果在本类以外的其他地方定义了一个函数（这个函数可以是不属于任何类的非成员函

数，也可以是其他类的成员函数），在类体中用 friend 对其进行声明，此函数就称为本类的友元函数。友元函数可以访问这个类中的私有成员。

1. 普通函数声明为友元函数

通过下面的例子可以了解友元函数的性质和作用。

例 3.34 普通函数作为友元函数使用。

```
#include<iostream.h>
class time{
public:
    time(int,int,int);
    friend void display(time&);//声明友元函数
private:
    int hour;
    int minute;
    int sec;
};
time::time(int h,int m,int s) //构造函数
{
    hour=h;
    minute=m;
    sec=s;
}
void display(time&t) //这是友元函数
{
   cout<<t.hour<<":"<<t.minute<<":"<<t.sec<<endl;//友元函数 display 访问 time 类私有数据
}
int main()
{
    time t1(10,13,56);
    display(t1); //调用友元函数，实参是 time 类的对象
    return 0;
}
```

程序运行结果为：

```
10:13:56
```

由于声明了 display()是 Time 类的 friend 函数，所以 display()函数可以引用 Time 中的私有成员 hour、minute 和 sec。但注意在引用这些私有数据成员时，必须加上对象名，不能写成：

```
cout<<hour<<":"<<minute<<":"<<sec<<endl;
```

因为 display()函数不是 Time 类的成员函数，不能默认引用 Time 类的数据成员，必须指定要访问的对象。

说明：

（1）普通函数声明为某类的友元函数主要是为了能访问该类的私有数据成员。

（2）普通函数声明为友元函数语法格式为：

```
friend 类型 函数名(参数表);
```

（3）普通函数声明为友元函数时，因为友元函数没有 this 指针，则参数要有如下三种

情况：

- 要访问非 static 成员时，需要对象作为参数；
- 要访问 static 成员或全局变量时，则不需要对象作为参数；
- 如果作为参数的对象是全局对象，则不需要对象作为参数。

（4）普通函数声明为友元函数时可以放在类的公有部分或私有部分，一般写在公有部分。

（5）普通函数作为友元函数代码的实现可以在类中，也可以在类的外部。在类外部实现时不需要加 friend 前缀和“类::”，与普通函数的书写一样。注意普通函数作为友元函数放在类中实现，也并不代表该函数是类的成员函数，也只是普通函数作为该类的友元函数把代码写在该类中。在例 3.34 中可以将 display()函数在类外的实现删掉，而写成如下形式：

```
friend void display(time&t)//声明友元函数
{
    cout<<t.hour<<":"<<t.minute<<":"<<t.sec<<endl;//友元函数 display 访问 time 类私有数据
}
```

（6）普通函数作为友元函数的调用与普通函数一样。

2．友元成员函数

除了一般的普通函数可以作为某个类的友元外，一个类的成员函数也可以作为另一个类的友元，这种成员函数不仅可以访问自己所在类的对象中的所有成员，还可以访问 friend 声明语句所在类对象中的所有成员，这样能使两个类相互合作、协调工作，完成某一任务。

例 3.35　友元成员函数的使用。

```
#include<iostream.h>
class date; //对 date 类提前引用的声明
class time{ //定义 time 类
public:
    time(int ,int,int);
    void display(date&); //display 是成员函数
private:
    int hour;
    int minute;
    int sec;
};
class date{ //定义 date 类
public:
    date(int,int,int);
    friend void time::display(date&);//声明友元函数
private:
    int month;
    int day;
    int year;
};
time::time(int h,int m,int s) //构造函数
{
    hour=h;
    minute=m;
```

```
        sec=s;
    }
    void time::display(date&d)
    {
        cout<<d.month<<"/"<<d.day<<"/"<<d.year<<endl;//注意 d.day 必须要指定对象访问
        cout<<hour<<":"<<minute<<":"<<sec<<endl;//hour、minute 和 sec 是 time 的私有数据可以直接访问
    }
    date::date(int m,int d,int y) //类 date 的构造函数
    {
        month=m;
        day=d;
        year=y;
    }
    int main()
    {
        time t1(10,13,56);//定义类 time 的对象 t1
        date d1(12,25,2008);//定义类 date 的对象 d1
        t1.display(d1);//调用 t1 中的 display，实参是 date 类对象 d1
        return 0;
    }
```

程序运行结果为：

```
12/25/2008
10:13:56
```

在本例中定义了两个类 time 和 date。程序第 2 行是对 date 类的声明，因为在第 6 行中对 display()函数的声明要用到类 date，而对 date 类的定义却在后面。能否将 date 类的声明提到前面来呢？也不行，因为在 date 类定义中的第 4 行又用到了 time 类，也要求先声明 time 类才能使用它。为了解决这个问题，C++允许对类做“提前引用”的声明，即在正式声明一个类之前先声明一个类名，表示此类将在稍后声明。程序第 2 行就是提前引用声明，它只包含类名，不包括类体。如果没有第 2 行，程序编译就会出错。同时还要指出类 time 的成员函数 display()只能放在类外定义，并且必须放在类 date 的定义之后，因为 display()函数用到了类 date 的私有成员，如果放在类体中定义或类 date 的定义之前，编译系统都无法识别类 date 的私有成员，编译同样出错。

一般情况下，两个不同的类是互不相干的。在本例中，由于在 date 类中声明了 time 类中的 display()成员函数是 date 类的友元，因此该函数可以引用 date 类中所有的数据。请注意在本程序中调用友元函数访问有关类的私有数据的方法：

（1）在函数名 display 的前面要加 display 所在的对象名 t1。

（2）display()成员函数的实参是 date 类对象 d1，否则就不能访问对象 d1 中的私有数据。

（3）在 time::display()函数中引用 date 类私有数据时必须加上对象名，如 d.month。

说明：

（1）一个类的成员函数作为另一个类的友元函数，必须先定义这个类。如例 3.35 中，类 time 的成员函数 display()作为类 date 的友元函数，必须提前引用声明 date。并且在声明友元函数时，要加上成员函数所在类，如：

friend void time::display(date&);

（2）某类的成员函数声明为另一个类友元函数的语法格式为：

friend 类型 类名::函数名(参数表);

（3）某类的成员函数声明为另一个类的友元函数时，该成员函数必须声明为公有的，否则无法通过该类的对象调用。

（4）某类的成员函数声明为另一个类的友元函数时，其调用跟其他成员函数一样。

3.7.2　友元类

不仅可以将一个函数声明为一个类的友元，而且可以将一个类（例如 B 类）声明为另一个类（例如 A 类）的友元。这时 B 类就是 A 类的友元类。友元类 B 中的所有函数都是 A 类的友元函数，可以访问 A 类中的所有成员。

在 A 类的定义体中用以下语句声明 B 类为其友元类：

friend B;

声明友元类的一般形式为：

friend 类名;

下面的例子中声明了两个类 boy 和 girl。类 boy 声明为类 girl 的友元，因此 boy 类的成员函数都成为 girl 类的友元函数，它们都可以访问 girl 类的私有成员。

例 3.36　一个类作为另一个类的友元

```
#include<iostream.h>
#include<string.h>
class girl;
class boy{
private:
        char *name;
        int age;
public:
        boy(char *s,int n)
        {
                name=new char[strlen(s)+1];
                strcpy(name,s);
                age=n;
        }
        ~boy()
        {       delete name;}
        void disp(girl &);
};
class girl
{
private:
        char *name;
        int age;
        friend boy;     //声明类 boy 是类 girl 的友元
public:
```

```
        girl(char *s,int n)
        {
            name=new char[strlen(s)+1];
            strcpy(name,s);
            age=n;
        }
        ~girl()
        {   delete name;}
    };
    void boy::disp(girl &x) //函数 disp()为类 boy 的成员函数，也是类 girl 的友元函数
    {
        //正常情况下，boy 的成员函数 disp 中直接访问 boy 的私有成员
        cout<<"boy's name is:"<<name<<",age:"<<age<<endl;
        //借助友元，在 boy 的成员函数 disp 中，借助 girl 的对象，直接访问 girl 的私有成员
        //正常情况下，只允许在 girl 的成员函数中访问 girl 的私有成员
        cout<<"girl's name is:"<<x.name<<",age:"<<x.age<<endl;
    }
    void main()
    {
        boy b("Zhangsan",25);
        girl g("Lisi",20);
        b.disp(g);   //b 调用自己的成员函数，但是以 g 为参数，友元机制体现在函数 disp 中
    }
```

程序运行结果为：

```
boy's name is:Zhangsan,age:25
girl's name is:Lisi,age:20
```

说明：

（1）友元类声明既可以放在公有部分，也可以放在私有部分。一般习惯把它放在私有部分，把类看成一个变量。

（2）友元关系是单向的，不具有交换性。若类 X 是类 Y 的友元（即在类 Y 定义中声明 X 为 friend 类），类 Y 是否是 X 的友元，要看在类中是否有相应的声明。

（3）友元关系不具有传递性，若类 X 是类 Y 的友元，类 Y 是类 Z 的友元，除非在 Z 中声明了 X 是它的友元，否则 X 并不是 Z 的友元。

3.8 类的组合

假若计算机属于一个类，主板属于一个类，则计算机类中就包含有主板类。同理，在 C++中，如果 A 类中有 B 类的成员，那么 A 就包含 B。

类的组合指一个类内嵌其他类的对象作为本身的成员。通过类的组合可以在已有的抽象的基础上实现更复杂的抽象，两者是包含与被包含的关系。在类的组合中一个类的对象是另一个类的数据成员，则称这样的数据成员为对象成员。例如：

```
class A
{
```

```
    //.....
};
class B
{
    A a ;//类 A 的对象 a 为类 B 的对象成员
public:
//....
};
```

类组合中使用对象成员着重要注意的问题是对象成员的初始化问题，即类 B 的构造函数如何定义的问题。当创建类的对象时，如果这个类具有内嵌的对象成员，那么内嵌对象成员也将被自动创建。因此，在创建对象时既要对类的基本数据成员初始化，又要对内嵌的对象成员进行初始化。含有对象成员的类，其构造函数和不含对象成员的构造函数有所不同，例如有以下的类：

```
class X{
    类名 1   对象成员名 1;
    类名 2   对象成员名 2;
    …
    类名 n    对象成员名 n;
};
```

一般来说，类 X 的构造函数的定义形式为：

```
X::X(形参表 0):对象成员名 1(形参表 1)，…，对象成员名 i(形参表 i)，…对象成员名 n(形参表 n)
{
    //…构造函数
}
```

冒号后面的部分是对象成员的初始化列表。各对象成员的初始化列表用逗号分隔，形参表 i（i 为 1～n）给出了初始化对象成员所需要的数据，它们一般来自形参表 0。

当调用构造函数 X::X()时，首先按各对象成员在类声明中的顺序依次调用它们的构造函数对这些对象初始化，最后再执行 X::X()函数体。析构函数的调用顺序与此相反。

例 3.37　类组合对象成员初始化。

```
#include<iostream.h>
class A{
public:
    A(int x1,float y1)
    {
        x=x1;y=y1;
    }
    void show()
    {
        cout<<"x="<<x<<"   y="<<y;
    }
private:
    int x;
    float y;
};
```

```
class B{
public:
    B(int x1,float y1,int z1):a(x1,y1)
    {
        z=z1;          //类 B 的构造函数，对 a 进行初始化
    }
    void show()
    {
        a.show( );
        cout<<"   z="<<z<<endl;
    }
private:
    A a;          //类 A 的对象 a 为类 B 的对象成员
    int z;
};
int main()
{
    B b(11,22,33);
    b.show();
    return 0;
}
```

程序运行结果为：

```
x=11   y=22   z=33
```

需要指出的是，这个例子中类 B 的构造函数也可定义为如下形式：

```
B(A a,int z1):a(a1)
{
    z=z1;
}
```

这个构造函数中没有出现类 A 的数据成员，而把类 B 的两个数据成员同样看待，当然这两个数据成员的赋值方法是不同的。对对象成员 a 采用初始化列表赋值，而对数据成员 z 采用直接赋值。下面是构造函数改变后的主函数：

```
void main()
{
    A a(11,22);
    B b(a,33 );
    b.show();
    return 0;
}
```

程序的运行结果仍然为：

```
x= 11    y=22    z=33
```

可以看出，对于后一种构造函数，要生成一个类 B 的对象 b，必须先生成一个类 A 的对象 a。这样对象 b 中就嵌套着一个对象 a，即由 a 组装成 b。而对于前一种构造函数，在生成对象 b 时并不需要生成一个有名的独立对象 a，而是生成一个无名的 A 类对象，并把它立即直接嵌入到对象之中。

这两种构造函数究竟哪一个更好？应根据实际情况而论。如果问题中需要类 B 的对象，

同时也需要类 A 的对象，那么就应该采用第二种构造函数。这样就可以避免类 A 对象的重复输入。如果问题中仅仅需要类 B 的对象，而不需要类 A 的对象，那么就应该采用第一种构造函数。这样可以避免类 A 对象的重复存储。

又如，前面谈到的学生类 Student 中，关于学生成绩只给出了一个数据成员 score，表示一门课程的成绩。但实际上每个学生的学习成绩含有多门课程的成绩。所以，应该再多设置几个学习成绩数据成员才更符合实际。考虑到所有学习成绩的性质和处理都是一致的，所以学习成绩也可以单独作为一个类（成绩类），而把 Student 中的 score 作为成绩类的一个对象。这样，一个学生类中就嵌套着一个成绩类对象。看下面的例子。

例 3.38　类组合对象成员的应用。

```
#include<iostream.h>
#include<string.h>
class Score{
public:
        Score(float c,float e,float m);
        Score();
        void show();
        void modify(float c,float e,float m);
private:
        float computer;
        float english;
        float mathematics;
};
Score::Score(float c,float e,float m)
{
        computer=c;
        english=e;
        mathematics=m;
}
Score::Score()
{
        computer=english=mathematics=0;
}
void Score::modify(float c,float e,float m)
{
        computer=c;
        english=e;
        mathematics=m;
}
void Score::show()
{
        cout<<"\n Score computer:"<< computer;
        cout<<"\n Score english:"<< english;
        cout<<"\n Score mathematics:"<< mathematics;
}
class Student{
```

```
private :
        char *name;        //学生姓名
        char *stu_no;      //学生学号
        Score score1;      //学生成绩（对象成员，是类 Score 的对象）
public:
        Student(char *name1,char *stu_no1,float s1,float s2,float s3);         //构造函数
        ～Student();                                                           //析构函数
        void modify(char *name1,char *stu_no1,float s1,float s2,float s3);     //数据修改
        void show ( );                                                         //数据输出
};
Student::Student(char *name1,char *stu_no1,float s1,float s2,float s3):score1(s1,s2,s3)
{
        name=new char[strlen(name1)+1];
        strcpy(name,name1);
        stu_no=new char[strlen(stu_no1)+1];
        strcpy(stu_no,stu_no1);
}
Student::～Student()
{
        delete []name;
        delete []stu_no;
}
void Student::modify(char *name1,char *stu_no1,float s1,float s2,float s3)
{
        delete []name;
        name=new char[strlen(name1)+1];
        strcpy(name,name1);
        delete []stu_no;
        stu_no=new char[strlen(stu_no1)+1];
        strcpy(stu_no,stu_no1);
        score1.modify(s1,s2,s3);
}
void Student::show()
{
        cout<<"\n name :"<<name;
        cout<<"\n stu_no:"<<stu_no;
        score1.show();
}
void main()
{
        Student  stu1("LiMing","990201",90,80,70);//定义类 Student 的对象 stu1，调用 stu1 的构造函数
初始化对象 stu1
        stu1.show( );             //调用 stu1 的 show()，显示 stu1 的数据
        cout<<endl;
        stu1.modify("ZhangHao","990202",95,85,75);//调用 stu1 的 modify()，修改 stu1 的数据
        stu1.show();              //调用 stu1 的 show()，显示 stu1 修改后的数据
}
```

程序运行结果为：

```
name :LiMing
stu_no:990201
Score computer:90
Score english:80
Score mathematics:70

name :ZhangHao
stu_no:990202
Score computer:95
Score english:85
Score mathematics:75
```

从上面的程序可以看出，类 Student 的 modify()和 show()函数中对于对象成员 score1 的处理就是通过调用类 Score 的 modify()和 show()函数实现的。

说明：

（1）声明一个含有对象成员的类，首先要创建各成员对象。本例中在声明类 Student 中，定义了对象成员 score1：

```
Score score1;
```

（2）Student 类对象在调用构造函数进行初始化的同时，也要对对象成员初始化，因为它也属于此类成员。因为在写类 Student 的构造函数时，也执行了对对象成员的初始化：

```
Student::Student(char *name1,char *stu_no1,float s1,float s2,float s3):score1(s1,s2,s3)
{
    //…
}
```

这时构造函数的调用顺序是：先调用对象成员 score1 的构造函数，随后再执行类 Student 构造函数的函数体。这里需要注意的是：在定义类 Student 的构造函数时，必须缀上其对象成员的名字 score1，而不能缀上类名，若写成：

```
Student::Student(char *name1,char *stu_no1,float s1,float s2,float s3):Score (s1,s2,s3)
```

是不允许的，因为在类 Student 中是类 Score 的对象 score1 作为成员，而不是类 Score 作为其成员。

3.9　常类型

程序中各种形式的数据共享在不同程度上破坏了数据的安全性。常类型的引入，就是为了既保证数据共享又防止数据被改动。常类型是指使用类型修饰符 const 说明的类型，常类型的变量或对象成员的值在程序运行期间是不可更改的。

3.9.1　常引用

如果在说明引用时用 const 修饰，则被说明的引用为常引用，该引用所引用的对象不能被更新。其定义格式如下：

```
const 类型说明符 & 引用名
```

例如：

```
int a=5;
const int&b=a;
```

其中，b 是一个常引用，它所引用的对象不允许更改。如果出现：

```
b=12;
```

则是非法的。在实际应用中，常引用往往用来作为函数的形参，这样的参数称为常参数。

在 C++面向对象的程序设计中，指针和引用使用得较多，其中使用 const 修饰的常指针和常引用用得更多。使用常参数则表明该函数不会更新某个参数所指向或所引用的对象。这样，在参数传递过程中就不需要执行拷贝构造函数，这将会改善程序的运行效率。

例 3.39 常引用作函数形参。

```
#include<iostream.h>
int add(const int&i,const int&j);
void main()
{
    int x=10;
    int y=20;
    cout<<x<<"+"<<y<<"="<<add(x,y)<<endl;
}
int add(const int&i,const int&j)
{
    return i+j;
}
```

程序的运行结果如下：

```
10+20=30
```

由于 add()函数的两个参数都定义为常引用，所以在该函数中不能改变 i 和 j 的值，如果改变它们的值，将在编译时出错。

3.9.2 常对象

在定义对象时用 const 修饰，则被说明的对象为常对象。常对象必须要有初值，如：

```
Time const t1(12,34,46); //t1 是常对象
```

这样，在所有的场合中，对象 t1 中的所有成员的值都不能被修改。凡希望保证数据成员不被改变的对象，可以声明为常对象。定义常对象的一般形式为：

```
类名 const 对象名(实参列表);
```

也可以把 const 写在最左面：

```
const 类名 对象名(实参列表);
```

二者等价。

例 3.40 非常对象和常对象的比较。

```
#include<iostream.h>
class Sample{
public:
    int m;
    Sample(int i,int j)
    {
        m=i;
```

```
            n=j;
        }
        void setvalue(int i)
        {
            n=i;
        }
        void display()
        {
            cout<<"m="<<m<<endl;
            cout<<"n="<<n<<endl;
        }
    private:
        int n;
    };
    void main()
    {
        Sample a(10,20);
        a.setvalue(40);
        a.m=30;
        a.display();
    }
```

在这个例子中，对象 a 是一个普通的对象，而不是常对象，读者不难分析出程序的运行结果为：

```
m=30
n=40
```

若将上述程序中的对象 a 定义为常对象，主函数修改如下：

```
void main()
{
    const Sample a(10,20);
    a.setvlue(40);    //①
    a.m=30;           //②
    a.display();      //③
}
```

编译这个程序时将出现三个错误。语句①和②的错误指出，C++不允许直接或间接地更改常对象成员。语句③的错误指出，如果一个对象被声明为常对象，则不能调用该对象的非 const 型的成员函数（除了由系统自动调用的隐式的构造函数和析构函数）。

3.9.3　常对象成员

1．常数据成员

类的数据成员可以是常量或常引用，使用 const 说明的数据成员称为常数据成员。如果在一个类中说明了常数据成员，那么构造函数就只能通过初始化列表对数据成员进行初始化，而任何其他函数都不能对该成员赋值。

例 3.41　常数据成员举例。

```
#include <iostream.h>
class COne{
```

```
	private:
		const int x;//常数据成员
		static const int y;//静态常数据成员
	public:
		COne(int a):x(a),r(x)//常数据成员的初始化
		{}
		void print();
		const int &r;//引用类型的常数据成员
	};
	const int COne::y=10;//静态数据成员的初始化
	void COne::print()
	{
		cout<<"x="<<x<<",y="<<y<<",r="<<r<<endl;
	}
	void main()
	{
		COne one(100);
		one.print();
	}
```

程序运行结果为：

```
x=100,y=10,r=100
```

该程序中定义了如下三个常数据成员：

```
const int x;
static const int y;
const int &r;
```

其中，r 是常 int 型引用，x 是常 int 型变量，y 是静态的常 int 型变量。需要注意的是：

（1）常静态数据成员跟前面讲过的静态数据成员一样，在对象定义前初始化，但必须加上 const 修饰。如：

```
const int COne::y=10;
```

（2）构造函数格式如下：

```
COne(int a):x(a),r(x)
{}
```

其中，冒号后面是参数初始化列表，它包含两个初始化项，因为数据成员 x，r 都是常类型，所以必须采用初始化列表格式。

2. 常成员函数

使用 const 声明的函数，称为常成员函数，只有常成员函数才有资格用来操作常量或常对象，没有使用 const 关键字说明的成员函数不能用来操作常对象，格式如下：

```
类型说明符  函数名(参数表) const;
```

const 是加在函数说明后面的类型修饰符，它是函数类型的一个组成部分，因此，在函数实现部分也要带 const 关键字。

例 3.42　常成员函数的使用。

```
#include <iostream.h>
class COne{
private:
```

```
        int x,y;
    public:
        COne(int a,int b)
        { x=a;y=b; }
        void print();
        void print()const;//声明常成员函数
    };
    void COne::print()
    {
        cout<<x<<","<<y<<endl;
    }
    void COne::print()const
    {
        cout<<"使用常成员函数:"<<x<<","<<y<<endl;
    }
    void main()
    {
        COne one(5,4);
        one.print();
        const COne two(20,52);
        two.print();
    }
```

程序运行结果为：

```
5,4
使用常成员函数: 20,52
```

本程序中，类 COne 中说明了两个同名成员函数 print()，一个是普通的成员函数，另一个是常成员函数，它们是重载的。可见，关键字 const 可以被用于对重载函数进行区分。在主函数中说明了两个对象 one 和 two，其中对象 two 是常对象。通过对象 one 调用的是没有用 const 修饰的成员函数，而通过对象 two 调用的是用 const 修饰的常成员函数。

说明：

（1）如果将一个对象说明为常对象，则通过该对象只能调用它的常成员函数，而不能调用普通的成员函数。常成员函数是常对象唯一的对外接口，这是 C++语法机制上对常对象的保护。

（2）常成员函数不能更新对象的数据成员，也不能调用该类中的普通成员函数，这就保证了在常成员函数中绝对不会更新数据成员的值。

习题三

一、填空题

1．在下面的关键字中________能声明类成员是私有的。

A．protected　　B．const　　C．friend　　D．private

2．在类中具有数据操作功能的是______。

A．常数据成员　　B．函数成员　　C．数据成员　　D．静态成员

3．析构函数的作用是________。

A．释放对象占用的内存空间　　B．初始化数据成员

C．设置默认参数值　　D．释放函数定义时占用的内存空间

4．在下列有关静态成员函数的描述中，正确的是______。

A．在静态成员函数中可以使用 this 指针

B．在建立对象前，就可以为静态数据成员赋值

C．静态成员函数在类的外部定义时，要使用 static 前缀

D．静态成员函数只能在类的外部定义

5．在下面有关友元函数的描述中，正确的说法是______。

A．友元函数是独立于当前类的外部函数

B．一个友元函数不能同时定义为两个类的友元函数

C．友元函数必须在类的外部定义

D．在外部定义友元函数时，必须加关键字 friend

6．数据封装就是将一组数据和与这组数据有关的操作组装在一起，形成一个实体，这实体也就是______。

A．类　　B．对象　　C．函数体　　D．数据块

7．类的实例化是指______。

A．定义类　　B．创建类的对象　　C．指明具体类　　D．调用类的成员

8．类的构造函数被自动调用执行的情况是在创建该类的______。

A．成员函数时　　B．数据成员时　　C．对象时　　D．友元函数时

9．______是析构函数的特征。

A．一个类中只能定义一个析构函数　　B．析构函数名与类名不同

C．析构函数的定义只能在类体内　　D．析构函数可以有一个或多个参数

10．在下列函数原型中，可以作为类 AA 构造函数的是______。

A．void AA(int);　　B．int AA();　　C．AA(int) const;　　D．AA(int);

11．关于成员函数特征的下述描述中，______是错误的。

A．成员函数一定是内联函数　　B．成员函数可以重载

C．成员函数可以设置参数的默认值　　D．成员函数可以是静态的

12．不属于成员函数的是______。

A．静态成员函数　　B．友元函数　　C．构造函数　　D．析构函数

13．已知类 A 是类 B 的友元，类 B 是类 C 的友元，则______。

A．类 A 一定是类 C 的友元

B．类 C 一定是类 A 的友元

C．类 C 的成员函数可以访问类 B 的对象的任何成员

D．类 A 的成员函数可以访问类 B 的对象的任何成员

14．有如下类定义：

```
class sample {
      int n;
public:
```

```
    sample (int i=0):n(i){ }
    void setValue(int n1);
};
```

下列关于 setValue 成员函数的实现中，正确的是______。

A．sample::setValue(int n1){n=n1;}　　B．void sample::setValue(int n1){n=n1;}
C．void setValue(int n1){n=n1;}　　D．setValue(int n1){n=n1;}

二、填空题

1．类定义的关键字是________。类的数据成员通常指定为________成员。类的函数成员通常指定为________成员，指定为________的类成员可以在类对象所在域中的任何位置访问它们，类的________只能被该类的成员函数或友元函数访问。

2．类的访问限定符包括________和________。类成员默认的访问方式是________。访问限定符在类中________先后次序，各限定符________（允许/不允许）多次出现。

3．构造函数的任务是________。类中可以有________个构造函数，它们由________区分。如果类说明中没有给出构造函数，则 C++编译器会提供构造函数，该函数________（完成/不完成）对象初始化工作。

4．拷贝构造函数的参数是________，当程序没有给出拷贝构造函数时，编译系统会提供________，完成类对象的________。拷贝构造函数被调用情况有________种。

5．析构函数在对象________时被自动调用。类中没有定义析构函数时，编译系统会提供一个默认的析构函数。该函数________（完成/不完成）具体对象的清理工作。

三、简答题

1．类是如何定义的？类由哪几部分组成？

2．对象是如何定义的？对象的基本特征是什么？

3．构造函数和析构函数的作用是什么？

4．拷贝构造函数的作用是什么？如何理解浅拷贝和深拷贝？

5．构造函数与拷贝构造函数有什么区别？

四、编程题

1．构造一个日期时间类（Timedate），数据成员包括年、月、日和时、分、秒，函数成员包括设置日期时间和输出日期时间，其中年、月用枚举类型，并进行测试（包括用成员函数和普通函数）。

2．定义一个日期类 Date，具有年、月、日等数据成员，显示日期、加减天数等成员函数。注意需要考虑闰年。

3．定义一个圆类（Circle），属性为半径（radius）、圆周长和面积，操作为输入半径并计算周长、面积，输出半径、周长和面积。要求定义构造函数（以半径为参数，默认值为 0，周长和面积在构造函数中生成）和拷贝构造函数。

4．设计一个学校在册人员类（Person），数据成员包括身份证号（Id）、姓名（Name）、性别（Sex）、生日（Birth）和家庭住址（HomeAdd）。成员函数包括人员信息的录入和显示，还包括构造函数与拷贝构造函数。

5．设计如下类：

1）设计一个 Point 类，表示平面中的一个点；建立一个 Line 类，表示平面中的一条线段，内含两个

Point 类的对象；建立 Triangle 类，表示一个三角形，内含三个 Line 类的对象构成一个三角形。

2）设计三个类相应的构造函数、拷贝构造函数，完成初始化和对象复制。

3）设计 Triangle 类的成员函数，分别完成三条边是否能构成三角形的检查、三角形面积的计算以及面积的显示。

6．设计一个分数类 Fraction，分数类的数据成员包括分子和分母。成员函数包括构造函数、拷贝构造函数。构造函数要对初始化数据进行必要的检查（分母不能为 0）。编写将分数显示成“a/b”形式的输出函数。成员函数包括约分、通分、加、减、乘、除、求倒数、比较大小、显示和输入。完成以上所有成员函数并在主函数中进行检验。

第 4 章　派生和继承

继承是面向对象程序设计的一个重要特性，类的继承和派生机制使程序员无需改动已有类，只需在已有类的基础上，通过增加或修改少量代码的方法得到新的类，从而较好地解决了代码重用的问题。本章主要介绍继承与派生的相关概念及使用方法。通过本章的学习，读者应该掌握以下内容：

- 派生和继承的概念
- 派生类对基类的访问规则
- 派生类的构造函数和析构函数的定义和执行
- 调整基类成员在派生类中的访问属性
- 多重继承的定义和使用
- 虚基类的定义与使用
- 基类与派生类的赋值兼容性
- 继承与组合的区别

4.1　继承与派生的概念

面向对象程序设计有 4 个主要特点：抽象、封装、继承和多态。要较好地设计面向对象程序，还必须了解面向对象程序设计的另外两个重要特征：继承性和多态性。本章主要介绍有关继承的知识，后续章节将介绍多态性。

面向对象技术强调软件的可重用性（software reusability）。C++语言提供了类的继承机制来解决软件重用问题。在 C++中可重用性是通过继承（inheritance）这一机制来实现的。

4.1.1　什么是继承和派生

图 4-1 展示了交通工具的类层次。最顶部的类称为基类，是交通工具类。这个基类有汽车子类。这样，交通工具类就是汽车类的父类。可以从交通工具类派生出其他类，比如飞机类、火车类和轮船类。每个类都只有交通工具类作为其父类。汽车子类还有三个子类：小汽车类、旅行车类和卡车类，每个类都以汽车类作为父类，交通工具类可称为它们的祖先类。另外，小汽车类是轿车类、工具车类和面包车类这些派生类的父类。图 4-1 中展示了小型四层次的类，它用继承来派生子类。每个类有且仅有一个父类，所有子类都只有一种父类。例如，小汽车是一种汽车，轿车是一种汽车，汽车是一种交通工具，小汽车也是一种交通工具。这样，每个子类代表父类的特定版本。

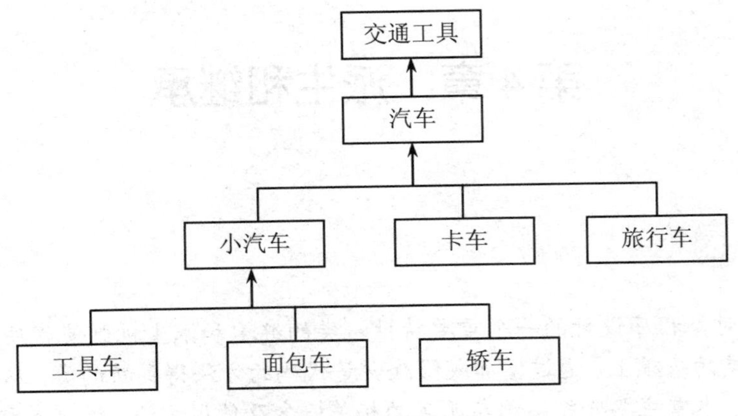

图 4-1 继承的类层次

引入继承的目的在于为代码重用提供有效手段。一方面使用继承可以重用先前项目中的代码，如果重用的代码不能完全满足要求，还可以做少量的修改，满足不断变化的具体要求，从而提高程序设计的灵活性，避免不必要的重复设计；另一方面某个项目使用了几个非常相似或稍有不同的类，就可以通过派生类的继承性达到函数和数据继承的目的。

下面通过例子进一步说明为什么要使用继承。现有一个 person 类，它包含有 name（姓名）、age（年龄）、sex（性别）等数据成员与成员函数 print()，如下所示：

```
class person{
protected:
      char name[10];
      int   age;
      char sex;
public:
      void print();
};
```

假如现在要声明一个 employee 类，它包含有 name（姓名）、age（年龄）、sex（性别）、department（部门）及 salary（工资）等数据成员与成员函数 print()，如下所示：

```
class employee{
protected:
      char name[10];
      int age;
      char sex;
      char department[20];
      float salary;
public:
      print();
};
```

从以上两个类的声明中可看出，这两个类中的数据成员和成员函数有许多相同的地方。只要在 person 类的基础上再增加成员 department 和 salary，再对 print()成员函数稍加修改就可以声明出 employee 类。像现在这样声明两个类，代码重复太严重。为提高代码的可重用性，就必须引入继承，将 employee 类说明成 person 类的派生类，那些相同的成员在 employee 类中就不需要再说明了。

在 C++中，所谓“继承”就是在一个已存在的类的基础上建立一个新的类。已存在的类（例如“person”）称为“基类（base class ）”或“父类（father class ）”。新建的类（例如“employee”）称为“派生类（derived class ）”或“子类（son class ）”。

一个新类从已有的类那里获得其已有特性，这种现象称为类的继承。通过继承，一个新建子类从已有的父类那里获得父类的特性。换个角度说，从已有的类（父类）产生一个新的子类称为类的派生。类的继承是用已有的类来建立专用类的编程技术。

派生类继承了基类的所有数据成员和成员函数，并可以对成员进行必要的增加或调整。一个基类可以派生出多个派生类，每一个派生类又可以作为基类再派生出新的派生类，因此基类和派生类是相对而言的。

以上介绍的是最简单的情况：一个派生类只从一个基类派生，这称为单继承（single inheritance），这种继承关系所形成的层次是一个树形结构。一个派生类不仅可以从一个基类派生，也可以从多个基类派生。一个派生类有两个或多个基类的称为多重继承（multiple inheritance）。关于基类和派生类的关系，可以表述为：派生类是基类的具体化，而基类则是派生类的抽象。

4.1.2　派生类的声明

先通过一个例子说明如何通过继承来建立派生类。看看下面 employee 类是如何继承 person 类的。

```
//定义一个基类
class person{
    protected:
    char name[10];
    int age;
    char sex;
public:
    //……
};
//定义一个派生类
class employee:public person
{
protected:
    char department[20];
    float salary;
public:
    //……
};
```

仔细观察派生类定义的第一行：

```
class employee:public person
```

在 class 后面的 employee 是新建的类名。冒号后面的 public 用来表示表示继承方式，在这里表示是“公有继承（public inheritance）”，最后面的 person 表示已声明的基类。注意 public 是关键字，告诉编译器派生类 employee 从基类 person 公有继承。

声明派生类的一般形式为

```
class 派生类名：[继承方式] 基类名
{
    派生类新增加的成员；
};
```

这里，“基类名”是一个已经定义的类的名称，“派生类名”是继承基类而生成的新类的名称。继承方式包括：public（公有继承）、private（私有继承）和 protected（保护继承）。如果不显式地给出继承方式关键字，系统默认为私有继承（private）。类的继承方式指定了派生类成员以及类外对象对于从基类继承来的成员的访问权限。

例如，由类 person 继承出类 employee 可以采用下面三种格式之一：

（1）公有继承

```
class employee:public person
//…
```

（2）私有继承

```
class employee:private person
//…
```

（3）保护继承

```
class employee:protected person
//…
```

4.1.3 派生类的构成

派生类中的成员包括从基类继承过来的成员和自己增加的成员两大部分。在基类中包括数据成员和成员函数两部分，派生类分为两大部分：一部分是从基类继承来的成员，另一部分是在声明派生类时增加的部分。每一部分均分别包括数据成员和成员函数。

实际上，并不是把基类的成员和派生类自己增加的成员简单地加在一起就成为派生类。构造一个派生类包括以下三部分工作：

（1）从基类接收成员

派生类把基类全部的成员（不包括构造函数和析构函数）接收过来，这种接收方式是没有选择的，也就是说不能选择只接收其中一部分成员，而舍弃另一部分成员。从定义派生类的一般形式中可以看出是不可选择的。

这样我们就会面临这种情况：有些基类中的成员，在派生类中并不需要，但是也必须继承过来。这就会造成数据的冗余，特别是经过多次派生之后，会在许多派生类对象中存在大量无用的数据，不仅浪费了大量的空间，而且在对象的建立、赋值、复制和参数传递中，花费了许多无谓的时间，从而降低了效率。因此，要求我们应该根据派生类的实际需要选择基类，使无关的数据降低到最少。不要随意地从已有的类中找一个作为基类去构造派生类，应当考虑怎样能使派生类有更合理的结构。

（2）改造基类成员

对基类成员的改造包括两个方面：一是基类成员的访问控制问题，主要是依靠派生类定义时的继承方式来控制，如可以通过继承把基类的公有成员指定为在派生类中的访问属性为私有（在派生类外不能访问）；二是对基类数据或成员函数进行覆盖，就是在派生类中定义一个和基类数据或函数同名的成员。但应注意：如果是成员函数，不仅函数名应相同，而且函数的参数表（参数个数和类型）也应相同，如果不相同，就变成函数的重载而不是覆盖。由于作用域不同，因而发生同名覆盖，基类中的成员就被替换成派生类中的同名成员。

（3）添加新的成员

派生类新成员的加入是继承与派生机制的核心，是保证派生类在功能上有所发展的关键。我们可以根据实际情况的需要，给派生类添加适当的数据和函数成员，来实现必要的新增功能。同时，在派生过程中，基类的构造函数和析构函数是不能被继承下来的。在派生类中，一些特别的初始化和扫尾清理工作，也需要我们重新加入新的构造函数和析构函数。

通过以上介绍，可以看到派生类是基类的延续。可以声明一个基类，在此基类中只提供某些最基本的功能，而另外有些功能并未实现，然后在声明派生类时加入某些具体的功能，形成适用于某一特定应用的派生类。

4.1.4　基类成员在派生类中的访问属性

基类的成员可以有 public（公有）、protected（保护）和 private（私有）三种访问属性，基类的自身成员可以访问基类中的任何其他成员，但是通过基类的对象，就只能访问该类的公有成员。

派生类可以继承基类中除了构造函数与析构函数之外的全部成员，但是这些成员的访问属性在派生过程中是可以调整的。从基类继承来的成员在派生类中的访问属性是由继承方式控制的。

类的继承方式有 public（公有继承）、protected（保护继承）和 private（私有继承）三种，不同的继承方式导致原来具有不同访问属性的基类成员在派生类中的访问属性也有所不同。

在派生类中，从基类继承来的成员可以按访问属性划分为四种：不可直接访问的成员、public（公有成员）、protected（保护成员）和 private（私有成员）。

表 4-1　基类成员在派生类中的访问属性

在基类中的访问属性	继承方式	在派生类中的访问属性
private	public	不可直接访问
private	private	不可直接访问
private	protected	不可直接访问
public	public	public
public	private	private
public	protected	protected
protected	public	protected
protected	private	private
protected	protected	protected

从表 4-1 中不难归纳出以下几点：

（1）基类中的私有成员

对于基类私有成员，无论采用什么方式继承，在派生类中都不可直接访问。所以，在定义基类和采用私有继承时一定要考虑到基类中数据成员的访问权限，因为基类 public 和 protected 成员采用 private 继承后变成 private 成员，再以此派生类为基类派生出新的派生类成员就不可直接访问。

（2）基类中的公有成员

- 当类中的继承方式为 public 继承时，基类中的所有 public 成员在派生类中仍然保持 public 属性；
- 当类中的继承方式为 private 继承时，基类中的所有 public 成员在派生类中变成 private 属性；
- 当类中的继承方式为 protected 继承时，基类中的所有 public 成员在派生类中变成 protected 属性。

（3）基类中的保护成员

- 当类中的继承方式为 public 继承时，基类中的所有 protected 成员在派生类中变成 protected 属性。
- 当类中的继承方式为 private 继承时，基类中的所有 protected 成员在派生类中变成 private 属性。
- 当类中的继承方式为 protected 继承时，基类中的所有 protected 成员在派生类中仍保持 protected 属性。

4.1.5 派生类对基类成员的访问规则

派生类对基类成员的访问形式主要有以下两种：

- 内部访问：派生类的新增成员对继承的基类成员的访问；
- 外部访问：派生类的对象对继承的基类成员的访问。

下面具体讨论三种继承方式下派生类对基类成员的访问规则。

1. 公有继承的访问规则

在定义一个派生类时将基类的继承方式指定为 public 的，称为公有继承（公有派生），用公有继承方式建立的派生类称为公有派生类(public derived class)，其基类称为公有基类(public base class)。

采用公用继承方式时，基类的 public 成员和 protected 成员在派生类中仍然保持其 public 成员和 protected 成员的属性，派生类的其他成员可以直接访问它们，但在类外部通过派生类的对象只能访问继承来的 public 成员；而基类的 private 成员在派生类中并没有成为派生类的 private 成员，它仍然是基类的 private 成员，只有基类的成员函数可以引用它，而无论是派生类的成员还是派生类的对象都无法访问基类的 private，因此就成为派生类中不可访问的成员。

例 4.1 公有继承访问规则。

```
#include<iostream.h>
class A{                        //声明一个基类
public:
    void setA(int i,int j)
    {
        x=i;
        y=j;
```

```
        }
        void showA()
        {
            cout<<"x="<<x<<endl;
            cout<<"y="<<y<<endl;
        }
    private:
        int x;
    protected:
        int y;
    };
    class B:public A              //声明一个公有派生类
    {
    public:
        void setB(int i,int j,int k)
        {
            setA(i,j);            //setA()在派生类中是 public 成员，可以访问
            z=k;
        }
        void showB()
        {
            cout<<"x="<<x<<endl; //非法，x 在派生类 B 中为不可直接访问成员
            cout<<"y="<<y<<endl; //合法，y 在派生类 B 中为 protected 成员
            cout<<"z="<<z<<endl;
        }
    private:
        int z;
    };
    int main()
    {
        B obj;
        obj.setB(10,20,30);
        obj.showA();                        //合法，showA()在类 B 中为 public 成员
        obj.showB();
        return 0;
    }
```

上例中类 B 由类 A 公有派生而来，所以类 A 中的两个 public 成员函数 setA 和 showA 在 B 类中仍然保持其公有成员的属性。因此，它们可以分别被派生类的成员函数和派生类的对象 obj 访问。基类 A 中的数据成员 x 是 private 成员，它在派生类中不能被直接访问，所以在函数 showB()中对 x 的访问是非法的，但我们可以借助从基类公有继承仍保持公有属性的 setA()和 showA()来间接对 x 赋值并显示。基类 A 中的数据成员 y 是 protected 成员，它在公有派生类中仍是 protected 成员，所以在函数 showB 中可以直接访问 y。

如果将 showB()改为下列形式：

```
    void showB()
    {
```

```
    showA();
    cout<<"z="<<z<<endl;
    }
```

后重新编译，程序运行结果为：

```
x=10
y=20
x=10
y=20
z=30
```

最后强调下，基类的私有成员对派生类来说无论怎样被继承，对派生类而言都是不能直接访问的，这个特性正是 C++中一个重要的软件工程观点。因为私有成员体现了数据的封装性，隐藏私有成员有利于测试、调试和修改系统。如果把基类所有成员的访问权限都原封不动地继承到派生类，使基类的私有成员在派生类中仍保持其私有性质，派生类成员能够访问基类的私有成员，那么基类和派生类便没有界限了，这就破坏了基类的封装性。

表 4-2 总结了公有继承的访问规则。

表 4-2　公有继承的访问规则

基类成员	private 成员	public 成员	protected 成员
内部访问	不可访问	可访问	可访问
对象访问	不可访问	可访问	不可访问

2. *私有继承访问规则*

在声明一个派生类时将基类的继承方式指定为 private 的，称为私有继承（私有派生），用私有继承方式建立的派生类称为私有派生类（private derived class），其基类称为私有基类（private base class）。

采用私有继承方式时，基类的 public 成员和 protected 成员在派生类中成为其 private 成员，保持 private 成员的属性，派生类的其他成员可以直接访问它们，但是在类外部通过派生类的对象无法访问它们；而基类的 private 成员在派生类中成为不可访问的成员，只有基类的成员函数可以引用它们，无论是派生类的成员还是派生类的对象都无法访问从基类继承的 private 成员。

经过私有继承后，所有基类的成员都成为派生类的私有成员，如果进一步派生的话，基类的成员就无法在新的派生类中被访问。因此，私有继承之后，基类的成员再无法在以后的派生类中发挥作用，实际上相当于中止了基类功能的继续派生。

例 4.2　私有继承访问规则。

```
#include<iostream.h>
class A{          //声明一个基类
public:
    void setA(int i)
    {
        x=i;
    }
    void showA()
```

```
    {
        cout<<x<<endl;
    }
private:
    int x;
};
class B:private A{
public:
    void setB(int i,int j)
    {
        setA(i);   //setA()在派生类中为 private 成员，派生类成员函数可以访问
        y=j;
    }
    void showB()
    {
        cout<<x;//非法，在派生类中不能直接访问基类的私有成员 x
        cout<<y<<endl; //合法，访问自己的私有成员
    }
private:
    int y;
};
main()
{
    B obj;
    obj.setA(10); //非法，setA()在派生类中为 private 成员，派生类对象不能访问
    obj.showA(); //非法，showA()在派生类中为 private 成员，派生类对象不能访问
    obj.setB(10,20);
    obj.showB();
    return 0;
}
```

在上面例子中定义了一个基类 A，它有一个私有成员 x 和两个公有成员函数 setA()和 showA()。类 B 从基类 A 中派生出来，派生类 B 除继承 A 的成员外，还有属于自己的私有数据成员 y、公有成员函数 setB()和 showB()。继承方式是 private，所以是私有继承。

由于是私有继承，所以基类A中的public成员setA()和showA()在派生类中成为B的private成员，只能被派生类 B 中的成员函数访问，不能被派生类对象访问。所以在 main()函数中，对 obj.setA()和 obj.showA()的调用是非法的，因为这两个函数是 B 的 private 成员，不能被对象访问。基类中的 private 成员 x，无论用什么继承方式在派生类中都不可访问（见上节最后强调部分），所以 showB()中直接访问基类 A 的 private 成员 x 是非法的。虽然，派生类不能直接访问基类的私有数据成员，但可以利用基类的 public 的成员函数访问基类的 private 数据成员，如在派生类中使用 setA()和 showA()函数完成对 x 的赋值和显示。基于以上分析，一是将 obj.setA()和 obj.showA()这两行删掉，另一方面将 showB()修改成如下形式：

```
void showB()
{
    showA();
```

```
        cout<<y<<endl;
    }
```

程序运行结果为：

```
    10
    20
```

可见基类中的 private 成员既不能被派生类的对象访问，也不能被派生类的成员函数访问，只能被基类自己的成员函数访问。所以，我们在设计基类时，都要想法为 private 数据成员提供 public 成员函数，以便使派生类可以间接访问这些数据成员。

例 4.3 私有继承访问规则。

```
#include<iostream.h>
class A{                              //声明一个基类
public:
      void setA(int i)
      {x=i;}
      void showA()
      {
            cout<<"x="<<x<<endl;
      }
protected:
      int x;
};
class B: private A{                   //声明一个私有派生类
public:
      void setB(int i,int j)
      {
            x=i;
            y=j;
      }
      void showB()
      {
            cout<<"x="<<x<<endl;
            cout<<"y="<<y<<endl;
      }
protected:
      int y;
};
class C:private B{                    //声明一个私有派生类
public:
      void setC(int i, int j, int k)
      {
            setB(i,j);
            z=k;
      }
      void showC()
      {
```

```
        cout<<"x="<<x<<endl;  //非法，x 在类 C 中为不可直接访问成员
        cout<<"y="<<y<<endl;  //合法，y 在类 C 中为 private 成员
        cout<<"z="<<z<<endl;
    }
private:
    int z;
};
void main()
{
    A obj1;
    obj1.setA(1);
    obj1.showA();
    B obj2;
    obj2.setB(2,3);
    obj2.showB();
    C obj3;
    obj3.setC(4,5,6);
    obj3.showC();
}
```

编译上面的程序，在行尾注释有“非法”的语句上产生错误。原因是基类 A 中的 protected 成员 x 被其派生类B私有继承后成为private成员，所以不能被B的派生类C的成员函数showC()访问。B 类中的 protected 成员 y，被其派生类 C 私有继承后是 private 成员，所以可以被 C 中的成员函数 showC()访问。

如果将上例中的成员函数 showC()改写成如下形式：

```
void showC()
{
    showA(); //非法，showA()在 B 中是 private 属性，在派生类 C 中不可访问
    cout<<"y="<<y<<endl;  //合法，y 在类 C 中为 private 成员
    cout<<"z="<<z<<endl;
}
```

重新编译，仍将出现错误信息。但是将函数 showC()改成以下形式后：

```
void showC()
{
    showB();    //showB()在派生类 C 中变成 private 成员，可以访问
    cout<<"z="<<z<<endl;
}
```

重新编译后程序运行结果为：

```
x=1
x=2
y=3
x=4
y=5
z=6
```

最后，我们通过表 4-3 总结下私有继承的访问规则。

表 4-3 私有继承的访问规则

基类成员	private 成员	public 成员	protected 成员
内部访问	不可访问	可访问	可访问
对象访问	不可访问	不可访问	不可访问

3. 保护继承的访问规则

如果基类声明了私有成员，那么任何派生类都是不能访问的，若希望在派生类中能访问它们，应当把它们声明为保护成员。如果在一个类声明中声明了保护成员，就意味着该类可能要作为基类，在它的派生类中会访问这些成员。

在定义一个派生类时将基类的继承方式指定为 protected 的，称为保护继承，用保护继承方式建立的派生类称为保护派生类（protceted derived class）。其基类称为保护基类（protected base class）。

采用保护继承方式时，基类的 public 成员和 protected 成员在派生类中成为其 protected 成员，保持 protected 成员的属性，派生类的其他成员可以直接访问它们，但是在类外部通过派生类的对象无法访问它们。而基类的 private 成员在派生类中成为不可访问的成员，只有基类的成员函数可以引用它们，无论是派生类的成员还是派生类的对象都无法访问从基类继承的 private 成员。

比较一下私有继承和保护继承（也就是比较在私有派生类中和在保护派生类中的访问属性），可以发现，在直接派生类中，以上两种继承方式的作用实际上是相同的：在类外不能访问任何成员，而在派生类中可以通过成员函数访问基类中的公用成员和保护成员。但是如果继续派生，在新的派生类中，两种继承方式的作用就不同了。

假设 B 类以私有方式继承了 A 类后，B 类又派生出 C 类，那么 C 类的成员和对象都不能访问间接从 A 类继承来的成员。如果 B 类是以保护方式继承了 A 类，那么 A 类中的公有和保护成员在 B 类中都是保护成员。B 类再派生出 C 类后，A 类中的公有和保护成员被 C 类间接继承后，有可能是保护的或者是私有的（视从 B 到 C 的派生方式不同而异）。因而，C 类的成员有可能允许访问间接从 A 类中继承来的成员。

例 4.4 保护继承访问规则。

```
#include<iostream.h>
class A{        //声明一个基类
public:
    int z;
    void setA(int i)
    {
        x=i;
    }
    int getA()
    {   return x;}
private:
    int x;
protected:
    int y;
```

```
};
class B:protected A{
public:
    int a;
    void setB(int i,int j,int k,int l,int m,int n)
    {
        x=i; //非法，在派生类 B 中 x 为不可访问成员，应该是 setA(i)
        y=j; //合法，在派生类 B 中 y 是 protected 成员
        z=k; //合法，在派生类 B 中 z 是 protected 成员
        a=l; //合法，访问自己的公有成员
        b=m;//合法，访问自己的私有成员
        c=n; //合法，访问自己的保护成员
    }
    void showB()
    {
        cout<<"x="<<x<<endl;//非法，在派生类中 x 不可访问
        cout<<"x="<<getA()<<endl;//合法，getA()在 B 中是 protected 成员
        cout<<"y="<<y<<endl;//合法，y 在 B 中是 protected 成员
        cout<<"z="<<z<<endl;//合法，z 在 B 中是 protected 成员
        cout<<"a="<<a<<endl;
        cout<<"b="<<b<<endl;
        cout<<"c="<<c<<endl;
    }
private:
    int b;
protected:
    int c;
};
main()
{
    B obj;
    obj.setB(10,20,30,40,50,60);
    obj.showB();
    cout<<"a="<<obj.a<<endl; //合法，a 在 B 中是 public 成员
}
```

将上面程序中错误地方修改后编译可通过，运行结果如下：

```
x=10
y=20
z=30
a=40
b=50
c=60
a=40
```

最后，我们通过表 4-4 总结下保护继承的访问规则。

表 4-4 保护继承的访问规则

基类成员	private 成员	public 成员	protected 成员
内部访问	不可访问	可访问	可访问
对象访问	不可访问	不可访问	不可访问

4.2 派生类的构造函数和析构函数

派生类的成员包含从基类继承来的和自己新增的成员，对派生类的对象的初始化也就包含对从基类继承来的成员的初始化和对新增加的成员的初始化两部分。由于基类的构造函数不能继承，所以派生类的构造函数必须通过调用基类的构造函数来初始化从基类继承来的成员。因此，派生类的构造函数除了对新增加的数据成员进行初始化外，还必须负责调用基类的构造函数，以对从基类继承来的成员进行初始化。同样，对撤销派生类对象时的扫尾、清理工作也需要加入新的析构函数来完成。这些都是本节所要讨论的问题。

4.2.1 派生类构造函数和析构函数的执行顺序

C++规定，基类成员的初始化工作由基类的构造函数完成，而派生类成员的初始化工作由派生类的构造函数完成。这就产生了派生类构造函数和析构函数的执行顺序问题，即当创建一个派生类的对象时，如何调用基类和派生类的构造函数分别完成各自成员的初始化，当撤销派生类对象时，又如何调用基类和派生类的析构函数分别完成各自的善后处理。它们的执行顺序是：

（1）对于构造函数，先执行基类的，再执行对象成员的，最后执行派生类的。

（2）对于析构函数，先执行派生类的，再执行对象成员的，最后执行基类的。

例 4.5 基类和派生类的构造函数及析构函数执行顺序。

```
#include<iostream.h>
class Base{
public:
      Base(){cout<<"Constructing base class\n";} //基类的构造函数
      ~Base(){cout<<"Destructing base class\n";} //基类的析构函数
};
class Derive:public Base{
public:
      Derive(){cout<<"Constructing derived class\n";} //派生类的构造函数
      ~Derive(){cout<<"Destructing derived class\n";} //派生类的析构函数
};
main()
{
      Derive obj;
      return 0;
}
```

程序运行结果为：

```
Constructing base class
Constructing derived class
```

```
Destructing derived class
Destructing base class
```

4.2.2　派生类构造函数和析构函数的定义规则

1. 派生类构造函数和析构函数的使用原则

（1）基类的构造函数和析构函数不能被派生类继承。

（2）如果基类没有定义构造函数或有构造函数但无参数，派生类也可以不定义构造函数，全部采用缺省的构造函数，此时，派生类新增成员的初始化工作可用其他公有函数来完成。

（3）如果基类定义了带有形参表的构造函数，派生类就必须定义新的构造函数，提供一个将参数传递给基类构造函数的途径，以便保证在基类进行初始化时能获得必需的数据。

（4）如果派生类的基类也是派生类，则每个派生类只需负责其直接基类的构造，不负责自己的间接基类的构造。

（5）派生类是否要定义析构函数与所属的基类无关，如果派生类对象在撤销时需要做清理善后工作，就需要定义新的析构函数。

2. 派生类构造函数的定义

派生类的数据成员由基类的数据成员和派生类新增的数据成员共同组成，如果派生类新增成员中还有对象成员，派生类的数据成员中还间接含有这些对象的数据成员。因此，派生类对象的初始化，就要对基类数据成员、新增数据成员和对象成员的数据进行初始化。这样，派生类的构造函数需要合适的初值作为参数，隐含调用基类的构造函数和新增对象成员的构造函数来初始化各自的数据成员，再用新加的语句对新增数据成员进行初始化。派生类构造函数声明的一般形式为：

```
派生类::派生类构造函数名（参数总表）：基类构造函数名（参数表），对象成员名 1（参数表），……
对象成员名 n（参数表）
{
    //新增数据初始化（不包括对象成员）
}
```

其中：

（1）派生类的构造函数名与派生类名相同。

（2）参数总表列出初始化基类成员数据、新增对象成员数据和派生类新增成员数据所需要的全部参数。

（3）冒号后面列出需要使用参数进行初始化的基类名字和所有对象成员的名字及各自的参数表，之间用逗号分隔。对于使用缺省构造函数的基类或对象成员，可以不给出类名或对象名以及参数表。

例 4.6　当基类含有带参数的构造函数，派生类构造函数的构造方法。

```
#include<iostream.h>
class A{
public:
    A(int i)            //基类的构造函数
    {
        x1=i;
        cout<<"A Constructor"<<endl;
```

```
        }
        void dispA()
        {
            cout<<"x1="<<x1<<endl;
        }
    private:
        int x1;
    };
    class B:public A
    {
    public:
        B(int i):A(i+10)     //定义派生类构造函数时，带上基类构造函数
        {
            x2=i;
            cout<<"B Constructor"<<endl;
        }
        void dispB()
        {
            dispA();
            cout<<"x2="<<x2<<endl;
        }
    private:
        int x2;
    };
    void main()
    {
        B b(2);
        b.dispB();
    }
```

程序运行结果为：

```
A Constructor
B Constructor
x1=12
x2=2
```

例 4.7 派生类中含有对象成员时，派生类构造函数的执行顺序。

```
#include<iostream.h>
class A{                    //声明类
public:
    A(int i)                //类 A 的构造函数
    {
        a=i;
        cout<<"A Constructor"<<endl;
    }
    void dispA()
    {
        cout<<"a="<<a<<endl;
```

```
        }
private:
        int a;
};
class B                         //声明基类
{
public:
        B(int j):obj1(j+10)              //基类 B 的构造函数，带上其对象成员构造函数
        {
                b=j;
                cout<<"B Constructor"<<endl;
        }
        void dispB()
        {
                cout<<"b="<<b<<endl;
        }
private:
        int b;
        A obj1;
};
class C:public B                         //声明派生类 C，公有继承 B 类
{
public:
        C(int k):B(k-2),obj(k+2)   //派生类的构造函数，带上基类构造函数和
        {                                //对象成员构造函数
                c=k;
                cout<<"C Constructor"<<endl;
        }
        void dispC()
        {
                obj.dispA();         //合法，调用自己对象成员的 public 成员函数
                dispB();             //合法，调用基类的函数，继承后属性是 public
                cout<<"c="<<c<<endl;
        }
private:
        int c;
        A obj;                           //类 A 的对象，作为派生类 C 的对象成员
};
void main()
{
        C c(2);
        c.dispC();
}
```

程序运行结果为：

```
A Constructor
B Constructor
```

```
A Constructor
C Constructor
a=4
b=0
c=2
```

从上例可以知道，若基类（B类）和派生类（C类）都包含其他类（A类）的对象，在创建派生类的对象时，首先执行基类成员对象的构造函数，然后执行基类的构造函数，再执行派生类成员对象的构造函数，最后执行派生类的构造函数。

说明：

（1）如果有多个基类，则构造函数的调用顺序是该类在派生类中出现的顺序，而不是它们在成员初始化表中的顺序。

（2）如果有多个类对象成员，则构造函数的调用顺序是对象在类中被声明的顺序，而不是它们出现在成员初始化表中的顺序。

3. 派生类析构函数的定义

派生类析构函数的功能与基类析构函数的功能一样，也是在对象撤销时进行必需的清理善后工作。析构函数不能被继承，如果需要，则要在派生类中重新定义。跟基类的析构函数一样，派生类的析构函数也没有数据类型和参数。

派生类析构函数定义的方法与基类析构函数的定义方法完全相同，而函数体只需完成对新增成员的清理和善后就行，基类和对象成员的清理善后工作系统会自动调用他们各自的析构函数来完成。

例4.8 派生类中含有对象成员时，派生类的构造函数和析构函数执行顺序。

```
#include<iostream.h>
class A                    //声明类
{
public:
    A(int i)               //类A的构造函数
    {
        a=i;
        cout<<"A Constructor"<<endl;
    }
    ~A()
    {
        cout<<"A Destructor"<<endl;
    }
    void dispA()
    {
        cout<<"a="<<a<<endl;
    }
private:
    int a;
};
class B                    //声明基类
{
```

```
public:
    B(int j):obj1(j+10)          //基类构造函数，带上其对象成员构造函数
    {
        b=j;
        cout<<"B Constructor"<<endl;
    }
    ~B()
    {
        cout<<"B Destructor"<<endl;
    }
    void dispB()
    {
        cout<<"b="<<b<<endl;
    }
private:
    int b;
    A obj1;
};
class C:public B                 //声明派生类，公有继承 B 类
{
public:
    C(int k):B(k-2),obj(k+2)     //派生类的构造函数，带上基类构造函数和
    {                            //对象成员构造函数
        c=k;
        cout<<"C Constructor"<<endl;
    }
    ~C()
    {
        cout<<"C Destructor"<<endl;
    }
    void dispC()
    {
        obj.dispA();        //合法，调用自己对象成员的 public 成员函数
        dispB();            //合法，调用基类的函数，继承后属性是 public
        cout<<"c="<<c<<endl;
    }
private:
    int c;
    A obj;                       //类 A 的对象，作为派生类的对象成员
};
void main()
{
    C c(2);
    c.dispC();
}
```

程序运行结果为：

```
A Constructor
B Constructor
A Constructor
C Constructor
a=4
b=0
c=2
C Destructor
A Destructor
B Destructor
A Destructor
```

先执行派生类 C 的析构函数，再执行派生类对象成员 obj 的析构函数，然后执行基类 B 的析构函数，最后执行基类 B 中对象成员 obj1 的析构函数。

4.3 调整基类成员在派生类中的访问属性的其他方法

4.3.1 同名成员

在定义派生类时，C++允许派生类中定义的成员与基类中的成员名字相同。如果在派生类中定义了基类的同名成员，则派生类成员覆盖基类的同名成员，在派生类中使用这个名字意味着访问在派生类中重新定义的成员。在派生类中使用基类的同名成员，必须在该成员名前加上“基类名::”，即使用下列方式才能访问到基类的同名成员：

基类名::成员名

例 4.9 派生类中重新定义同名的成员。

```
#include<iostream.h>
class A{
protected:
      int a;
      void seta(int i)
      {a=i;}
public:
      showa()
      {
            cout<<"a="<<a<<endl;
      }
};
class B:public A
{
      int a,b;
public:
      void setValue(int i,int j,int k)
      {
            a=i;b=j;     //类 B 自己定义的成员 a 和 b
            A::a=k;      //从父类 A 继承来同名成员 a
```

```
        }
        showb()
        {
            cout<<"Class B:a="<<a<<endl;
            cout<<"Class B:b="<<b<<endl;
            cout<<"Class A:a="<<A::a<<endl;//从父类继承来的同名成员 a
        }
};
void main()
{
        B obj;
        obj.setValue(1,2,3);
        obj.showa();
        obj.showb();
}
```

程序运行结果为：

```
a=3
Class B:a=1
Class B:b=2
Class A:a=3
```

4.3.2　访问声明

对于公有继承，基类的公有成员函数变成了派生类的公有成员函数。外部访问时，可用派生类的对象调用基类的公有成员函数。而对于私有继承，基类的公有成员函数变成了派生类的私有成员函数，因此派生类的对象就无法调用基类的公有成员函数，而必须借助派生类的新增公有成员函数间接调用基类的公有成员函数。请看下面的例子。

例 4.10　访问声明的举例。

```
#include<iostream.h>
class Base{
public:
        Base(int i)
        {a=i;}
        void show()
        {       cout<<"a="<<a<<endl;}
private:
        int a;
};
class Derive:private Base{
public:
        Derive(int i,int j):Base(i)
        {       b=j;}
        void show1()        //通过派生类的 show1()调用基类的 show()
        {       show();}
private:
        int b;
```

```
};
main()
{
    Derive obj(10,20);
    obj.show1();
    return 0;
}
```

程序运行结果为：

```
a=10
```

上述方法虽然执行起来比较简单，但在实际应用中可能带来不便。有时可能希望基类的个别成员还能被派生类的对象直接访问，而不是通过派生类的公有成员函数间接访问。C++提供了称为访问声明的特色机制，使之在派生类中保持原来的访问属性。

访问声明就是把基类的保护成员或公有成员直接写到私有派生类定义中的同名段中，同时给成员名前面冠以基类名和作用域标识符“::”。访问声明机制可以使外界通过派生类接口直接访问基类的某些成员，同时也不影响其他基类成员的封闭性。

如果将派生类中的语句：

```
void show1() {   show();}
```

改为语句：

```
Base::show;
```

同时，将主函数 main()中的语句：

```
obj.show1();
```

改为：

```
obj.show();
```

程序运行结果不变。

例 4.11 访问声明的使用。

```
#include<iostream.h>
class Base{
public:
    Base(int i)
    {a=i;}
    void show()
    {     cout<<"a="<<a<<endl;}
private:
    int a;
};
class Derive:private Base{
public:
    Derive(int i,int j):Base(i)
    {     b=j;}
    Base::show;     //访问声明
private:
    int b;
};
main()
```

```
    {
        Derive obj(10,20);
        obj.show();     //调用基类的 show()
        return 0;
    }
```

程序运行结果为：

```
a=10
```

说明：

（1）数据成员也可以使用访问声明。例如：

```
class A{
public:
    int a;
    ...
private:
    ...
};
class B:private A{
public:
    ...
    A::a //基类成员 a 调整为派生类的公有成员
    ...
private:
    ...
};
```

（2）访问声明中只含不带类型和参数的函数名或变量名。如果把上面的访问声明写成：

```
void Base::show;
```

或

```
Base::show();
```

或

```
void Base::show();
```

都是错误的。

（3）访问声明不能改变类成员原来在基类中的性质，基类的私有成员不能使用访问声明。例如：

```
class A{
public:
    int a;
protected:
    int b;
private:
    int c;
};
class B:private A{
public:
    A::a;   //正确
    A::b;   //错误
```

```
        A::c;  //错误
protected:
        A::a;  //错误
        A::b;  //正确
        A::c;  //错误
private:
        A::c;  //错误
};
```

（4）对于基类的重载函数名，访问声明将对基类中的所有同名函数起作用。因此对重载函数使用访问声明时要慎重。

4.4 多重继承

前面讨论的是单继承，即一个类是从一个基类派生而来的。实际上，常常有这样的情况，一个派生类有两个或多个基类，派生类从两个或多个基类中继承所需的属性。C++为了适应这种情况，允许一个派生类同时继承多个基类，这种行为称为多重继承（multiple inheritance）。

4.4.1 多重继承派生类的声明

在 C++中，声明具有两个以上基类的派生类与声明单继承派生类的形式类似，只需将要继承的多个基类用逗号分隔即可。其声明的一般形式如下：

```
class 派生类名:继承方式 1 基类名 1，继承方式 2 基类名 2，……，继承方式 n 基类名 n
{
    //派生类新增数据成员和成员函数
};
```

其中，继承方式 1、继承方式 2、……继承方式 n 是 public、private 和 protected 三种继承方式之一。缺省的继承方式是 private，即没有说明继承方式的，都是指 private 方式。

例如，如果已声明了类 A、类 B 和类 C，可以声明多重继承的派生类 D：

```
class D:public A,private B,protected C
{ //类 D 新增加的成员}
```

D 是多重继承的派生类，它以公用继承方式继承 A 类，以私有继承方式继承 B 类，以保护继承方式继承 C 类。D 按不同的继承方式的规则继承 A、B、C 的属性，确定各基类的成员在派生类中的访问权限。

例 4.12 多继承时派生类的成员访问属性。

```
#include<iostream.h>
class A{              //声明基类
private:
        int x;
public:
        void setA(int i)
        {
                x=i;
        }
        void showA()
```

```
        {
            cout<<"x="<<x<<endl;
        }
};
class B{                //声明基类
private:
        int y;
public:
        void setB(int j)
        {
            y=j;
        }
        void showB()
        {
            cout<<"y="<<y<<endl;
        }
};
class C:public A,private B //声明派生类C，公有继承A私有继承B
{
private:
        int z;
public:
        void setC(int i,int j,int k)
        {
            z=k;
            setA(i);
            setB(j);
        }
        void showC()
        {
            showA();
            showB();
            cout<<"z="<<z<<endl;
        }
};
void main()
{
        C obj;
        obj.setA(1);        //合法，setA()在派生类C中是public成员
        obj.showA();        //合法，showA()在派生类C中是public成员
        obj.setC(1,2,3);
        obj.showC();
        obj.setB(5);        //非法，setB()在派生类C中是private成员
        obj.showB();        //非法，showB()在派生类C中是private成员
}
```

修改后可以编译成功。程序运行结果为：

```
x=1
x=1
y=2
z=3
```

类C公有继承A，私有继承B。类A的公有成员在类C中仍然是公有成员，类B的公有成员在类C中成为私有成员。

4.4.2 多重继承派生类的构造函数与析构函数

多重继承派生类的构造函数形式与单继承构造函数的定义形式基本相同，只是在初始化表中包含多个基类构造函数，它们之间用“,”隔开。多重继承构造函数定义的一般形式如下：

```
派生类名（总参数列表）：基类名1（参数表），基类名2（参数表），…，基类名n（参数表）
{
    //派生类新增成员初始化语句
}
```

多重继承下派生类构造函数与单继承下派生类构造函数相似，它必须同时负责该派生类所有基类构造函数的调用。同时，派生类的参数个数必须包含完成所有基类初始化所需的参数个数。

多重继承构造函数的执行顺序与单继承构造函数的执行顺序相同，也是遵循先执行基类的构造函数，再执行对象成员的构造函数，最后执行派生类构造函数的原则。处于同一层次的各个基类构造函数的执行顺序，取决于声明派生类时所指定的各个基类的顺序，与派生类构造函数中所定义的成员初始化列表的各项顺序没有关系。析构函数的执行顺序刚好与构造函数的执行顺序相反。

例4.13 多重继承时派生类的构造函数与析构函数。

```
#include<iostream.h>
class A1{
private:
    int a1;
public:
    A1(int i)
    {
        a1=i;
        cout<<"A1 Constructing:"<<a1<<endl;
    }
    ~A1()
    {
        cout<<"A1 Destructing..."<<endl;
    }
};
class A2{
private:
    int a2;
public:
    A2(int j)
    {
        a2=j;
```

```
            cout<<"A2 Constructing:"<<a2<<endl;
        }
        ~A2()
        {
            cout<<"A2 Destructing..."<<endl;
        }
    };
    class A3
    {
    private:
        int a3;
    public:
        A3(int k)
        {
            a3=k;
            cout<<"A3 Constructing:"<<a3<<endl;
        }
        ~A3()
        {
            cout<<"A3 Destructing..."<<endl;
        }
    };
    class D:public A1,public A2{
    private:
        int d;
        A3 obj;
    public:
        D(int i,int j,int k,int l):A2(i),A1(j),obj(k)
        {
            d=l;
            cout<<"D Constructing:"<<d<<endl;
        }
        ~D()
        {
            cout<<"D Destructing..."<<endl;
        }
    };
    void main()
    {
        D dd(1,2,3,4);
    }
```

程序运行结果为：

```
A1 Constructing:2
A2 Constructing:1
A3 Constructing:3
D Constructing:4
D Destructing...
A3 Destructing...
```

```
A2 Destructing...
A1 Destructing...
```

从上例中可以看到，派生类构造函数的执行顺序是先执行基类 A1 的构造函数，再执行基类 A2 的构造函数，然后执行自己的成员对象 A3 的构造函数，最后执行自己的构造函数。派生类的析构函数的执行顺序正好与构造函数的执行顺序相反。

4.4.3 多重继承派生类二义性问题

多继承时，如果不同基类中有同名成员，则在派生类中就会有同名成员，这种情况会造成二义性。

1. 成员函数二义性问题

如果一个派生类从多个基类继承而来，可能存在成员函数的二义性问题。类 A 中定义了成员函数 show(),其功能是显示 A 类中数据成员的值;类 B 中也定义了同名的成员函数 show(),其功能是显示 B 类中数据成员的值。当派生类 C 的对象调用 show()成员函数时，由于 A 类和 B 类处于类层次的同一层上，系统无法识别是调用 A 类的 show()成员函数还是调用 B 类的 show()成员函数，因此存在成员函数的二义性问题。

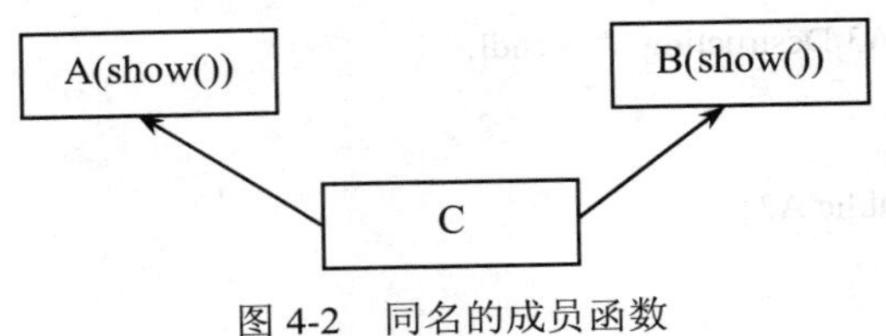

图 4-2 同名的成员函数

例 4.14 多继承中成员函数二义性问题。

```
#include<iostream.h>
class A{
protected:
        int i;
public:
        void show()
        {
                cout<<"i="<<i<<endl;
        }
};
class B{
protected:
        int j;
public:
        void show()
        {
                cout<<"j="<<j<<endl;
        }
};
class C:public A,public B{
public:
        void set(int x,int y)
```

```
        {
            i=x;
            j=y;
        }
};
void main()
{
    C obj;
    obj.set(1,2);
    //obj.show();                //二义性错误，编译器无法确定调用哪一个 show()函数
    obj.A::show();
    obj.B::show();
}
```

程序运行结果为：

```
i=1
j=2
```

派生类 C 的两个基类 A 和 B 都有 show()函数，因此在 C 类中有两个同名的 show()函数，如果以 obj.show()的形式访问 show()函数，会产生二义性错误。使用基类名可避免这种二义性：

```
obj.A::show();          //调用从 A 继承来的 show()
obj.B::show();          //调用从 B 继承来的 show()
```

2. 成员变量二义性问题

虽然 C++语言不允许一个类被多次声明为同一派生类的直接基类，但允许一个类被多次声明为同一个派生类的间接基类。如图 4-3 所示类 A 两次被声明为派生类 D 的间接基类。被两次或两次以上声明为某个派生类间接基类的基类，称为该派生类的公共基类。

多重继承时存在公共基类的现象，使派生类的成员变量有可能存在二义性问题。如图 4-3 所示，类 A 被两次声明为派生类 D 的间接基类，假设类 A 有一个成员变量 a，则类 D 中存在两个同名的间接基类 A 的成员变量 a，因此存在二义性问题。

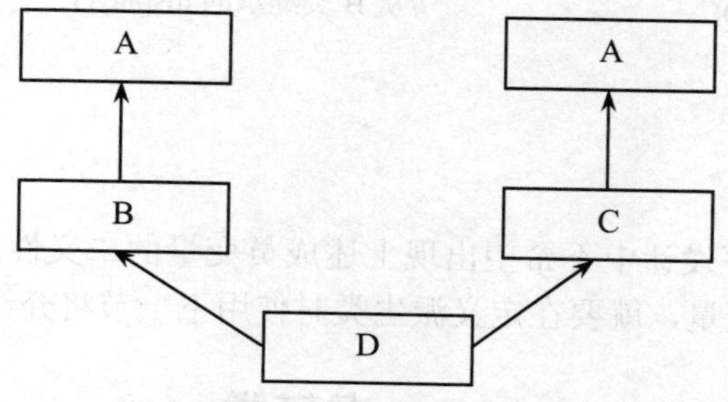

图 4-3　A 为派生类 D 的公共基类

例 4.15　公共基类引起的成员变量二义性问题。

```
#include<iostream.h>
class A                                    //公共基类 A
{
public:
    int b;
    void display()
```

```
        {
            cout<<"Display A"<<endl;
        }
};
class B:public A                          //直接基类 B
{
public:
    int b1;
};
class C:public A                          //直接基类 C
{
public:
    int b2;
};
class D:public B,public C                 //派生类 D
{
public:
    int d;
};
void main()
{
    D obj;
    //obj.b=5;                            //二义性错误，编译器无法确定是哪一个 b
    obj.C::b=5;                           //从 C 继承的 b
    obj.B::b=6;                           //从 B 继承的 b
    obj.b1=7;
    obj.b2=8;
    obj.d=9;
    //obj.display();                      //二义性错误，无法确定是哪一个 display()
    obj.C::display();                     //从 C 类继承的 display()
    obj.B::display();                     //从 B 类继承的 display()
}
```

程序运行结果为：

```
Display A
Display A
```

实际上，大多数程序设计中不希望出现上述成员变量的二义性问题。要想在多重继承时不出现多个同名的成员变量，就要在定义派生类时使用下一节将介绍的虚基类方法。

4.5 虚基类

4.5.1 虚基类的概念

在前面讨论的二义性问题中，位于相同类层次级别的同名成员函数一般允许存在，此时可以通过在成员函数名前加上“类名::”消除二义性。

但是，一般不希望在一个派生类中存在某个公共基类的多个同名的成员变量。虽然也可以通过在成员变量名前加上"类名::"消除其二义性，但解决这个问题的最好方法是使用虚基类。虚基类方法可以保证在任何一个存在公共基类的派生类中，不会存在一个以上的同名成员变量。

所谓虚基类，就是说一个类层次中，如果某个派生类存在一个公共基类，将这个基类设置为虚基类，这时从不同的路径继承过来的该类成员在内存中只保留一份拷贝。因此，虚基类方法可以消除成员变量的二义性。

将例 4.15 中 A 声明为虚基类，方法如下：

```
class A                    //声明基类 A
{…};
class B:virtual public A   //声明类 B 是类 A 的公有派生类，A 是 B 的虚基类
{…};
class C:virtual public A   //声明类 C 是类 A 的公有派生类，A 是 C 的虚基类
{…};
```

注意：虚基类并不是在声明基类时声明的，而是在声明派生类并指定继承方式时声明的。因为一个基类可在派生出某一个类时作为虚基类，也可在派生出另一个类时不作为虚基类。声明虚基类的一般形式为：

class 派生类名：virtual 继承方式 基类名

即在声明派生类时，将关键字 virtual 加到相应的继承方式前面。经过这样的声明后，当基类通过多条派生路径被一个派生类继承时，该派生类只继承该基类一次，也就是说，基类成员只保留一份。

对于图 4-3 在声明派生类 B 和 C 中做了上面的虚基类声明后，派生类 D 中 A 类的成员只保留一份，如图 4-4 所示。

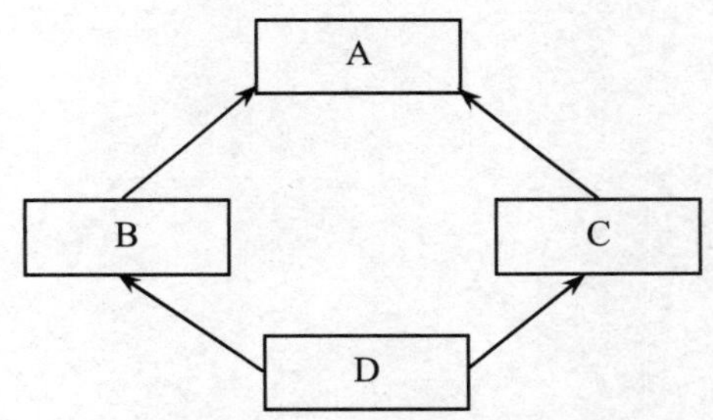

图 4-4　A 定义为虚基类时的继承关系图

需要注意，为了保证虚基类在派生类中只继承一次，应当在该基类的所有直接派生类中声明为虚基类，否则仍然会出现对基类的多继承。

例 4.16　虚基类的使用。

```
#include<iostream.h>
class A{
public:
        A()
        {
            a=7;
            cout<<"A class a="<<a<<endl;
        }
```

```
protected:
    int a;
};
class B:virtual public A{
public:
    B()
    {
        a=a+10;
        cout<<"B class a="<<a<<endl;
    }
};
class C:virtual public A{
public:
    C()
    {
        a=a+20;
        cout<<"C class a="<<a<<endl;
    }
};
class D:public C,public B{
public:
    D()
    {
        cout<<"D class a="<<a<<endl;
    }
};
void main()
{
    D obj;
}
```

程序运行结果为：

```
A class a=7
C class a=27
B class a=37
D class a=37
```

在上述程序中，从类 A 派生出类 B 和 C 时，使用了关键字 virtual，把类 A 声明为 B 和 C 的虚基类。这样，从 B 和 C 派生出来的类 D 只有一个基类 A，从而消除了二义性。

4.5.2 虚基类的初始化

虚基类的初始化与一般的多继承的初始化在语法上是一样的，但构造函数的调用顺序不同。在使用虚基类机制时应该注意以下几点。

（1）如果在虚基类中定义有带形参的构造函数，并且没有定义缺省形式的构造函数，则整个继承结构中，所有直接或间接的派生类都必须在构造函数的成员初始化表中列出对虚基类构造函数的调用，以初始化在虚基类中定义的数据成员。例如：

```
class A                             //定义基类
{
    A(int i){…}                     //基类构造函数，有一个参数
    …
};
class B:virtual public A            //A 作为 B 的虚基类
{
    B(int n1,int n2, …):A(n1)   //B 类构造函数，在初始化表中对虚基类初始化
    {…}
    …
};
class C:virtual public A            //A 作为 C 的虚基类
{
    C(int n1,int n2, …):A(n1)   //C 类构造函数，在初始化表中对虚基类初始化
    {…}
    …
};
class D:public B,public C
{
    D(int n1,int n2, …):A(n1),B(n2,n3, …),C(n5,n6, …) //类 D 的构造函数，注意对虚基类 A 也要
                                                          做初始化
    {…}
    …
};
```

（2）创建一个对象时，如果这个对象中包含从虚基类继承来的成员，则虚基类的成员由最后派生类的构造函数通过调用虚基类的构造函数来进行初始化。该派生类的其他基类对虚基类构造函数的调用都自动忽略。

如果用上面举例中的类 D 创建一个对象，构造函数执行的顺序是：A()→B()→C()→D()。

（3）若同一层次中包含虚基类和非虚基类，应该先调用虚基类的构造函数，再调用非虚基类的构造函数，最后调用派生类的构造函数。例如：

```
class x:public y,virtual public z{
    //…
};
x obj;
```

定义类 x 的对象 obj 后，构造函数执行的顺序是 z()→y()→x()。

（4）对于多个虚基类，构造函数的执行顺序仍然是先左后右，自上而下。

（5）对于非虚基类，构造函数的执行顺序仍是先左后右，自上而下。

（6）若虚基类由非虚基类派生而来，则仍然先调用非虚基类的基类构造函数，再调用虚基类的构造函数。例如

```
class A{
    A(){…}
    …
};
class B:public A
```

```
{
    B(){…}
    …
};
class C1:virtual public B
{
    C1(){…}
    …
};
class C2:virtual public B
{
    C2(){…}
    …
};
class D:public C1,public C2
{
    D(){…}
    …
};
D d;
```

定义类 D 的对象 d 后，构造函数执行的顺序是：A()→B()→C1()→C2()→D()。

4.5.3 虚基类应用举例

例 4.17 声明一个人（Person）类作为后面派生类的虚基类，由 Person 类分别派生出教师（Teacher）类和学生（Student）类，最后由 Teacher 类和 Student 类共同派生出研究生（Graduate）类。

```
#include<iostream>
#include<string>
using namespace std;
class Person{
public:
        Person(string str1,char s,int a)        //构造函数
        {
                name=str1;
                sex=s;
                age=a;
        }
protected:
        string name;
        char sex;
        int age;
};
class Teacher:virtual public Person             //声明 Teacher 公有继承的虚基类
{
public:
```

```
    Teacher(string str1,char s,int a,string t):Person(str1,s,a) //构造函数
    {
        title=t;
    }
protected:
    string title;
};
class Student:virtual public Person          //声明 Student 公有继承的虚基类
{
public:
    Student(string str1,char s,int a,float f_s):Person(str1,s,a) //构造函数
    {
        score=f_s;
    }
protected:
    float score;
};
class Graduate:public Teacher,public Student //Teacher 和 Student 为直接基类
{
public:
    Graduate(string str1,char s,int a,string t,float f_s,float f_w):
      Teacher(str1,s,a,t),Student(str1,s,a,f_s),Person(str1,s,a),wage(f_w){}
    void show()
    {
        cout<<"name:"<<name<<endl;
        cout<<"sex:"<<sex<<endl;
        cout<<"age:"<<age<<endl;
        cout<<"title:"<<title<<endl;
        cout<<"score:"<<score<<endl;
        cout<<"wage:"<<wage<<endl;
    }
private:
    float wage;
};
int main()
{
    Graduate g1("Zhang shan",'f',22,"assistant",83,1080.78);
    g1.show();
    return 0;
}
```

程序运行结果为：

```
name:Zhang shan
sex:f
age:22
title:assistant
score:83
wage:1080.78
```

上述程序中，从类 Person 派生出类 Teacher 和类 Student 时，使用了关键字 virtual，把类 Person 声明为 Teacher 和 Student 的虚基类。这样，从 Teacher 和 Student 派生出的类 Graduate 只有一个基类 Person，从而可以消除二义性。图 4-5 就是本例采用虚基类后的类层次图。

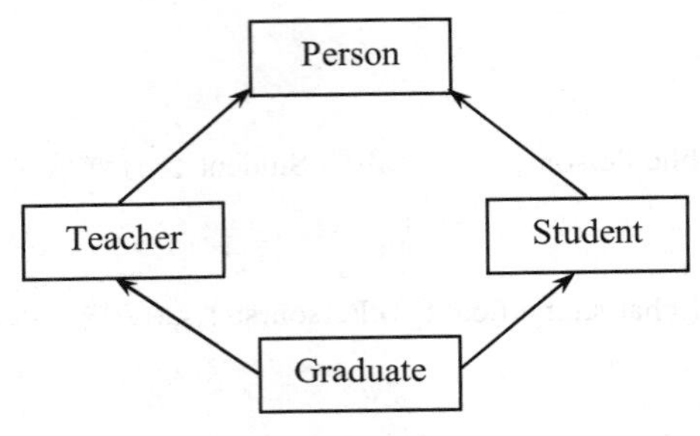

图 4-5　虚基类的类层次图

可以看到，使用多重继承时要十分小心，经常会出现二义性问题。前面介绍的例子较简单，如果派生类的层次再多一些，多重继承更复杂一些，程序设计人员很容易陷入迷魂阵，程序的编写、调试和维护会变得更加困难。因此，许多专业人士不提倡在程序中使用多重继承，只有在比较简单和不易出现二义性的情况或实在必要时才使用多重继承，能用单继承解决的问题不要使用多重继承。也正是由于这个原因，有些面向对象的程序设计语言（Java、Delphi）并不支持多重继承。

4.6　基类与派生类对象之间的赋值兼容关系

不同类型的数据之间在一定条件下可以进行类型的转换，例如整数可以赋值给双精度型变量，在赋值之前，把整型数据先转换为双精度型数据，但不能把一个整型赋给指针变量。这种不同类型数据之间的自动转换和赋值，称为赋值兼容。现在要讨论的问题是基类与派生类对象之间是否也有赋值兼容的关系，可否进行类型转换？回答是可以的。

子对象与父对象赋值兼容规则（以下简称赋值兼容规则）是指在需要基类对象的任何地方都可以使用公有派生类的对象来替代。通过公有继承，派生类得到了基类中除构造函数、析构函数之外的所有成员，而且除了私有成员外其他成员的访问控制属性也和基类完全相同。这样，公有派生类实际就具备了基类的所有功能，凡是基类能解决的问题，公有派生类都可以解决。赋值兼容规则中所指的替代包括以下的情况：

（1）派生类对象可以向基类对象赋值。

可以用子类（即公有派生类）对象对其基类对象赋值。如：

```
A a1; //定义基类 A 对象 a1
B b1; //定义类 A 的公有派生类 B 的对象 b1
a1=b1; //用派生类 B 对象 b1 对基类对象 a1 赋值
```

在赋值时舍弃派生类自己的成员。实际上，所谓赋值只是对数据成员赋值，对成员函数不存在赋值问题。请注意，赋值后不能企图通过对象 a1 去访问派生类对象 b1 中新增的成员，因为 b1 的成员与 a1 的成员是不同的。

假设 age 是派生类 B 中增加的公有数据成员，分析下面的用法：

a1.age=23;//错误，a1 中不包含派生类中增加的成员

b1.age=21; //正确，b1 中包含派生类中增加的成员

应当注意，子类型关系是单向的、不可逆的。B 是 A 的子类型，不能说 A 是 B 的子类型。只能用子类对象对其基类对象赋值，而不能用基类对象对其子类对象赋值，理由很显然，因为基类对象不包含派生类新增的成员，无法对派生类的成员赋值。同理，同一基类的不同派生类对象之间也不能赋值。

（2）派生类对象可以替代基类对象向基类对象的引用进行赋值或初始化。

如已定义了基类 A 对象 a1，可以定义 a1 的引用变量：

```
A a1; //定义基类 A 对象 a1
B b1; //定义基类 A 公有派生类 B 对象 b1
A& r=a1; //定义基类 A 对象的引用变量 r，并用 a1 对其初始化
```

这时，引用变量 r 是 a1 的别名，r 和 a1 共享同一段存储单元。也可以用子类对象初始化引用变量 r，将上面最后一行改为：

```
A& r=b1;//定义基类 A 对象的引用变量 r，并用其公有派生类 B 对象 b1 对其初始化
```

或者保留上面第 3 行“A& r=a1;”，而对 r 重新赋值：

```
r=b1;//用基类 A 公有派生类 B 对象 b1 对 a1 的引用变量 r 赋值
```

注意：此时 r 并不是 b1 的别名，也不与 b1 共享同一段存储单元。它只是 b1 中基类部分的别名，r 与 b1 中基类部分共享同一段存储单元，r 与 b1 具有相同的起始地址。

（3）如果函数的参数是基类对象或基类对象的引用，相应的实参可以用子类对象。

如有一函数 fun：

```
void fun(A& r)//形参是类 A 的对象的引用变量
{
    cout<<r.num<<endl;
} //输出该引用变量的数据成员 num
```

函数的形参是类 A 的对象的引用变量，本来实参应该为 A 类的对象。由于子类对象与派生类对象赋值兼容，其公有派生类对象能自动转换类型，在调用 fun 函数时可以用基类 A 的公有派生类 B 的对象 b1 作实参：

```
fun(b1);
```

输出类 B 的对象 b1 的基类数据成员 num 的值。在 fun 函数中只能输出派生类中基类成员的值。

（4）派生类对象的地址可以赋给指向基类对象的指针变量，也就是说，指向基类对象的指针变量也可以指向派生类对象。

例 4.18　赋值兼容规则实例。

```
#include<iostream.h>
class B0 //基类 B0 声明
{
public:
    void display(){cout<<"B0::display()"<<endl;}        //公有成员函数
};
class B1:public B0                                      //公有派生类 B1 声明
{
public:
    void display(){cout<<"B1::display()"<<endl;}        //公有成员函数
```

```
};
class D1:public B1                                          //公有派生类 D1 声明
{
public:
    void display(){cout<<"D1::display()"<<endl;}            //公有成员函数
};
void fun(B0 *ptr)                                           //普通函数
{//参数为指向基类对象的指针
    ptr->display();                                         //对象指针->成员名
}
void main()                                                 //主函数
{
    B0 b0;                                                  //声明 B0 类对象
    B1 b1;                                                  //声明 B1 类对象
    D1 d1;                                                  //声明 D1 类对象
    B0 *p;                                                  //声明 B0 类指针
    p=&b0;                                                  //B0 类指针指向 B0 类对象
    fun(p);
    p=&b1;                                                  //B0 类指针指向 B1 类对象
    fun(p);
    p=&d1;                                                  //B0 类指针指向 D1 类对象
    fun(p);
}
```

在程序中，定义了一个形参为基类 B0 类型指针的普通函数 fun，根据赋值兼容规则，可以将公有派生类对象的地址赋值给基类类型的指针，这样，使用 fun 函数就可以统一对这个类族中的对象进行操作。程序运行过程中，分别把基类对象、派生类 B1 的对象和派生类 D1 的对象地址赋值给基类类型指针 p。但是，通过指针 p 只能使用继承下来的基类成员。也就是说，尽管指针指向派生类 D1 的对象，fun 函数运行时通过这个指针只能访问到 D1 类从基类 B0 继承过来的成员函数 display，而不是 D1 类自己的同名成员函数。因此，主函数中三次调用函数 fun 的结果是一样的——访问了基类的公有成员函数。

程序运行结果为：

```
B0::display()
B0::display()
B0::display()
```

通过本例可以看到，用指向基类对象的指针变量指向子类对象是合法的、安全的，不会出现编译上的错误。但在应用上却不能完全满足人们的希望，人们有时希望通过使用基类指针能够调用基类和子类对象的成员。

将会在下一章讨论这个问题，办法是使用虚函数和多态性。

4.7 继承与组合

类的组合和继承一样，是软件重用的重要方式。组合和继承都是有效地利用已有类的资源，但二者的概念和用法不同。

例如，声明 Professor（教授）类是 Teacher（教师）类的派生类，另有一个类 BirthDate（生日），包含 year、month、day 等数据成员。可以将教授生日的信息加入到 Professor 类的声明中。如：

```
class Teacher//教师类
{
   public:
    ⋮
   private:
   int num;
   string name;
   char sex;
   int age;
};
class BirthDate //生日类
{
   public :
    ⋮
   private:
   int year;
   int month;
   int day;
};
class Professor:public Teacher //教授类
{
   public:
    ⋮
   private:
   BirthDate birthday; //BirthDate 类的对象作为数据成员
};
```

Professor 类通过继承，从 Teacher 类得到了 num、name、age、sex 等数据成员，通过组合，从 BirthDate 类得到了 year、month、day 等数据成员。继承是纵向的，组合是横向的。如果定义了 Professor 对象 prof1，显然 prof1 包含了生日的信息。通过这种方法有效地组织和利用现有的类，大大减少了工作量。如果有：

```
void fun1(Teacher &);
void fun2(BirthDate &);
```

在 main 函数中调用这两个函数：

```
fun1(prof1);//正确，形参为 Teacher 类对象的引用，实参为 Teacher 类的子类对象，与之赋值兼容
fun2(prof1.birthday);//正确，实参与形参类型相同，都是 BirthDate 类对象
fun2(prof1);//错误，形参要求是 BirthDate 类对象，而 prof1 是 Professor 类型，不匹配
```

C++的“继承”特性可以提高程序的可复用性。正因为“继承”太有用、太容易用，才要防止乱用“继承”。需要给“继承”定一些使用规则：

（1）如果类 A 和类 B 毫不相关，不可以为了使 B 的功能更多些而让 B 继承 A 的功能。

（2）如果类 B 有必要使用 A 的功能，则要分两种情况考虑：

① 若在逻辑上 B 是 A 的“一种”（a kind of），则允许 B 继承 A 的功能。如男人（Man）是人（Human）的一种，男孩（Boy）是男人的一种。那么类 Man 可以从类 Human 派生，类

Boy 可以从类 Man 派生。示例程序如下：

```
class Human
{
    //…
};
class Man : public Human
{
    //…
};
class Boy : public Man
{
    //…
};
```

② 若在逻辑上 A 是 B 的“一部分”（a part of），则不允许 B 继承 A 的功能，而要用 A 和其他东西组合出 B。例如眼（Eye）、鼻（Nose）、口（Mouth）、耳（Ear）是头（Head）的一部分，所以类 Head 应该由类 Eye、Nose、Mouth、Ear 组合而成，不是派生而成。示例程序如下：

```
class Eye
{
public:
    void Look(void);
};
class Nose
{
public:
    void Smell(void);
};
class Mouth
{
public:
    void Eat(void);
};
class Ear
{
public:
    void Listen(void);
};
class Head
{
public:
    void Look(void){ m_eye.Look(); }
    void Smell(void){ m_nose.Smell(); }
    void Eat(void){ m_mouth.Eat(); }
    void Listen(void){ m_ear.Listen(); }
private:
```

```
        Eye m_eye;
        Nose m_nose;
        Mouth m_mouth;
        Ear m_ear;
    };
```

如果允许 Head 从 Eye、Nose、Mouth、Ear 派生而成，那么 Head 将自动具有 Look、Smell、Eat、Listen 这些功能：

```
    class Head : public Eye, public Nose, public Mouth, public Ear
    {
    };
```

上述程序十分简短并且运行正确，但是此设计却是错误的。很多程序员经不起“继承”的诱惑而犯下设计错误。

习题四

一、选择题

1．以下说法中正确的是________。

A．一个类只能定义一个构造函数，但可以定义多个析构函数

B．一个类只能定义一个析构函数，但可以定义多个构造函数

C．构造函数与析构函数同名，只是名字前加了一个波浪号（~）

D．构造函数可以指定返回类型；而析构函数不能指定任何返回类型，即使是 void 类型也不可以

2．由于数据隐藏的需要，静态数据成员通常被说明为________。

A．私有的　　B．保护的　　C．公有的　　D．不可访问的

3．不能在 C++中提供封装的关键字是________。

A．class　　B．struct　　C．type　　D．union

4．缺省的析构函数的函数体是________。

A．不存在的　　B．随机产生的　　C．空的　　D．无法确定的

5．下列有关继承和派生的叙述中，正确的是________。

A．派生类不能访问通过私有继承的基类的保护成员

B．多继承的虚基类不能够实例化

C．如果基类没有默认构造函数，派生类就应声明带形参的构造函数

D．基类的析构函数和虚函数都不能被继承，需要在派生类中重新实现

6．下面对派生类的描述中，错误的是________。

A．一个派生类可以作为另一个派生类的基类

B．派生类至少有一个基类

C．派生类的成员除了它自身的成员外，还包含了它的基类的成员

D．派生类中继承的基类成员的访问权限到派生类中保持不变

7．派生类的构造函数的成员初始化列表中，不能包含________。

A．基类的构造函数　　B．派生类中子对象的初始化

C. 基类的子对象初始化　　D. 派生类中一般数据成员的初始化

8. 下列对友元关系叙述正确的是________。

A. 不能继承　　B. 是类与类的关系

C. 是一个类的成员函数与另一个类的关系　　D. 提高程序的运行效率

9. 当保护继承时，基类的________在派生类中成为保护成员，不能通过派生类的对象来直接访问。

A. 任何成员　　B. 公有成员和保护成员

C. 公有成员和私有成员　　D. 私有成员

10. 设置虚基类的目的是________。

A. 简化程序　　B. 消除二义性

C. 提高运行效率　　D. 减少目标代码

11. 在公有派生情况下，下列有关派生类对象和基类对象的关系，不正确的叙述是________。

A. 派生类的对象可以赋给基类的对象

B. 派生类的对象可以初始化基类的引用

C. 派生类的对象可以直接访问基类中的成员

D. 派生类的对象的地址可以赋给指向基类的指针

12. 下列虚基类的声明中正确的是________。

A. class virtual B:public A　　B. virtual class B:public

C. class B:public A virtual　　D. class B: virtual public A

13. 用多继承派生类构造函数构造对象时，________被最先调用。

A. 派生类自己的构造函数　　B. 虚基类的构造函数

C. 非虚基类的构造函数　　D. 派生类中子对象类的构造函数

14. C++类体系中，能被派生类继承的是________。

A. 构造函数　　B. 虚函数　　C. 析构函数　　D. 友元函数

15. 定义的内容允许被其他对象无限制访问的是________。

A. private 部分　　B. protected 部分　　C. public 部分　　D. 以上都不对

16. 析构函数不用于________。

A. 在对象创建时执行一些清理任务　　B. 在对象消失时执行一些清理任务

C. 释放由构造函数分配的内存　　D. 在对象的生存期结束时被自动调用

17. 如果没有使用关键字，则所有成员________。

A. 都是 public 权限　　B. 都是 protected 权限

C. 都是 private 权限　　D. 权限情况不确定

18. 假设有如下的基类定义：

```
class Cbase
{    private: int a;
     protected: int b;
     public: int c;
};
```

派生类采用何种继承方式可以使成员变量 b 成为自己的私有成员________。

A. 私有继承　　B. 保护继承　　C. 公有继承　　D. 私有、保护、公有均可

19．有如下类定义：

```
class MyBASE{
        int k;
public:
        void set(int n) {k=n;}
        int get() const {return k;}
};
class MyDERIVED: protected MyBASE{
protected:
        int j;
public:
        void set(int m,int n){MyBASE::set(m);j=n;}
        int get() const{return MyBASE::get( )+j;}
};
```

则类 MyDERIVED 中保护成员的个数是________。

A．4　　B．3　　C．2　　D．1

20．程序如下：

```
#include<iostream.h>
class A{
public:
        A() {cout<<"A";}
};
class B {public:B( ) {cout<<"B";} };
class C: public A{
        B b;
public:
        C( ) {cout<<"C";}
};
int main( ) {C obj; return 0;}
```

程序执行后的输出结果是________。

A．CBA　　B．BAC　　C．ACB　　D．ABC

21．类 O 定义了私有函数 F1。P 和 Q 为 O 的派生类，定义为 class P: protected O{…}；class Q: public O{…}。________可以访问 Fl。

A．O 的对象　　B．P 类内　　C．O 类内　　D．Q 类内

22．有如下类定义：

```
class XA{
        int x;
public:
        XA(int n) {x=n;}
};
class XB: public XA{
        int y;
public:
        XB(int a,int b);
};
```

在构造函数 XB 的下列定义中，正确的是________。

A．XB::XB（int a，int b）：x(a)，y(b){ }

B．XB::XB（int a，int b）：XA(a)，y(b) { }

C．XB::XB（int a，int b）：x(a)，XB(b){ }

D．XB::XB（int a，int b）：XA(a)，XB(b){ }

二、填空题

1．在 C++中，三种派生方式的说明符号为______、______、______，若不加说明，则默认的派生方式为______。

2．当公有派生时，基类的公有成员成为派生类的______；保护成员成为派生类的______；私有成员成为派生类的______。当保护派生时，基类的公有成员成为派生类的______；保护成员成为派生类的______；私有成员成为派生类的______。

3．派生类的构造函数一般有三项工作要完成：首先______，其次______，最后______。

4．多继承时，多个基类中的同名成员在派生类中由于标识符不唯一而出现______。在派生类中采用______或______来消除该问题。

5．构造函数是和________同名的函数，但要在后者的名字之前冠以一个________，以区别于前者。

6．结构是________的一种特例，其中成员在缺省情况下是________的。

7．构造函数（包括析构函数）是________继承的，所以，一个派生类只能调用它的________的构造函数。

三、分析题

1．分析以下程序的执行结果

```
#include<iostream.h>
class base{
public:
  base(){cout<<"constructing base class"<<endl;}
  ~base(){cout<<"destructing base class"<<endl; }
};
class subs:public base{
public:
  subs(){cout<<"constructing sub class"<<endl;}
  ~subs(){cout<<"destructing sub class"<<endl;}
};
void main()
{
  subs s;
}
```

2．分析以下程序的执行结果

```
#include<iostream.h>
class base{
  int n;
public:
  base(int a)
```

```
  {
        cout<<"constructing base class"<<endl;
        n=a;
        cout<<"n="<<n<<endl;
  }
  ~base(){cout<<"destructing base class"<<endl;}
};
class subs:public base{
  base bobj;
  int m;
public:
  subs(int a,int b,int c):base(a),bobj(c)
  {
        cout<<"constructing sub class"<<endl;
        m=b;
        cout<<"m="<<m<<endl;
  }
  ~subs(){cout<<"destructing sub class"<<endl;}
};
void main()
{
  subs s(1,2,3);
}
```

3．分析以下程序的执行结果

```
#include<iostream.h>
class A{
public:
  int n;
};
class B:public A{};
class C:public A{};
class D:public B,public C{
  int getn(){return B::n;}
};
void main()
{
  D d;
  d.B::n=10;
  d.C::n=20;
  cout<<d.B::n<<","<<d.C::n<<endl;
}
```

4．分析以下程序的执行结果

```
#include <iostream.h>
class Sample{
protected:
  int x;
```

```
public:
  Sample() { x=0; }
  Sample(int val) { x=val; }
  void operator++() { x++; }
};
class Derived:public Sample{
  int y;
public:
  Derived():Sample(){ y=0; }
  Derived(int val1,int val2):Sample(val1){ y=val2; }
  void operator--(){ x--;y--;}
  void disp()
  {
        cout<<"x="<< x <<" y=" << y << endl;
  }
};
void main ()
{
  Derived d(3,5);
  d.disp();
  d++;
  d.disp ();
  d--;
  d--;
  d.disp();
}
```

5．分析以下程序的执行结果

```
#include <iostream.h>
class A
{
  int a;
public:
  A(int i) { a=i;cout << "constructing class A" << endl; }
  void print() { cout << a << endl; }
  ~A() { cout << "destructing class A" << endl; }
};
class B1:public A{
  int bl;
public:
  Bl(int i,int j):A(i)
  {
        bl=j;cout << "constructing class B1" << endl;
  }
  void print()
  {
        A::print ();
```

```
            cout << bl << endl;
        }
        ~B1(){ cout << "destructing class B1" << endl; }
    };
    class B2:public A{
        int b2;
    public:
        B2(int i,int j):A(i);
        {
            b2=j;cout << "constructing class B2" << endl;
        }
        void print()
        {
            A::print ();
            cout << b2 << endl;
        }
        ~B2() { cout << "destructing class B2" << endl; }
    };
    class C:public B1,public B2{
        int c;
    public:
        C(int i,int j,int k, int l,int m) :Bl(i,j),B2(k,l),c(m)
        {
            cout << "constructing class C" << endl;
        }
        void print()
        {
            Bl::print();
            B2::print();
            cout << c << endl;
        }
        ~C( ){ cout << "destructing class C" << endl; }
    };
    void main()
    {
        C c1(1,2,3,4,5);
        cl.print();
    }
```

四、编程题

1．定义一个 Point 类，派生出 Rectangle 类和 Circle 类，计算各派生类对象的面积 Area()。

2．设计一个建筑物类 Building，由它派生出教学楼类 Teach-Building 和宿舍楼类 Dorm-Building，前者包括教学楼编号、层数、教室数、总面积等基本信息，后者包括宿舍楼编号、层数、宿舍数、总面积和容纳学生总人数等基本信息。

3．假设图书馆的图书包含书名、编号和作者属性，读者包含姓名和借书证属性，每个读者最多可借 5

本书。设计一个类 object，从它派生出图书类 book 和读者类 reader，在 reader 类中有一个 rentbook()成员函数用于借阅图书。

4．先定义一个时钟类 Clock，这个类中有时、分和秒三个基本属性，再从这个时钟类派生一个带“AM”、“PM”的新时钟类 NewClock。

5．编写程序设计一个汽车类 vehicle，包含的数据成员有车轮个数 wheels 和车重 weight。小车类 car 是它的私有派生类，其中包含载人数 passenger_load。卡车类 truck 是 vehicle 的私有派生类，其中包含载人数 passenger_load 和载重量 payload，每个类都有相关数据的输出方法。

6．设计一个圆类 circle 和一个桌子类 table，另设计一个圆桌类 roundtable，它由前两个类派生而来，要求输出一个圆桌的高度、面积和颜色等数据。

7. 设计一个虚基类 base，包含姓名和年龄私有数据成员以及相关的成员函数，由它派生出领导类 leader，包含职务和部门私有数据成员以及相关的成员函数。再由 base 派生出工程师类 engineer，包含职称和专业私有数据成员以及相关的成员函数。然后由 leader 和 engineer 类派生出主任工程师类 chairman。采用一些数据进行测试。

第 5 章　多态性和虚函数

多态是面向对象程序设计的主要特性之一。多态性机制不仅增加了面向对象软件系统的灵活性，进一步减少了冗余信息，而且显著提高了软件的可重用性和可扩充性。通过本章的学习，读者应该掌握以下内容：

- 多态性概念及分类
- 虚函数的定义与使用
- 纯函数的定义与使用
- 抽象类的定义与使用

5.1　多态性概述

多态是面向对象程序设计方法的重要特征之一，所谓多态性，是指在程序中同一个消息可以根据接收消息的对象的不同而采取不同的行为方式。简单地讲，多态性表示同一种事物的多种形态；不同对象对相同的消息可有不同解释，这就形成多态性。在面向对象的方法中，对相似操作，例如打印整数、浮点数、字符、字符串和数据记录等类似的操作，采用相同的消息及实现思路，与人的思维模式一致，若使用不同的术语反而不自然。为此，可以在此基础上抽象出一个关于数据打印的类来描述数据的打印，而对不同数据打印的具体操作根据不同的数据类型而有所区别，从而编制不同的具体打印操作方法。当需要打印数据时，不论是打印整数还是打印字符串，只需发出打印数据的消息，而其具体操作可根据打印的数据类型的不同而调用不同的打印操作方法。这样做，可使设计在更高层次上进行，简化了处理问题的复杂性，使设计出来的程序具有良好的可扩展性。

5.1.1　多态的分类

其实多态性具有更广泛的定义，如果操作方法及它们的操作对象多于一个，则称为多态性。L.Gardelli 和 P.Wegner 将各种多态性严格分为四类，如图 5-1 所示。

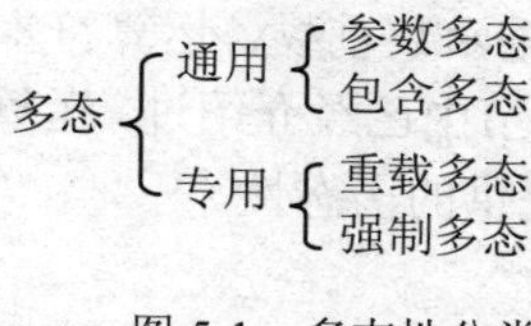

图 5-1　多态性分类

（1）包含多态。包含多态性是指通过继承提供多态性。包含多态性反映了可在多于一个类的对象中完成同一事物的能力——用同一种方法在不同的类中处理不同的对象。在 C++中这种多态性是通过虚函数来实现的。

（2）重载多态。重载多态包括函数重载、运算符重载等。前面学习过的普通函数及类的成员函数的重载都属于重载多态。运算符重载将在第 6 章介绍。

（3）强制多态。强制多态性是指通过语义操作把一个对象或变量类型加以转换。这种类型转换有显式和隐式两种。前面讲到的基本数据类型的相互转换和父对象与子对象的转换都是强制多态的体现。

（4）参数多态。参数多态性是指对象或函数等能以一致的形式用于不同类型参数，本书第 7 章将要介绍的函数模板和类模板就是这种多态。由类模板实例化的各个类都具有相同的操作，而操作对象的类型却各不相同。同样，由函数模板实例化的各个函数都具有相同的操作，而这些函数的参数类型各不相同。

5.1.2 多态的实现

在 C++中，多态性的实现和联编这一概念有关。所谓联编是指一个计算机程序的不同部分彼此关联的过程。按照联编所进行的阶段不同，可分为两种不同的联编方法：静态联编和动态联编。

静态联编指联编工作在编译阶段完成，因这种联编过程是在程序运行之前完成的，所以又称为早期联编。要实现静态联编，在编译阶段就必须确定程序中的操作调用（如函数调用）与执行该操作代码间的关系，确定这种关系称为束定，在编译时的束定称为静态束定。静态联编对函数的选择基于指向对象的指针或者引用的类型。其优点是效率高，但灵活性差。

动态联编是指联编在程序运行时动态地进行，根据当时的情况来确定调用哪个同名函数。这种联编又称为晚期联编，或动态束定。动态联编对成员函数的选择是基于对象的类型，针对不同的对象类型将得出不同的编译结果。动态联编的优点是灵活性强，但效率低。

多态从实现角度可以划分为两类：编译时的多态性和运行时的多态性。编译时的多态性是指定义在一个类或一个函数中的同名函数，它们可根据参数表（类型及个数）来区别语义，并通过静态联编实现，例如在一个类中定义不同参数的构造函数以及运算符的重载等。运行时的多态性是指定义在不同类中的重载函数，它们一般具有相同的参数表，因而要根据指针指向的对象所在类来区别语义，它通过动态联编实现。

一般而言，编译型语言（如 C、Pascal）都采用静态联编，而解释型语言（如 LISP、Prolog）都采用动态联编。纯粹的面向对象程序语言由于其执行机制是消息传递，所以只能采用动态联编。这就给基于 C 语言的 C++带来了麻烦。因为为保持 C 语言的高效性，C++仍是编译型的，仍采用静态联编。为了在 C++中实现动态联编，C++设计者想出了“虚函数”的机制来解决这个问题。因此，C++既可以静态联编，又可以动态联编。

在 C++中，编译时多态性主要通过函数重载、运算符重载和模板来实现。运行时多态性通过虚函数来实现。函数重载在前面章节中已经介绍过，运算符重载和模板将在后续章节中介绍，本章重点介绍虚函数以及由它们提供的多态性。

5.2 虚函数

在 C++中把表现多态的一系列成员函数设置为虚函数。虚函数可能在编译阶段并没有被发现需要调用，但它还是整装待发，随时准备接受指针或引用的“召唤”。虚函数允许函数调用与函数体之间的联系在运行时才建立，也就是在运行时才决定如何响应，即所谓的动态联编。

5.2.1 为什么引入虚函数

一般对象的指针之间没有联系，彼此独立，不能混用。但派生类是由基类派生出来的，它们之间有继承关系，因此，指向基类和派生类的指针之间也有一定的联系，在 4.6 节中已经讲到基类与派生类对象之间的赋值兼容关系，如果使用不当，将会出现一些问题。

例 5.1 基类指针指向派生类对象时的静态束定。

```
#include<iostream.h>
class base
{
private:
    int x,y;
public:
    base(int xx=0,int yy=0)
    {   x=xx; y=yy;   }
    void disp()
    {cout<<"base:"<<x<<"   "<<y<<endl;}
};
class base1:public base{
private:
    int z;
public:
    base1(int xx,int yy,int zz):base(xx,yy)
    {   z=zz;   }
    void disp()
    {   cout<<"base1:"<<z<<endl;   }
};
void main()
{
    base obj(3,4),*objp;
    base1 obj1(1,2,3);
    objp=&obj;   //基类指针指向基类对象，调用 disp()函数
    objp->disp();
    objp=&obj1; //希望调用派生类对象 obj1 的 disp()函数
    objp->disp();
}
```

程序运行结果为：

```
base:3 4
base:1 2
```

从程序运行结果可以看出，在例 5.1 中定义了一个基类的指针 objp，当把这个指针指向派生类的对象时，希望调用派生类对象 obj1 的 disp()函数，却仍然调用了 obj1 对象包含的基类成员函数 disp()。本程序期望的运行结果为：

```
base:3 4
base1:3
```

这个程序的错误是由 C++的静态联编机制引起的。对于上面程序，静态联编机制首先将指向基类对象的指针 objp 与基类的成员函数 disp()连接在一起，这样，不管指针 objp 再指向哪个对象，objp->disp()调用的总是基类的成员函数 disp()。为解决这一问题，C++引入了虚函数概念。

5.2.2 虚函数的定义和使用

1. 虚函数的定义

虚函数的定义是在基类中进行的，即把基类中需要定义为虚函数的成员函数声明为 virtual，从而提供一种接口界面。定义虚函数的格式如下：

```
class 类名
{
    ……
    virtual 类型 成员函数名(形参表);
    ……
}
```

当基类中的某个成员函数被声明为虚函数后，它就可以在派生类中被重新定义。在派生类中重新定义时，其函数原型，包括返回类型、函数名、参数个数和类型、参数的顺序都必须与基类中的原型完全一致。

定义虚函数时要注意以下问题：

（1）虚函数的声明只能出现在类声明的函数原型的声明中，不能出现在函数体实现的时候，而且，基类中只有保护成员或公有成员才能被声明为虚函数。

（2）通过定义虚函数来实现 C++提供的多态性机制时，派生类应该从它的基类公有派生。

（3）在派生类中重新定义虚函数时，关键字 virtual 可以写也可不写，但在容易引起混乱时，应写上该关键字。

（4）当一个基类中声明了虚函数，则虚函数特性会在其直接派生类和间接派生类中一直保持下去。

（5）动态联编只能通过成员函数调用或通过指针、引用来访问虚函数，如果用对象名的形式来访问虚函数，将采用静态联编。

（6）虚函数必须是所在类的成员函数，不能是友元函数或静态成员函数。但可以在另一个类中被声明为友元函数。

（7）构造函数不能声明为虚函数，析构函数通常声明为虚函数。

（8）内联函数不能声明为虚函数。

2. 虚函数的使用

例 5.2 将例 5.1 中的基类函数 disp()定义为虚函数，就能实现动态调用的功能。

例 5.2　虚函数实现动态调用。

```
#include<iostream.h>
class base
{
private:
    int x,y;
public:
    base(int xx=0,int yy=0)
    {   x=xx; y=yy;   }
    virtual void disp()
    {cout<<"base:"<<x<<" "<<y<<endl;}
};
class base1:public base{
private:
    int z;
public:
    base1(int xx,int yy,int zz):base(xx,yy)
    {   z=zz;   }
    void disp()
    {   cout<<"base1:"<<z<<endl;   }
};
void main()
{
    base obj(3,4),*objp;
    base1 obj1(1,2,3);
    objp=&obj;          //基类指针指向基类对象，调用 disp()函数
    objp->disp();
    objp=&obj1;         //基类指针指向派生类对象
    objp->disp();       //动态调用，调用派生类 disp()函数
    obj=obj1;           //派生类对象赋给基类对象
    obj.disp();         //静态调用派生类中从基类继承的 disp()
}
```

程序运行结果为：

```
base:3 4
base1:3
base:1 2
```

为什么把基类中的 disp()函数定义为虚函数时，程序的运行结果就正确呢？这是因为当基类指针指向派生类对象时，关键字 virtual 指示 C++编译器，函数调用 objp->disp()要在运行时确定所要调用的函数，即要对该调用进行动态联编。因此，程序在运行时根据指针 objp 所指向的实际对象，调用该对象的成员函数。另外，当将派生类对象赋值给基类对象时，obj.disp()调用在编译时进行的是静态联编，调用的是派生类从基类继承来的 disp()函数，而不是派生类自己的 disp()函数。

可见，虚函数同派生类的结合可使 C++支持运行时的多态性。多态性对面向对象的程序设计而言非常重要，达到了在基类中定义派生类所拥有的通用接口，而在派生类中定义具体的实现的效果，即常说的“同一接口，多种实现”，它帮助程序员方便地处理越来越复杂的程序。

5.2.3 虚函数与重载函数的关系

在一个派生类中重新定义基类的虚函数是函数重载的另一种形式，但它不同于一般的函数重载。普通的函数重载时，其函数的参数或参数类型必须有所不同，函数的返回类型也可以不同。但是，当重载一个虚函数时，也就是说在派生类中重新定义虚函数时，要求函数名、返回类型、参数个数、参数的类型和顺序与基类中的虚函数原型完全相同。如果仅仅返回类型不同，其余均相同，系统会出错。这时派生类重新定义的虚函数既不具备虚函数特性，也不是函数重载（因为仅仅函数返回类型不同，也不算函数重载），编译当然报错。如果仅仅函数名相同，而参数的个数、类型或顺序不同，系统将它作为普通的函数重载，此时将丢失虚函数的特性。请看下面的例子：

例 5.3 虚函数与重载函数的比较。

```
#include<iostream.h>
class base
{
private:
        int x,y;
public:
        base(int xx=0,int yy=0)
        {   x=xx; y=yy;   }
        virtual void disp()
        {cout<<"base:"<<x<<" "<<y<<endl;}
};
class base1:public base{
private:
        int z;
public:
        base1(int xx,int yy,int zz):base(xx,yy)
        {   z=zz;   }
        void disp(int i)
        {   cout<<"base1:"<<z<<endl;   }
};
void main()
{
        base obj(3,4),*objp;
        base1 obj1(1,2,3);
        objp=&obj;          //基类指针指向基类对象，调用 disp()函数
        objp->disp();
        objp=&obj1;         //基类指针指向派生类对象
        objp->disp(5);      //①静态调用派生类中基类的 disp()函数，多了参数因而报错
        obj=obj1;           //派生类对象赋给基类对象
        obj.disp(3);        //②静态调用派生类中从基类继承的 disp()函数，多了参数因而报错
        obj1.disp();        //③调用派生类 disp()需要参数，所以报错
}
```

程序编译时出现三处错误，分别在①、②、③处，这里一一进行分析。例 5.3 在基类中定

义了一个虚函数 disp()，此函数在派生类中被重新定义，而在派生类中 disp()函数多了一个参数，变为 disp(int i)，因此它丢失了虚函数特性，变为普通函数重载。在 main()主函数中，定义了基类指针 objp，让基类指针 objp 指向派生类对象 obj1，编译“objp->disp(5);”时报错，因为派生类 disp()只是对基类 disp()函数的重载（同名覆盖），不具备虚函数特性，所以是静态调用，调用基类的 disp()函数不应该有参数；同理将派生类对象赋值给基类对象，本身就是静态调用，所以“obj.disp(3);”是调用基类的 disp()函数，也不该有参数；程序最后一行“obj1.disp();”，派生类对象调用派生类成员函数，所以必须有参数。

将主函数改为如下内容后，编译即可通过。

```
void main()
{
        base obj(3,4),*objp;
        base1 obj1(1,2,3);
        objp=&obj;
        objp->disp();
        objp=&obj1;         //基类指针指向派生类对象
        objp->disp();       //①静态调用派生类中从基类继承的 disp()函数
        obj=obj1;           //派生类对象赋给基类对象
        obj.disp();         //②静态调用派生类中从基类继承的 disp()函数
        obj1.disp(5);       //③调用派生类的 disp()函数需要参数
}
```

程序运行结果为：

```
base:3 4
base:1 2
base:1 2
base1:3
```

5.2.4　多继承与虚函数

上一节介绍了在一个基类中定义虚函数，然后在派生类中重载的使用情况，那么在 C++多继承机制当中，虚函数问题该如何处理呢？

在 C++多继承体系中，在派生类中可以重写不同基类中的虚函数。下面就是一个例子：

例 5.4　多继承中虚函数的定义与应用。

```
#include<iostream.h>
class CBaseA{
public:
    virtual void TestA()
     {      cout<<"CBaseA TestA()"<<endl;}
};
class CBaseB{
public:
    virtual void TestB()
     {      cout<<"CBaseB TestB()"<<endl;}
};
class CDerived: public CBaseA, public CBaseB
```

```
{
public:
    virtual void TestA()      //重写基类 CBaseA 中的虚函数 TestA()
     {     cout<<"CDerived TestA()"<<endl;}
    virtual void TestB()      //重写基类 CBaseB 中的虚函数 TestB()
     {     cout<<"CDerived TestB()"<<endl;}
};
int main()
{
     CDerived D;
     CBaseA *pb1=&D;
     CBaseB *pb2=&D;
     pb1->TestA();//调用 CDerived 中 TestA()
     pb2->TestB();//调用 CDerived 中 TestB()
     return 1;
}
```

程序运行结果为：

```
CDerived TestA()
CDerived TestB()
```

在本例中派生类 CDerived 分别对基类 CBaseA 中的虚函数 TestA()和基类 CBaseB 中的虚函数 TestB()进行重写，当基类指针指向派生类对象时，调用的就是派生类中的 TestA()和 TestB()函数，从而实现了多继承中派生类的多态性。

如果在派生类中重写两个相同原型的虚函数呢？比如说开发的时候使用的两个类库是不同的厂商提供的，或者说这两个类库是由公司的不同开发小组开发的。对前者来说，修改基类的接口是不可能的；对后者来说，修改接口的代价很大。例如：

```
class CBaseA{
public:
    virtual void Test()
     {     cout<<"CBaseA Test()"<<endl;}
};
class CBaseB{
public:
    virtual void Test()
     {     cout<<"CBaseB Test()"<<endl;}
};
```

如果在派生类中直接重写这个虚函数，那么两个基类的 Test()虚函数都将被覆盖。这样的话就只能有一个 Test()的实现，而不像前面的例子那样有不同的实现。例如：

```
class CDerived: public CBaseA, public CBaseB
{
public:
    virtual void Test()
     {     cout<<"CDerived Test()"<<endl;}
};
int main()
{
```

```
    CDerived D;
    CBaseA *pb1=&D;
    CBaseB *pb2=&D;
    pb1->Test();        //调用 CDerived 中 Test()
    pb2->Test();        //调用 CDerived 中 Test()
    return 1;
}
```

程序运行结果为：

```
CDerived Test()
CDerived Test()
```

为了解决例 5.4 中出现的问题，在派生类 CDerived 中重写不同基类中相同原型的虚函数 Test()，可以使用下面的方法，不需要修改最初的两个基类，而是增加两个中间类，具体实现如下：

例 5.5 多继承基类中有同名虚函数的解决办法。

```
#include<iostream.h>
class CBaseA{
public:
    virtual void Test()
    {   cout<<"CBaseA Test()"<<endl;}
};
class CBaseB{
public:
    virtual void Test()
    {   cout<<"CBaseB Test()"<<endl;}
};
class CMiddleBaseA:public CBaseA{ //定义 CBaseA 的中间类
private:
    virtual void CBaseA_Test(){}//空的函数体，什么都不做，留在派生类中实现
    virtual void Test()//重写虚函数 test()
    {
        CBaseA_Test();
    }
};
class CMiddleBaseB:public CBaseB{ //定义 CBaseB 的中间类
private:
    virtual void CBaseB_Test(){}//空的函数体，什么都不做，留在派生类中实现
    virtual void Test()//重写虚函数 test()
    {
        CBaseB_Test();
    }
};
class CDerived : public CMiddleBaseA, public CMiddleBaseB
{
private:
    //重写从中间类继承下来的虚函数
    virtual void CBaseA_Test() //这里实际上是重写 CBaseA 的 Test()
    {   cout<<"CDerived TestA()"<<endl;}
```

```
        virtual void CBaseB_Test() //这里实际上是重写 CBaseB 的 Test()
        {   cout<<"CDerived TestB()"<<endl;}
};
int main()
{
    CDerived D;
    CBaseA *pb1=&D;
    CBaseB *pb2=&D;
    pb1->Test();    //实际上调用的是类 CDervied 中的 CBaseA_Test()函数
    pb2->Test();    //实际上调用的是类 CDervied 中的 CBaseB_Test()函数
    return 1;
}
```

程序运行结果为：

```
CDerived TestA()
CDerived TestB()
```

C++通过虚函数来实现动态联编，实际上是通过虚函数表来完成的。虚函数表中存放着父类以及包括本身类的虚函数的地址，它处于实例对象的首地址，即由一个对象的地址就可以得到虚函数表，表以 NULL 结束。虚函数表中父类的虚函数位于子类虚函数之前，并且按声明顺序排列。如果子类对父类的虚函数进行覆盖，定义了自己的虚函数，父类中虚函数在虚函数表中的位置被子类重写的函数覆盖，没有被覆盖的函数没有发生变化，这样就实现了多态。实际上，无论虚函数是何种属性（公有、保护或私有），只要是公有继承就会出现在虚函数表中，调用虚函数时是先在虚函数表中找到其地址然后调用，也就是说可以通过虚函数表来访问父类的私有成员。在本例“pb1->Test();”语句中 Test()是虚函数，在静态联编状态下它是派生类 CDerived 的直接基类 CMiddleBaseA 的私有成员，是不能被访问的；当基类指针 pb1 指向它时体现多态性，虽然 Test()没有在 CDerived 类中被重写，但它出现在 CDerived 类的虚函数表中，通过其地址直接被调用。当调用 Test()函数时，又调用了虚函数 CBaseA_Test()，而在 CDerived 类中对虚函数 CBaseA_Test()进行了重写，这时在 CDerived 类的虚函数表中存放的是自己的 CBaseA_Test()函数地址，所以调用的是自己的 CBaseA_Test()函数，从而实现了多继承基类有同名虚函数的不同调用覆盖。

5.2.5 虚析构函数

多态性帮助实现在父类或各子类中选择最合适的成员函数来执行，一般来说，只会选择父类或子类中的某一个成员函数来执行。析构函数的作用是在对象撤销之前做必要的“清理现场”工作。如果有的资源是父类的构造函数申请的，有的资源是子类的构造函数申请的，而虚函数只允许程序执行父类或子类中的某一个析构函数，岂不是注定有一部分资源将无法被释放？

例如，当派生类的对象从内存中撤销时一般先调用派生类的析构函数，然后再调用基类的析构函数。但是如果用 new 运算符动态生成一个派生类的对象，并让基类指针指向该派生类对象。当程序用 delete 运算符通过基类指针删除派生类对象时，会出现一种情况，系统会只执行基类的析构函数，而不执行派生类的析构函数。

例 5.6 基类中有非虚析构函数时的执行情况。

```
#include<iostream.h>
```

```
class Base{
public:
        Base()
        {   cout<<"Construct Base."<<endl; }
        ~Base()
        {   cout<<"Deconstruct Base."<<endl; }
};
class Derived:public Base{
public:
        Derived()
        {   cout<<"Construct Derived."<<endl; }
        ~Derived()
        {   cout<<"Deconstruct Derived."<<endl; }
};
void main()
{
        Base *bp=new Derived();
        delete bp;
}
```

程序运行结果为：

```
Construct Base.
Construct Derived.
Deconstruct Base.
```

在程序 main()函数中，bp 是基类指针，指向一个派生类 Derived 的动态对象。希望用 delete 释放 bp 所指的空间。但实际运行结果为：

```
Deconstruct Base.
```

表明只执行了基类 Base 的析构函数，而没有执行派生类 Derived 的析构函数。如果希望执行派生类 Derived 的析构函数，则应将基类的析构函数声明为虚析构函数。

在析构函数前面加上关键字 virtual 进行说明，则称该析构函数为虚析构函数。虚析构函数的声明语法为：

```
virtual ~类名();
```

例 5.7　基类中使用虚析构函数时的执行情况。

```
#include<iostream.h>
class Base{
public:
        Base()
        {   cout<<"Construct Base."<<endl; }
        virtual ~Base()
        {   cout<<"Deconstruct Base."<<endl; }
};
class Derived:public Base{
public:
        Derived()
        {   cout<<"Construct Derived."<<endl; }
        ~Derived()
```

```
        {  cout<<"Deconstruct Derived."<<endl; }
};
void main()
{
        Base *bp=new Derived();
        delete bp;
}
```

程序运行结果为：

```
Construct Base.
Construct Derived.
Deconstruct Derived.
Deconstruct Base.
```

说明：

（1）如果将基类的析构函数声明为虚函数，由该基类所派生的所有派生类的析构函数也都自动成为虚函数，即使派生类的析构函数与基类的析构函数名字不同。

（2）最好把基类的析构函数声明为虚函数，这将使所有派生类的析构函数自动成为虚函数，即使基类并不需要析构函数，也显式地定义一个函数体为空的虚析构函数，以保证在撤销动态分配空间时能得到正确处理。

（3）构造函数不能声明为虚函数。这是因为在执行构造函数时类对象还没有完成建立过程，当然谈不上函数与类对象的绑定。

5.3 纯虚函数和抽象类

5.3.1 纯虚函数

为方便使用多态性，常常需要在基类中定义虚函数。在很多情况下，创建基类的特定对象是不合情理的。例如，动物作为一个基类可以派生出老虎、孔雀等子类，但现实中不会有一个泛指动物的实体存在，所以在类体系结构的顶层不会为虚函数给出一个有意义的实现。因此需要一种描述这种现象的特殊虚函数，即纯虚函数。纯虚函数仅仅指出了类体系结构中将存在的一些操作，至于该操作如何实现，以及该操作有多少种实现，则是派生类要解决的问题。

声明纯虚函数的一般形式如下：

```
virtual 类型 函数名(形参表)=0;
```

说明：

（1）纯虚函数没有函数体。

（2）在上面的声明中，用“=0”表示函数名标识的函数是一个纯虚函数。

（3）这是一个声明语句，后面应该有分号。

（4）纯虚函数只有函数名字而不具备函数实现，不能被调用，它只是通知编译器在这时声明一个虚函数，留待派生类中具体实现。在派生类中对此函数提供定义后，它才具备函数功能，可以被调用。

（5）如果在类中声明了纯虚函数，而在其派生类中没有对该函数定义，则该虚函数在派生类中仍然为纯虚函数。

例 5.8　文本输出中纯虚函数的应用。

```
#include <stdio.h>
#include <string.h>
class CWS{
public:
        virtual void MyWrite()=0;
};
class CHAR:public CWS{
public:
        CHAR(char ch){c=ch;}
        void MyWrite()
        {
                putchar(this->c);
                putchar('\t');
        }
private:
        char c;
};
class WORD:public CWS{
public:
        WORD(char *pw);
        void MyWrite();
private:
        char *word;
};
WORD::WORD(char *pw)
{
        char *pw1=new char(strlen(pw)+1);
        int i=0,j=0;
        while(pw[i]!=' '&&pw[i]!='\0')
                pw1[i]=pw[i++];
        word=new char(i);
        while(j<i)
                word[j]=pw1[j++];
        word[j]=' ';
}
void WORD::MyWrite()
{
        int i=0;
        while(word[i]!=' ')
                putchar(word[i++]);
        putchar('\t');
}
class STR:public CWS{
public:
        STR(char *ps);
        void MyWrite();
private:
```

```
        char    *str;
};
STR::STR(char *ps)
{
        str=new char(strlen(ps)+1);
        strcpy(str,ps);
}
void STR::MyWrite()
{
        int i=0;
        while(str[i]!='\0')
                putchar(str[i++]);
        putchar('\n');
}
void fun(CWS& r)
{
        r.MyWrite();
}
void main()
{
        CHAR c1('c');
        WORD wd1("words");
        WORD wd2("double words");
        STR st("Your words and letters");
        fun(c1);
        fun(wd1);
        fun(wd2);
        fun(st);
}
```

在 CWS 类的派生类 CHAR、WORD、STR 中，CHAR 类的数据成员为单个字符，WORD 类的数据成员为单词，而 STR 类的数据成员为字符串。在设计 CWS 类时，由于不知道究竟要输出字符、单词还是字符串，因此对输出操作 MyWrite 不能给出一个具体实现，因此，将其设计成纯虚函数。但是在三个派生类中都各自给出了输出函数 MyWrite 的实现。由于 CHAR、WORD、STR 都是 CWS 类的子类，因此 CWS 类的输出操作 MyWrite 实际为 fun 函数能输出任意派生类实参对象数据成员的值提供了一个统一的接口。

程序运行结果为：

```
c        words     double    Your words and letters
```

可以看出，根据不同的实参对象，函数 fun 正确地调用了各派生类的 MyWrite 操作，输出了实参数据成员的值。

5.3.2 抽象类

如果一个类至少有一个纯虚函数，那么就称该类为抽象类。由于抽象类常用作基类，通常称为抽象基类。抽象基类的主要作用是通过它为一个类族建立一个公共接口，使它们能够更有效地发挥多态特性。对于抽象类的使用有以下几点规定：

（1）由于抽象类中至少包含一个没有具体实现的纯虚函数。因此，抽象类只能作其他类的基类来使用，不能建立类对象，其纯虚函数的实现由派生类完成。

（2）不允许从具体类派生出抽象类。所谓具体类，就是不包含纯虚函数的普通类。

（3）抽象类不能用作参数类型、函数返回类型或显式转换的类型。

（4）可以声明指向抽象类的指针或引用，此指针可以指向它的派生类，从而实现多态性。

（5）如果派生类没有重定义纯虚函数，而派生类只是继承基类的纯虚函数，则这个派生类仍然是一个抽象类。

（6）在抽象类中也可以定义普通成员函数或虚函数，虽然不能为抽象类声明对象，但仍然可以通过派生类对象来调用这些不是纯虚函数的函数。

5.4　程序举例

本节以一个图形面积计算方面的应用为例来介绍抽象类的使用。程序要求能输入任意个三角形及其底和高、任意个矩形及其长和宽，以及任意个圆及其半径；同时计算并输出每个图形的面积，最后输出每次面积的累加和。

相应的程序后面列出。先对程序中各个类之间的关系以及对应的数据结构进行分析。程序中的 Shape 类及它的一个直接派生类——多边形类 Polygon 为抽象类，由 Polygon 类公有派生出三角形类 Triangle、矩形类 Rectangle。由于圆不属于多边形，因此 Circle 类直接从 Shape 类继承。另外，以 Application 类为基类派生出了 Myprogram。在 Application 类的成员函数 Compute 中，通过 Shape 类型的指针数组形参 Shape *s[]将 Shape 类及其派生类与 Application 类及其派生类关联。而各个类的继承关系如图 5-2 所示。

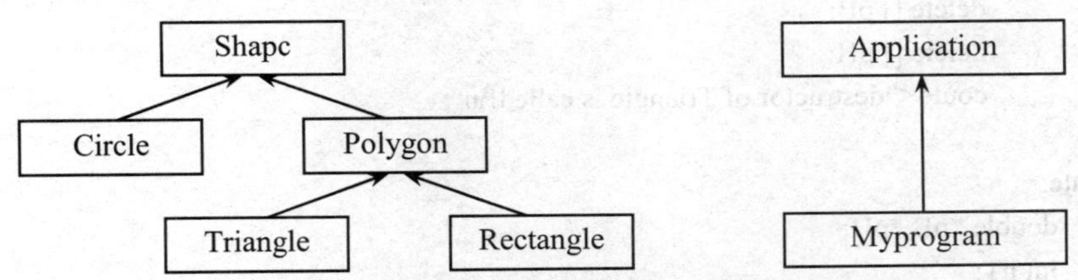

图 5-2　Shape 类及其派生类和 Application 类的继承图

理解程序中各个类的数据结构有助于对程序的进一步理解。以 Shape 类型的指针数组 Shape *s[3]为起点分析程序中各个类的数据结构，如图 5-3 所示。

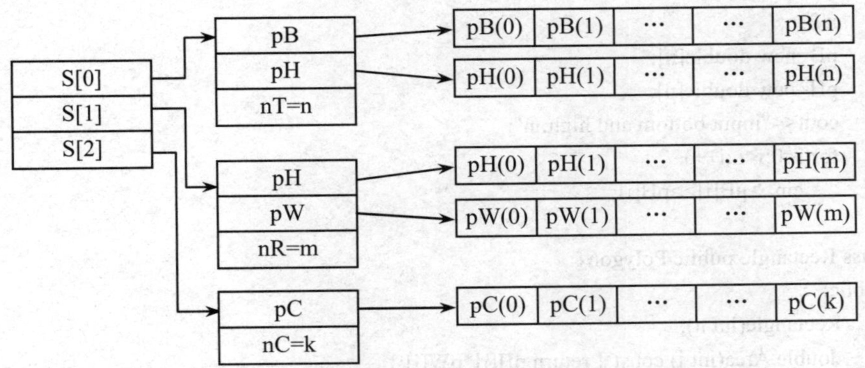

图 5-3　Shape 类的指针数组及其所指对象的数据结构

图中，s[0]指向三角形 Triangle 类对象，s[1]指向矩形 Rectangle 类对象，s[2]指向圆形 Circle 类对象。Triangle 类中的 double 类型指针 pB 指向三角形底数组的起始元素，double 类型指针 pH 指向三角形高数组的起始元素，nT=n 表示共有 n 个三角形的数据。对 Rectangle 类和 Circle 类的数据结构可以做类似的理解。

例 5.9 应用抽象类，批量求圆、三角形和矩形的面积。

```
#include <iostream.h>
class Shape{
public:
        virtual double Area(int ) const=0;
        virtual int Get_N(void){return 0;}
        virtual  ～Shape(){cout<<"destructor of Shape is called!\n";}
};
class Polygon:public Shape{
public:
        virtual double Area(int )const=0;
};
class Triangle:public Polygon{
public:
        Triangle(int n);
        double Area(int i) const { return pB[i]*pH[i]*0.5;}
        int Get_N(void){return nT;}
        ～Triangle()
        {
              delete [] pB;
              delete [] pH;
              cout<<"destructor of Triangle is called!\n";
        }
private:
        double *pB,*pH;
        int nT;
};
Triangle::Triangle(int n)
{
      int i;
      nT=n;
      pB=new double[n];
      pH=new double[n];
      cout<<"input bottom and high.\n";
      for(i=0;i<n;i++)
          cin>>pB[i]>>pH[i];
}
class Rectangle:public Polygon{
public:
      Rectangle(int n);
      double Area(int i) const { return pH[i]*pW[i];}
```

```
        int Get_N(void){return nR;}
        ~Rectangle()
         {
                delete [] pW;
                delete [] pH;
                cout<<"destructor of Rectangle is called!\n";
         }
  private:
        double *pW,*pH;
        int nR;
  };
  Rectangle::Rectangle(int n)
  {
        int i;
        nR=n;
        pH=new double[n];
        pW=new double[n];
        cout<<"input length and wide.\n";
        for(i=0;i<n;i++)
            cin>>pH[i]>>pW[i];
  }
  class Circle:public Shape{
  public:
        Circle::Circle(int n);
        double Area(int i)const { return pC[i]*pC[i]*3.14;}
        int Get_N(void){return nC;}
        ~Circle()
         {
                delete [] pC;
                cout<<"destructor of Circle is called!\n";
         }
 private:
        double *pC;
        int nC;
 };
 Circle::Circle(int n)
 {
        int i;
        nC=n;
        pC=new double[n];
        cout<<"input radious.\n";
        for(i=0;i<n;i++)
            cin>>pC[i];
 }
 class Application{
 public:
```

```
        double Compute(Shape *s[],int n) const;
};
double Application::Compute(Shape *s[],int n) const
{
        double sum=0;
        int n1=0;
        for(int i=0;i<n;i++)
        {
                n1=s[i]->Get_N();
                for(int k=0;k<n1;k++)
                {
                        sum+=s[i]->Area(k);
                        cout<<"sum="<<sum<<"\tarea="<<s[i]->Area(k)<<endl;
                }
        }
        return sum;
}
class Myprogram:public Application{
public:
        Myprogram();
        ~Myprogram();
        int Run();
private:
        Shape **s;
};
Myprogram::Myprogram()
{
        s=new Shape *[3];
        int num=0;
        cout<<"input the number of triangles.\n";
        cin>>num;
        s[0]=new Triangle(num);
        cout<<"input the number of rectangles.\n";
        cin>>num;
        s[1]=new Rectangle(num);
        cout<<"input the number of circles.\n";
        cin>>num;
        s[2]=new Circle(num);
}
int Myprogram::Run()
{
        double sum=Compute(s,3);
        cout<<sum<<endl;
        return 0;
}
Myprogram::~Myprogram()
```

```
{
    int i;
    for(i=0;i<3;i++)
        delete s[i];
    delete []s;
}
void main()
{
    Myprogram().Run();
}
```

在 Shape 类中声明了纯虚函数 Area，其形参为某类图形中用来确定某具体图形的下标，该函数则计算规定图形的面积。另外，在 Shape 类中还声明和定义了虚函数 Get_N，它返回某种类型图形的总个数。Polygon 类也是抽象类，由于在 Circle 类、Triangle 类和 Rectangle 类中都给出了它们基类的纯虚函数 Area 的实现，因此它们都不是抽象类。

在 Myprogram 类的构造函数中首先通过 s=new Shape * [3]创建了包含三个元素的 Shape 类型的指针数组并让 s 指向该数组。随后，依次要求用户输入各种图形对象的个数，然后动态地创建各种图形对象并对各自的类构造函数进行调用，将图形对象的个数传递给各个类的构造函数。在各个类的构造函数中要求用户进一步输入各个图形的几何特征数据，并动态创建 double 类型的数组来保存这些几何特征。同时，用对应的指针成员指向这些动态数组，从而完成图 5-3 给出的数据结构的构造。

Application 类中的成员函数 Compute 通过调用 s[i]->Area[k]计算各个图形的面积，并进行面积的累加，然后输出计算结果。该函数中的调用 s[i]->Get_N()和 s[i]->Area(k)具有多态性，实际调用的函数要依据 s[i]实际指向对象的类型来决定。

当分别输入 1 个底为 10、高为 20 的三角形，1 个长为 10、宽为 20 的矩形，以及 1 个半径为 10 的圆时，程序的输入过程及运行结果如下：

```
input the number of triangles.
1
input bottom and high.
10 20
input the number of rectangles.
1
input length and wide.
10 20
input the number of circles.
1
input radious.
10
sum=100 area=100
sum=300 area=200
sum=614 area=314
614
destructor of Triangle is called!
destructor of Shape is called!
```

```
destructor of Rectangle is called!
destructor of Shape is called!
destructor of Circle is called!
destructor of Shape is called!
```

例 5.10 在这个程序中，建立了两种类型的链表队列与堆栈。虽然两个链表的特性完全不同，但它们可以用同一接口访问。

```
#include<iostream.h>
#include<stdlib.h>
class List{                //声明一个抽象类
public:
     List *head;           //指向表头
     List *tail;           //指向表尾
     List *next;           //指向下一个结点
     int num;              //存储值
     List()
     {
          head=NULL;
          tail=NULL;
          next=NULL;
     }
     virtual void store(int i)=0;      //定义纯虚函数 store
     virtual int retrieve()=0;         //定义纯虚函数 retrieve
};
class Queue:public List{
public:
     void store(int i)                 //定义纯虚函数 store 在 Queue 中的实现
     {
          List *item;
          item=new Queue;
          if(!item)
          {
               cout<<"Allocation error!"<<endl;
               exit(0);
          }
          item->num=i;
          if(tail)tail->next=item;
          tail=item;
          if(!head)head=tail;
     }
     int retrieve()                    //定义纯虚函数 retrieve 在 Queue 中的实现
     {
          int i;
          List *p;
          if(!head)
          {
               cout<<"List empty!"<<endl;
```

```
                return 0;
            }
            i=head->num;
            p=head;
            head=head->next;
            delete p;
            return i;
        }
};
class Stack:public List{
public:
    void store(int i)                //定义纯虚函数 store 在 Stack 中的实现
    {
        List *item;
        item=new Stack;
        if(!item)
        {
            cout<<"Allocation error!"<<endl;
            exit(1);
        }
        item->num=i;
        if(head)item->next=head;
        head=item;
        if(!tail)tail=head;
    }
    int retrieve()                   //定义纯虚函数 retrieve 在 Stack 中的实现
    {
        int i;
        List *p;
        if(!head)
        {
            cout<<"List empty!"<<endl;
            return 0;
        }
        i=head->num;
        p=head;
        head=head->next;
        delete p;
        return i;
    }
};
int main()
{
    List *p;
    Queue q_ob;
    p=&q_ob;
```

```
        p->store(1);
        p->store(2);
        p->store(3);
        cout<<"Queue:";
        cout<<p->retrieve();
        cout<<p->retrieve();
        cout<<p->retrieve();
        cout<<endl;
        Stack s_ob;
        p=&s_ob;
        p->store(1);
        p->store(2);
        p->store(3);
        cout<<"Stack:";
        cout<<p->retrieve();
        cout<<p->retrieve();
        cout<<p->retrieve();
        cout<<endl;
        return 1;
    }
```

在上述程序中，声明公共基类 List 为抽象类，它是一个整数值建立的单向链表类，其中定义了用于向表中保存值的纯虚函数 store()和从表中读取值的纯虚函数 retrieve()。抽象类 List 有两个派生类 Queue 和 Stack，分别表示两种类型的链表队列和堆栈。根据各自的功能，每个派生类定义了纯虚函数 store()和 retrieve()。

程序运行结果为：

```
Queue:123
Stack:321
```

习题五

一、选择题

1．C++有_______联编方式。

A．一种　　B．二种　　C．三种　　D．四种

2．在 C++中要实现动态联编，必须使用_______调用虚函数。

A．类名　　B．派生类指针　　C．对象名　　D．基类指针

3．下列函数中，不能说明为虚函数的是_______。

A．私有成员函数　　B．公有成员函数　　C．构造函数　　D．析构函数

4．在派生类中重载一个虚函数时，要求函数名、参数的个数、参数的类型、参数的顺序和函数的返回值_______。

A．相同　　B．不同　　C．相容　　D．部分相同

5．对于多重继承，有_______。

A．一个派生类只能有一个基类

B．一个基类只能产生一个派生类

C．一个基类必须产生多个派生类

D．一个派生类可有多个基类

6．当一个类的某个函数被说明为 virtual 时，该函数在该类的所有派生类中_______。

A．都是虚函数　　B．只有被重新说明时才是虚函数

C．只有被重新说明为 virtual 时才是虚函数　　D．都不是虚函数

7．_______是一个在基类中说明的虚函数，它在该基类中没有定义，但要求任何派生类都必须定义自己的版本。

A．虚析构函数　　B．虚构造函数　　C．纯虚函数　　D．静态成员函数

8．以下基类中的成员函数，哪个表示纯虚函数_______。

A．virtual void vf(int);　　B．void vf(int)=0;

C．virtual void vf()=0;　　D．virtual void vf(int){}

9．下列描述中，_______是抽象类的特性。

A．可以说明虚函数　　B．可以进行构造函数重载

C．可以定义友元函数　　D．不能定义其对象

10．类 B 是类 A 的公有派生类，类 A 和类 B 中都定义了虚函数 func()，p 是一个指向类 A 对象的指针，则 p->A::func( )将_______。

A．调用类 A 中的函数 func()

B．调用类 B 中的函数 func()

C．根据 p 所指的对象类型而确定调用类 A 或类 B 中的函数 func()

D．既调用类 A 中函数，也调用类 B 中的函数

11．类定义如下：

```
class A{
public:
        virtual void func1(){}
        void fun2(){}
};
class B:public A{
public:
        void func1() {cout<<"class B func1"<<endl;}
        virtual void func2() {cout<<"class B func2"<<endl;}
};
```

则下面正确的叙述是_______

A．A::func2( )和 B::func1( )都是虚函数

B．A::func2( )和 B::func1( )都不是虚函数

C．B::func1( )是虚函数，而 A::func2( )不是虚函数

D．B::func1( )不是虚函数，而 A::func2( )是虚函数

12．下列关于虚函数的说明中，正确的是_______。

A．从虚基类继承的函数都是虚函数

B．虚函数不能是静态成员函数

C．只能通过指针或引用调用虚函数

D．抽象类中的成员函数都是虚函数

13．下列关于抽象类的说明中不正确的是_______。

A．含有纯虚函数的类称为抽象类

B．抽象类不能被实例化，但可声明抽象类的指针变量

C．抽象类的派生类一定可以实例化

D．纯虚函数可以被继承

14．下面描述中，正确的是_______。

A．virtual 可以用来声明虚函数

B．含有纯虚函数的类不可以用来创建对象，因为它是虚基类

C．即使基类的构造函数没有参数，派生类也必须建立构造函数

D．静态数据成员可以通过成员初始化列表来初始化

15．下列关于动态联编的描述中，错误的是_______。

A．动态联编是以虚函数为基础的

B．动态联编是运行时确定所调用的函数代码的

C．动态联编调用函数操作指向对象的指针或对象引用

D．动态联编在编译时确定操作函数

16．运行下列程序的输出结果为_______。

```
#include<iostream.h>
class base{
public:
      void fun1(){cout<<"base"<<endl;}
      virtual void fun2(){cout<<"base"<<endl;}
};
class derived:public base{
public:
      void fun1(){cout<<"derived"<<endl;}
      void fun2(){cout<<"derived"<<endl;}
};
void f(base &b){b.fun1();b.fun2();}
int main()
{
      derived obj;
      f(obj);
      return 0;
}
```

A．base	B．base	C．derived	D．derived
base	derived	base	derived

17．下列程序段中，错误的是_______。

```
class A{public: virtual void f()=0;//①
void g(){f();}//②
```

```
    A(){f();}//③
};
```

A．①　　B．②　　C．③　　D．①和②

18．下面程序的输出结果是_______。

```
#include<iostream.h>
class Base{
public:
        virtual void f(){ cout << "f0+"; }
        void g(){ cout << "g0+"; }
};
class Derived : public Base{
public:
        void f() { cout << "f+"; }
        void g() { cout << "g+"; }
};
void main() { Derived d;   Base *p = &d;   p->f();   p->g(); }
```

A．f+g+　　B．f0+g+　　C．f+g0+　　D．f0+g0+

二、填空题

1．C++支持两种多态性，分别是________和________。

2．在编译时就确定的函数调用称为________，它通过使用________来实现。

3．在运行时才确定的函数调用称为________，它通过________来实现。

4．虚函数的声明方法是在函数原型前加上关键字________，在基类中含有虚函数，在派生类中的函数没有显式写出 virtual 关键字，系统依据以下规则判断派生类的这个函数是否是虚函数：该函数是否和基类的虚函数________；是否与基类的虚函数________；是否与基类的虚函数________。如果同时满足上述 3 个条件，派生类的函数就是________，并且该函数________基类的虚函数。

5．当通过________或________使用虚函数时，C++会在与对象关联的派生类中正确地选择重定义的函数。实现了________时多态。而通过________使用虚函数时，不能实现________多态。

6．纯虚函数是一种特别的虚函数，它没有函数的________部分，也没有为函数的功能提供实现代码，它的实现版本必须由________给出，因此纯虚函数不能是________。拥有纯虚函数的类就是________类，这种类不能________。如果纯虚函数没有被重载，则派生类将继承此纯虚函数，即该派生类也是________。

7．类的构造函数________（可以/不可以）是虚函数，类的析构函数________（可以/不可以）是虚函数。当类中存在动态内存分配时经常将类的________函数声明成________。

三、分析题

1．分析以下程序的执行结果

```
#include<iostream.h>
class one{
public:
  virtual void f(){cout<<"1";}
};
class two:public one{
```

```
public:
  two(){cout<<"2";}
};
class three:public two{
public:
  virtual void f(){two::f();cout<<"3"; }
};
int main()
{
  one aa,*p;
  two bb;
  three cc;
  p=&cc;
  p->f();
  return 0;
}
```

2．分析以下程序的执行结果：

```
#include<iostream.h>
class A{
public:
  virtual void funcl(){cout<<"A1";}
  void func2(){cout<<"A2";}
};
class B: public A{
public:
  void func1(){cout<<"B1";}
  void func2(){cout<<"B2";}
};
int main()
{
  A *p=new B;
  p->funcl();
  p->func2();
  return 0;
}
```

3．分析以下程序的执行结果

```
#include <iostream.h>
#include <stdlib.h>
class Base{
public:
  virtual int add(int a, int b) { return(a + b); };
  virtual int sub(int a, int b) { return(a - b); };
  virtual int mult(int a, int b) { return(a * b); };
};
class ShowMath : public Base{
  virtual int mult(int a, int b)
```

```
  {
        cout << a * b << endl;
        return (a * b);
  }
};
class PositiveSubt : public Base{
  virtual int sub(int a, int b) { return(abs(a - b)); };
};
void main(void)
{
  Base *poly = new ShowMath;
  cout << poly->add(562, 531) << ' ' << poly->sub(1500, 407) <<' ';
  poly->mult(1093, 1);
  poly = new PositiveSubt;
  cout << poly->add(892, 201) << ' ' << poly->sub(0, 1093) << ' ';
  cout << poly->mult(1, 1093);
}
```

4．分析以下程序的执行结果

```
#include <iostream.h>
class Bclass{
public:
  Bclass( int i, int j ) { x = i; y = j; }
  virtual int fun() { return 0 ; }
protected:
  int x, y ;
};
class Iclass:public Bclass{
public :
  Iclass(int i, int j, int k):Bclass(i, j) { z = k; }
  int fun() { return ( x + y + z ) / 3;}
private :
  int z ;
};
void main()
{
  Iclass obj( 2, 4, 10 );
  Bclass p1 = obj;
  cout << p1.fun() << endl;
  Bclass & p2 = obj ;
  cout << p2.fun() << endl;
  cout << p2.Bclass :: fun() << endl;
  Bclass *p3 = &obj;
  cout << p3 -> fun() << endl;
}
```

5．分析以下程序的执行结果

```
#include<iostream.h>
```

```
class A{
public:
  virtual ～A( ){cout<<"A::～A( ) called "<<endl; }
};
class B:public A{
  char *buf;
public:
  B(int i) { buf=new char[i]; }
  virtual ～B( )
  {
        delete []buf;
        cout<<"B::～B( ) called"<<endl;
  }
};
void fun(A *a)
{
  delete a;
}
int main( )
{
  A *a=new B(10);
  fun(a);
}
```

四、编程题

1．定义猫科动物 Animal 类，由其派生出猫类（Cat）和豹类（Leopard），二者都包含虚函数 speak()，要求根据派生类对象的不同来调用各自重载后的成员函数。

2．有一个交通工具类 vehicle，将它作为基类派生出小车类 car、卡车类 truck 和轮船类 boat，定义这些类并定义一个虚函数用来显示各类信息。

3．使用虚函数编写求球体和圆柱体的体积及表面积的程序。由于球体和圆柱体都可以看作是由圆继承而来，所以可以定义圆类 Circle 作为基类。在 Circle 类中定义一个数据成员 radius 和两个虚函数 area()和 volume()。由 Circle 类派生出 Sphere 类和 Column 类。在派生类中对虚函数 area()和 volume()重新定义，分别求球体和圆柱体的体积及表面积。

4．某人喜欢饲养宠物。假定他拥有的放置宠物的窝的数目是固定的。请设计一个程序，使得某人可以饲养任意种类任意数目的宠物。要求能够知道现在饲养了多少只宠物，每只宠物所在的位置及其种类和姓名。

5．编写一个程序，先设计一个整数链表 List 类，然后从此链表派生出一个整数集合类 Set，在集合类中增加一个元素个数的数据项。集合类的插入操作与链表相似（只是不插入重复元素），并且插入后，表示元素个数的数据成员需增值。集合类的删除操作是在链表删除操作的基础上对元素个数做减 1 操作，而查找和显示操作是相同的。

6．矩形法（rectangle）积分近似计算公式为：

$$\int_a^b f(x)dx \approx \Delta x(y_0 + y_1 + \cdots y_{n-1})$$

梯形法（ladder）积分近似计算公式为：

$$\int_a^b f(x)dx \approx \frac{\Delta x}{2}[y_0+2(y_1+\ldots y_{n-1})+y_n]$$

辛普生法（simpson）积分近似计算公式（n 为偶数）为：

$$\int_a^b f(x)dx \approx \frac{\Delta x}{3}[y_0+y_n+4(y_1+y_3\ldots y_{n-1})+2(y_2+y_4+\ldots y_{n-2})]$$

被积函数用派生类引入，定义为纯虚函数。基类（integer）成员数据包括积分上下限 b 和 a、分区数 n、步长 step=(b-a)/n、积分值 result。定义积分函数 integerate()为虚函数，它只显示提示信息。派生的矩形法类（rectangle）重定义 integerate()，采用矩形法做积分运算。派生的梯形法类（ladder）和辛普生法（simpson）类似。试编程，用三种方法对下列被积函数进行定积分计算，并比较积分精度。

（1）sin(x)，下限为 0.0，上限为 π/2。

（2）exp(x)，下限为 0.0，上限为 1.0。

（3）4.0/(1+x*x)，下限为 0.0，上限为 1.0。

7．设计一个小型公司的人员信息管理系统。该公司主要有四类人员：经理、兼职技术人员、销售经理和兼职推销员。要求存储这些人员的姓名、编号、级别、当月薪水总额并显示全部信息，具体要求如下所述。

①人员编号基数为 1000，每输入一个人员信息，编号顺序加 1。

②程序具有对所有人员提升级别的功能。经理为 4 级，兼职技术人员和销售经理为 3 级，推销员为 1 级。

③月薪计算方法是：经理拿固定月薪 8000 元；兼职技术人员按每小时 100 元领取月薪；兼职推销员的月薪按该推销员当月销售额的 4%提成；销售经理既拿固定月薪也领取销售提成，固定月薪为 5000 元，销售提成为所管辖部门当月销售额的 5‰。

第6章　运算符重载

运算符重载是面向对象程序设计的重要特性。运算符重载是对已有的运算符赋予多重含义，使同一个运算符作用于不同类型的数据时触发不同的响应。C++中经重载后的运算符能直接对用户自定义的数据进行操作运算，这就是C++语言中的运算符重载所提供的功能。通过本章的学习，读者应该掌握以下内容：

- 运算符重载函数的定义及规则
- 友元运算符重载函数的定义与使用
- 成员运算符重载函数的定义与使用
- 几种常用运算符的重载
- 类型转换运算符的重载

6.1　运算符重载概述

在前一章中曾提到过，C++中运行时的多态性主要通过虚函数来实现，而编译时的多态性由函数重载和运算符重载来实现。本章主要讲解C++中有关运算符重载方面的内容。在讲解本章之前，有一些基础知识需要我们去理解。而运算符重载的基础就是运算符重载函数，所以本节主要讲的是运算符重载函数。

6.1.1　运算符重载函数的定义

运算符重载是对已有的运算符赋予多重含义，使同一个运算符作用于不同类型的数据时触发不同的响应。比如：

```
int i;
int i1=10,i2=10;
i=i1+i2;
cout<<"i1+i2="<<i<<endl;
double d;
double d1=20,d2=20;
d=d1+d2;
cout<<"d1+d2="<<d<<endl;
```

在这个程序里“+”既完成两个整型数的加法运算，又完成了两个双精度数的加法运算。为什么同一个运算符“+”可以用于完成不同类型的数据的加法运算？这是因为C++针对预定义的基本数据类型已经对“+”运算符进行了适当的重载。在编译程序编译不同类型数据的加法表达式时，会自动调用相应类型的加法运算符重载函数。

但是 C++中所提供的预定义的基本数据类型毕竟是有限的，在解决一些实际的问题时，往往需要用户自定义数据类型。例如，在解决科学与工程计算问题时，往往要使用复数、矩阵等。

下面定义一个简化的复数类 complex:

```
class complex{
public:
    double real,imag;
    complex(double r=0,double i=0)
    {    real=r; imag=i;}
};
```

若要把类 complex 的两个对象 com1 和 com2 加在一起，下面的语句无法实现此功能：

```
int main()
{
    complex com1(1.1,2.2),com2(3.3,4.4),total;
    total=com1+com2;            //错误
    //...
    return 0;
}
```

会提示没有与这些操作数匹配的“+”运算符的错误。这是因为 complex 类不是预定义类型，系统没用对该类型的数据进行加法运算符函数的重载。C++为运算符重载提供了一种方法，即运算符重载函数。其函数名字为 operator 后紧跟重载运算符。

运算符函数定义的一般格式如下：

```
返回类型 operator 运算符符号(参数表)
{
    函数体
}
```

若要将上述类 complex 的两个对象相加，只要编写一个运算符函数 operator+()，如下所示：

```
complex operator+(complex om1,complex om2)
{
    complex temp;
    temp.real=om1.real+om2.real;
    temp.imag=om1.imag+om2.imag;
    return temp;
}
```

重载后就能方便地使用语句：

```
total=com1+com2;
```

对类 complex 的两个对象 com1 和 com2 相加。当然，在程序中可以使用以下的调用语句，对两个 complex 类对象执行加操作：

```
total=operator+(com1,com2);
```

以上两个调用语句是等价的，但是直接用 com1+com2 的形式更加符合人的书写习惯。

以下就是使用运算符重载函数 operator+()将两个 complex 类对象相加的完整程序。

例 6.1　运算符重载完成两个复数相加。

```
#include<iostream.h>
class complex{
```

```
public:
        double real,imag;
        complex(double r=0,double i=0)
        {       real=r; imag=i;}
};
complex operator+(complex om1,complex om2)
{
        complex temp;
        temp.real=om1.real+om2.real;
        temp.imag=om1.imag+om2.imag;
        return temp;
}
int main()
{
        complex com1(11.1,12.2),com2(13.3,14.4),sum;
        sum=com1+com2;
        cout<<"real="<<sum.real<<" "<<"imag="<<sum.imag<<endl;
        return 0;
}
```

程序运行结果为：

```
real=24.4 imag=26.6
```

6.1.2 运算符重载的规则

C++对运算符重载制定了以下一些规则：

（1）重载运算符与预定义运算符的使用方法完全相同，被重载的运算符不改变原来的操作数个数、优先级和结合性。

（2）重载的运算符只能是运算符集中的运算符，不能另创新的运算符。

（3）在 C++中，大多数系统预定义的运算符可以被重载，但也有些运算符不能被重载，如类属关系运算符“.”、成员指针运算符“.*”及“->*”、作用域标识符“::”、“sizeof”运算符和三目运算符“?:”。

（4）运算符的含义可以改变，但最好不要改变。如实数的加法运算可以用乘法运算符来实现。

（5）不能改变运算符对预定义类型的操作方式，即至少要有一个操作对象是自定义类型，这样做的目的是为了防止用户修改用于基本类型数据的运算符性质。

（6）运算符重载函数不能包括缺省的参数。

（7）除赋值运算符重载函数外，其他运算符重载函数都可以由派生类继承。

（8）运算符的重载实际上是函数的重载。编译程序对运算符重载的选择，遵循函数重载的选择原则。当遇到不很明显的运算符时，编译程序将去寻找参数匹配的运算符函数。

（9）用于类对象的运算符一般必须重载，但有两个例外，运算符“=”和“&”不必用户重载：

① 赋值运算符“=”可以用于每一个类对象，可以利用它在同类对象之间相互赋值。

② 地址运算符“&”也不必重载，它返回类对象在内存中的起始地址。

（10）运算符的重载只能显式重载，不能隐式重载。例如重载了“+”，并不表示可以自动重载“+=”，要想执行“+=”运算，必须再对其进行显式的重载。

6.2　运算符重载函数的两种形式

运算符重载与函数重载相似，其目的是设置某一运算符，让它实现另一种功能，尽管此运算符在原先 C++中代表另一种含义，但它们彼此之间并不冲突。例 6.1 中的运算符重载函数不属于任何类，是全局的函数。因为在 complex 类（复数类）中的数据成员是公有的，所以运算符重载函数可以被访问。但如果定义为私有呢，那该怎么办。实际上，运算符的重载有两种形式，定义为类的友元函数；定义为它将要操作的类的成员函数。前者称为友元运算符函数，后者称为成员运算符函数。

6.2.1　友元运算符重载函数

在 C++中，可以把运算符重载函数定义成某个类的友元函数，称为友元运算符重载函数。

1. *友元运算符重载函数定义的语法形式*

（1）在类的内部，定义友元运算符重载函数的格式如下：

```
friend 返回类型 operator 运算符(形参表)
{
    函数体
}
```

（2）友元运算符重载函数也可以只在类中声明友元重载函数的原型，在类外定义。

在类中，声明友元重载函数的原型的格式如下：

```
class X
{
    …
    friend 返回类型 operator 运算符(形参表);
    …
}
```

在类外定义友元运算符重载函数的格式如下：

```
返回类型 operator 运算符(形参表)
{
    函数体
}
```

说明：

- X 是重载此运算符的类名，返回类型指定了友元运算符函数的运算结果的类型；
- operator 是定义运算符重载的关键字；
- 运算符就是需要重载的运算符名称，需满足 6.1.2 节中约定的规则；
- 形参表中给出重载运算符所需要的参数和类型；
- 关键字 friend 表明这是一个友元函数。

当运算符重载函数为友元函数时，将没有隐含的参数 this 指针。这样，对双目运算符友元函数带两个参数，对单目运算符友元函数带一个参数。

2. 友元函数重载双目运算符

双目运算符带两个操作数，通常在运算符的左右两侧，例如：

3+5，24>13

当用友元函数重载双目运算符时，两个操作数都要传递给运算符重载函数。请看下面的例子。

例 6.2 用友元运算符重载函数完成复数的加、减、乘、除。

```
#include<iostream.h>
class complex
{
public:
    complex(double r=0,double i=0)
    {
        real=r;
        imag=i;
    }
    void print();
    friend complex operator+(complex a,complex b);
    friend complex operator-(complex a,complex b);
    friend complex operator*(complex a,complex b);
    friend complex operator/(complex a,complex b);
private:
    double real;
    double imag;
};

complex operator+(complex a,complex b)
{
    complex temp;
    temp.real=a.real+b.real;
    temp.imag=a.imag+b.imag;
    return temp;
}
complex operator-(complex a,complex b)
{
    complex temp;
    temp.real=a.real-b.real;
    temp.imag=a.imag-b.imag;
    return temp;
}
complex operator*(complex a,complex b)
{
    complex temp;
    temp.real=a.real*b.real-a.imag*b.imag;
    temp.imag=a.real*b.imag+a.imag*b.real;
    return temp;
```

```
}
complex operator/(complex a,complex b)
{
        complex temp;
        double t;
        t=1/(b.real*b.real+b.imag*b.imag);
        temp.real=(a.real*b.real+a.imag*b.imag)*t;
        temp.imag=(b.real*a.imag-a.real*b.imag)*t;
        return temp;
}
void complex::print()
{
        cout<<real;
        if(imag>0)cout<<"+";
        if(imag!=0)cout<<imag<<"i\n";
}
void main()
{
        complex A1(2.3,4.6),A2(3.6,2.8),A3,A4,A5,A6;
        A3=A1+A2;
        A4=A1-A2;
        A5=A1*A2;
        A6=A1/A2;
        A1.print();
        A2.print();
        A3.print();
        A4.print();
        A5.print();
        A6.print();
}
```

程序运行结果为：

```
2.3+4.6i
3.6+2.8i
5.9+7.4i
-1.3+1.8i
-4.6+23i
1.01731+0.486538i
```

当用友元函数重载双目运算符时，两个操作数都要传递给运算符函数。一般而言，如果在类 X 中采用友元函数重载双目运算符@，而 aa 和 bb 是类 X 的两个对象，则采用以下两种方法调用是等价的：

```
aa@bb //隐式调用
aa.operator@(bb)//显式调用
```

如上例中，主函数 main()中的语句：

```
A3=A1+A2;
A4=A1-A2;
```

```
A5=A1*A2;
A6=A1/A2;
```

可以改写为：

```
A3=operator+(A1,A2);
A4=operator-(A1,A2);
A5=operator*(A1,A2);
A6=operator/(A1,A2);
```

说明：

（1）在函数返回时，也可直接用类的构造函数来生成一个临时对象，而不对该对象进行命名。

例如：

```
complex operator+(complex a,complex b)
{
        complex temp;
        temp.real=a.real+b.real;
        temp.imag=a.imag+b.imag;
        return temp;
}
```

改为：

```
complex operator+(complex a,complex b)
{
        return complex(a.real+b.real,a.imag+b.imag);
}
```

在返回语句中，通过构造函数建立临时对象作为返回值。这个临时对象没有对象名，是一个无名对象。

（2）Visual C++ 6.0 提供的不带后缀.h 的头文件不支持友元运算符重载函数，在 Visual C++ 6.0 中编译会出错，需要采用带后缀的.h 头文件。

例如：将程序中的

```
#include<iostream>
using namespace std;
```

修改为：

```
#include<iostream.h>
```

编译可以通过。

3．友元函数重载单目运算符

用友元函数重载单目运算符时，需要一个显式的操作数。

例 6.3 用友元函数重载单目运算符 “-”。

```
#include<iostream.h>
class nclass{
        int a,b;
public:
        nclass(int x=0,int y=0)
        { a=x;b=y;}
        friend nclass operator -(nclass obj);
```

```
        void show();
};
nclass operator-(nclass obj)
{
        obj.a=-obj.a;
        obj.b=-obj.b;
        return obj;
}
void nclass::show()
{ cout<<"a="<<a<<" b"<<b<<endl;}
main()
{
        nclass ob1(10,20),ob2;
        ob1.show();
        ob2=-ob1;
        ob2.show();
        return 0;
}
```

程序运行结果为：

```
a=10 b20
a=-10 b-20
```

使用友元函数重载“++”,“--”单目运算符时，可能会出现一些错误。

例 6.4　用友元函数重载单目运算符“++”。

```
#include <iostream.h>
class Point{
private:
        int x;
        int y;
public:
        Point(int x,int y)
        {
                this->x=x;
                this->y=y;
        }
        friend void operator++(Point point);//友元函数重载单目运算符++
        void showPoint();
};
void operator++(Point point)//友元运算符重载函数
{
        ++point.x;
        ++point.y;
}
void Point::showPoint()
{
        cout<<"("<<x<<","<<y<<")"<<endl;
}
```

```
int main()
{
        Point point(10,10);
        point.showPoint();
        ++point;//或 operator++(point)
        point.showPoint();//输出坐标值
        return 0;
}
```

程序运行结果为：

```
(10,10)
(10,10)
```

而我们希望的结果为：

```
(10,10)
(11,11)
```

显然这个结果与我们期望的结果有很大出入，产生这个错误的原因是因为友元函数没有 this 指针，所以不能引用 this 指针所指的对象。这个函数采用对象通过值传递的方式传递参数，函数内对 point 的所有修改都无法传到主调函数中去。因此，使用友元函数重载单目运算符“++”或“--”时，采用引用参数来传递操作数，使得函数参数的任何改变都影响产生调用的操作数，从而保持了运算符“++”或“--”的原义。

例 6.5 友元函数采用引用参数重载单目运算符“++”。

```
#include <iostream.h>
class Point{
private:
        int x;
        int y;
public:
        Point(int x,int y)
        {
                this->x=x;
                this->y=y;
        }
        friend void operator++(Point &point);//友元函数重载单目运算符++
        void showPoint();
};
void operator++(Point &point)//友元运算符重载函数
{
        ++point.x;
        ++point.y;
}
void Point::showPoint()
{
        cout<<"("<<x<<","<<y<<")"<<endl;
}
int main()
{
```

```
    Point point(10,10);
    point.showPoint();
    ++point;//或 operator++(point)
    point.showPoint();//输出坐标值
    return 0;
}
```

程序运行结果为：

```
(10,10)
(11,11)
```

从上述程序可以看出，当用友元函数重载单目运算符“++”，参数表中有一个操作数 aa。一般可以采用以下两种方式来调用：

```
Operator++(aa);        //显示调用
++aa;                  //隐式（习惯）调用
```

说明：

（1）运算符重载函数 operator++()可以返回任何类型，甚至可以是 void 类型，但通常返回类型与它所操作的类的类型相同，这样可使重载运算符用在复杂的表达式中。

例如，可以将几个复数连续进行加运算：

```
A4=A3+A2+A1;
```

（2）不能用友元函数重载的运算符是：=、()、[]、->。

（3）C++编译器根据参数的个数和类型来决定调用哪个重载函数。因此，可以为同一个运算符定义几个运算符重载函数来进行不同的操作。

（4）由于单目运算符“-”（取反）可不改变操作数自身的值，所以单目运算符“-”的友元运算符重载函数的原型可写成：

```
friend AB operator-(AB obj);
```

通过传值的方式传送参数。

6.2.2　成员运算符重载函数

在 C++中，可以把运算符重载函数定义成某个类的成员函数，称为成员运算符重载函数。

1. 成员运算符重载函数定义的语法形式

（1）在类的内部，定义成员运算符重载函数的格式如下：

```
返回类型 operator 运算符(形参表)
{
    函数体
}
```

（2）成员运算符重载函数也可只在类中声明成员函数的原型，在类外进行定义。在类中，声明成员运算符重载函数原型的格式如下：

```
class X
{
    …
    返回类型 operator 运算符(形参表);
    …
}
```

在类外，定义成员运算符重载函数的格式如下：

```
返回类型 X::operator 运算符(形参表)
{
    函数体
}
```

说明：

（1）X 是重载此运算符的类名，返回类型指定了成员运算符重载函数的运算结果类型。

（2）operator 是定义运算符重载的关键字。

（3）运算符就是需要重载的运算符名称，需满足 6.1.2 节中约定的规则。

（4）形参表中给出重载运算符所需要的参数和类型。

根据成员运算符重载函数中操作数的不同，可将运算符分为单目运算符与双目运算符。若为双目运算符，则成员运算符重载函数的参数表中只有一个参数，若为单目运算符，则参数表为空。

2. 用成员函数重载双目运算符

对双目运算符而言，成员运算符重载函数的参数表中仅有一个参数，它作为运算符的右操作数，此时当前对象作为运算符的左操作数。它是通过 this 指针隐含地传递给函数的。例如：

```
class comlpex{
    //…;
    complex operator+(complex a);
    //…;
};
```

在类 complex 中声明了重载“+”的成员运算符函数，返回类型为 complex，它具有两个操作数，一个是当前对象，是左操作数，另一个是对象 a，是右操作数。

例 6.6 采用成员函数重载运算符来完成复数的加、减、乘、除。

```
#include<iostream.h>
class complex
{
public:
    complex(double r=0.0,double i=0.0)
    {
        real=r;
        imag=i;
    }
    void print();
    complex operator+(complex a);
    complex operator-(complex a);
    complex operator*(complex a);
    complex operator/(complex a);
private:
    double  real;
    double  imag;
};
```

```
complex complex::operator+(complex a)          //实现复数加法运算的成员函数
{
        complex    temp;
        temp.real=a.real+real;
        temp.imag=a.imag+imag;
        return    temp;
}
complex complex::operator-(complex a)
{
        complex    temp;
        temp.real=real-a.real;
        temp.imag=imag-a.imag;
        return    temp;
}
complex complex::operator*(complex a)
{
        complex    temp;
        temp.real=real*a.real-imag*a.imag;
        temp.imag=real*a.imag+imag*a.real;
        return    temp;
}
complex complex::operator/(complex a)
{
        complex    temp;
        double t;
        t=1/(a.real*a.real+a.imag*a.imag);
        temp.real=(real*a.real+imag*a.imag)*t;
        temp.imag=(a.real*imag-real*a.imag)*t;
        return    temp;
}
void complex::print()
{
        cout<<real;
        if(imag>0)cout<<"+";
        if(imag!=0)cout<<imag<<"i\n";
}
void main()
{
        complex A1(2.3,4.6),A2(3.6,2.8),A3,A4,A5,A6;
        A3=A1+A2;
        A4=A1-A2;
        A5=A1*A2;
        A6=A1/A2;
        A1.print();
        A2.print();
        A3.print();
```

```
        A4.print();
        A5.print();
        A6.print();
    }
```

程序运行结果为：

```
2.3+4.6i
3.6+2.8i
5.9+7.4i
-1.3+1.8i
-4.6+23i
1.01731+0.486538i
```

在上述例题中，主函数中以下四条语句：

```
A3=A1+A2;
A4=A1-A2;
A5=A1*A2;
A6=A1/A2;
```

实质上是对运算符“+”、“-”、“*”、“/”的重载，程序执行到这四条语句时，C++将其解释为：

```
A3=A1.operator+(A2);
A4=A1.operator-(A2);
A5=A1.operator*(A2);
A6=A1.operator/(A2);
```

由此可知，成员运算符重载函数 operator @实际上是由双目运算符的左边对象 A1 调用的。尽管参数表中只有一个操作数 A2，但另一个操作数由对象 A1 通过 this 指针隐含地传递。

一般而言，采用成员函数重载双目运算符@后，可以采用如下两种方法来调用：

aa@bb //隐式调用

aa.operator@(bb)//显式调用

成员运算符重载函数 operator@所需要的一个操作数由当前调用成员运算符重载函数的对象 aa 通过 this 指针隐含地传递。因此它的参数表中只有一个操作数 bb。

3. 用成员函数重载单目运算符

对单目运算符而言，成员运算符重载函数的参数表中没有参数，此时当前对象作为运算符的唯一操作数。

例 6.7 成员运算符重载函数重载单目运算符“++”。

```
#include <iostream.h>
class coord{
        int x,y;
public:
        coord(int i=0,int j=0);
        void print();
        coord operator++();
};
coord::coord(int i,int j)
{       x=i;y=j;}
```

```
void coord::print()
{       cout<<"x="<<x<<",y="<<y<<endl;};
coord coord::operator++()
{
        ++x;
        ++y;
        return *this;
}
int main()
{
        coord ob(10,20);
        ob.print();
        ++ob;
        ob.print();
        ob.operator++();
        ob.print();
        return 0;
}
```

程序运行结果为：

```
x=10,y=20
x=11,y=21
x=12,y=22
```

从本例可以看出，当成员函数重载单目运算符时，没有参数被显式地传递给成员运算符重载函数，参数是通过 this 指针隐含地传递给函数。

一般而言，采用成员函数重载单目运算符@后，可采用如下两种方法来调用：

```
@aa //隐式调用
aa.operator@()//显式调用
```

成员运算符重载函数 operator@所需要的操作数由当前调用成员运算符重载函数的对象 aa 通过 this 指针隐含地传递，因此，它的参数表中没有参数。

6.2.3 友元运算符重载函数与成员运算符重载函数的比较

（1）对双目运算符而言，成员运算符重载函数带一个参数，而友元运算符重载函数带两个参数；对单目运算符而言，成员运算符重载函数不带参数，而友元运算符重载函数带一个参数。

（2）双目运算符一般可以重载为友元运算符重载函数或成员运算符重载函数。如果运算符重载函数中两个操作数类型不同，则一般只能采用友元运算符重载函数，而且有些情况必须采用友元函数。

例 6.8 在类 AB 中，用成员运算符函数重载“+”运算符。

```
#include<iostream.h>
class AB
{
public:
        AB(int x=0,int y=0);
```

```
        AB operator+(int x);
        void show();
private:
        int a,b;

};
AB::AB(int x,int y)
{
        a=x;
        b=y;
}
AB AB::operator+(int x)
{
        AB temp;
        temp.a=a+x;
        temp.b=b+x;
        return temp;
}
void AB::show()
{
        cout<<"a="<<a<<" "<<"b="<<b<<endl;
}
void main()
{
        AB ob1(50,60),ob2;
        ob2=ob1+20;
        ob2.show();
        //ob2=30+ob1; 编译报错
        ob2.show();
}
```

在本程序中类 AB 的对象 ob1 与 20 做加法运算，以下语句是正确的：

```
ob2=ob1+20;
```

由于对象 ob1 是运算符“+”的左操作数，所以它调用了“+”运算符重载函数，把一个整数加到了对象 ob1 的某些元素上。然而，下一条语句就不能正常工作了：

```
ob2=30+ob1;
```

程序编译会报错，原因是由于 30 是系统预定义的数据类型，不能对成员函数进行调用，成员函数的调用一般是通过对象来调用的，解决这个问题的办法是用两个友元函数来重载运算符函数“+”，可以将两个参数都显式地传递给运算符函数。这样系统预定义的数据类型就可以出现在运算符的左边，请看下面的例子。

例 6.9 系统预定义数据类型出现在运算符的左边。

```
#include<iostream.h>
class AB
{
public:
        AB(int x=0,int y=0);
```

```
        friend AB operator+(AB ob,int x);
        friend AB operator+(int x,AB ob);
        void show();
    private:
        int a,b;
    };
    AB::AB(int x,int y)
    {
        a=x;
        b=y;
    }
    AB operator+(AB ob,int x)
    {
        AB temp;
        temp.a=ob.a+x;
        temp.b=ob.b+x;
        return temp;
    }
    AB operator+(int x,AB ob)
    {
        AB temp;
        temp.a=x+ob.a;
        temp.b=x+ob.b;
        return temp;
    }
    void AB::show()
    {
        cout<<"a="<<a<<" "<<"b="<<b<<endl;
    }
    void main()
    {
        AB ob1(50,60),ob2;
        ob2=ob1+20;
        ob2.show();
        ob2=40+ob1;
        ob2.show();
    }
```

程序运行结果为：

```
a=70 b=80
a=90 b=100
```

（3）成员运算符重载函数和友元运算符重载函数都有两种调用方式：显式调用与隐式调用。

（4）运算符的优先级决定怎样将一个表达式改写为函数调用形式。如：

```
a+b*c            operator+(a,operator*(b,c))
a+b*!c           operator+(a,operator*(b,c.operator!()))
```

a*(b+c)　　　　　　operator*(a,operator+(b,c))
a+b+c　　　　　　operator+(operator+(a,b),c)
a=b+=c　　　　　　operator=(b.opertaor+=(c))

（5）对同一运算符重载时，成员函数重载比友元函数重载少一个参数。

（6）C++的大部分运算符既可以说明为友元运算符重载函数，也可说明为成员运算符重载函数。一般来讲，单目运算符最好重载为成员函数，而双目运算符则最好重载为友元函数。

6.3 几种常用运算符重载

6.3.1 前缀运算符和后缀运算符的重载

针对预定义数据类型，C++提供了自增运算符“++”和自减运算符“--”，这两个运算符都有前缀与后缀两种形式。早期 C++版本虽然能重载这两个运算符，但不能区分它们的两种形式。在后期的C++版本中，编译器可以通过在运算符函数参数表中是否包含关键字 int 来区分前缀与后缀。以“++”重载运算符为例，其语法格式如下：

（1）成员运算符重载函数

<函数类型> operator ++();　　//前缀运算
<函数类型> operator ++(int);　//后缀运算

在调用后缀方式的函数时，参数 int 一般被传值为 0。

（2）友元运算符重载函数

friend <函数类型> operator ++(X &ob);　　//前缀运算
friend <函数类型> operator ++(X &ob ,int);　//后缀运算

在调用后缀方式的函数时，参数 int 一般被传值为 0。

重载“--”可以采用类似的方法。

例如，已知对象 ob，使用前缀方式++调用形式有以下几种：

++ob;//隐式调用
operator++(ob);//显式调用，友元运算符重载函数
ob.operator++();//显式调用，成员运算符重载函数

使用后缀方式++调用形式有以下几种：

ob++;//隐式调用
operator++(ob,0);//显式调用，友元运算符重载函数
ob.operator++(0);//显式调用，成员运算符重载函数

例 6.10　成员运算符函数重载“++”的前缀和后缀方式。

```
#include<iostream.h>
class over{
public:
    void init(int x)
    {   a=x;  }
    void print()
    {   cout<<"a="<<a<<endl;}
    over operator++()
    {
```

```
            ++a;
            return *this;
        }
        over operator++(int)
        {
            a++;
            return *this;
        }
private:
        int a;
};

void main()
{
        over obj1,obj2;
        obj1.init(2);
        obj2.init(4);
        obj1.operator++();//++obj1
        obj2.operator++(0);//obj2++
        obj1.print();
        obj2.print();
}
```

程序运行结果为：

```
a=3
a=5
```

例 6.11　友元运算符函数重载“--”的前缀和后缀方式。

```
#include<iostream.h>
class over{
public:
        void init(int x)
        {       a=x;  }
        void print()
        {       cout<<"a="<<a<<endl;}
        friend over operator--(over &ob)
        {
                --ob.a;
                return ob;
        }
        friend over operator--(over &ob,int)
        {
                ob.a--;
                return ob;
        }
private:
        int a;
};
```

```
void main()
{
    over obj1,obj2;
    obj1.init(2);
    obj2.init(4);
    operator--(obj1);//--obj1
    operator--(obj2,0);//obj2--
    obj1.print();
    obj2.print();
}
```

程序运行结果为：

```
a=1
a=3
```

6.3.2 赋值运算符的重载

对任一类X，如果没有用户自定义的赋值运算符函数，系统将自动地为其生成一个缺省的赋值运算符函数，完成类X中的数据成员间的赋值，例如：

```
X &X::operator=(const X &source)
{
    //...成员间赋值
}
```

若Objl和Obj2是类X的两个对象，Obj2已被创建，当编译程序遇到如下语句：

```
Objl=Obj2;
```

就调用缺省的赋值运算符函数，将对象Obj2的数据成员的值逐个赋给对象Objl的对应数据成员。

如果类中包含指向动态空间的指针，调用默认赋值运算符会导致“浅拷贝”，造成内存泄漏或程序异常。此时需要重载赋值运算符和拷贝构造函数，以实现“深拷贝”。

例6.12 使用缺省的赋值运算符产生指针悬挂问题。

```
#include<iostream.h>
#include<string.h>
class string{
public:
    string(char *s)
    {
        ptr=new char[strlen(s)+1];
        strcpy(ptr,s);
    }
    ~string()
    {   delete ptr;   }
    void print()
    {   cout<<ptr<<endl; }
private:
    char *ptr;
```

```
};
void main()
{
    string p1("teacher");
    string p2("student");
    p1=p2;
    cout<<"p2: ";
    p2.print();
    cout<<"p1: ";
    p1.print();
}
```

从这个例子可以看出，通过使用缺省的赋值运算符“=”，把对象 p2 的数据成员值逐个赋值给对象 p1 的对应数据成员，从而使得 pl 的数据成员原先的值被覆盖。由于 pl.ptr 和 p2.ptr 具有相同值，都指向 p2 的字符串，p1.ptr 原先指向的内存区不仅没有释放，而且被封锁起来无法再使用，这就是所谓的指针悬挂问题。更为严重的是，对于存储“student”内容的内存在程序结束时被释放了两次，从而导致运行错误。可以通过重载赋值运算符来解决指针悬挂问题。

例 6.13　重载赋值运算符解决指针悬挂问题。

```
#include<iostream.h>
#include<string.h>
class string{
public:
    string(char *s)
    {
        ptr=new char[strlen(s)+1];
        strcpy(ptr,s);
    }
    ~string()
    {   delete ptr;   }
    void print()
    {   cout<<ptr<<endl; }
    string &operator=(const string &);
private:
    char *ptr;
};
string &string::operator=(const string &s)
{
    if(this==&s)return *this;
    delete ptr;
    ptr=new char[strlen(s.ptr)+1];
    strcpy(ptr,s.ptr);
    return *this;
}
void main()
{
```

```
        string p1("teacher");
        string p2("student");
        p1=p2;
        cout<<"p2: ";
        p2.print();
        cout<<"p1: ";
        p1.print();
    }
```

运行修改后的程序，就不会产生上面的问题了。因为已释放掉了旧区域，又按新长度分配了新区域，并且将简单的赋值变成了内容拷贝。程序运行结果为：

```
p2: student
p1: student
```

说明：

- 类的赋值运算符“=”只能重载为成员函数，而不能把它重载为友元函数；
- 类的赋值运算符“=”可以被重载，但重载了的运算符函数 operator=()不能被继承。

6.3.3 下标运算符的重载

在 C++中，在重载下标运算符“[]”时认为它是一个双目运算符，第一个运算符是数组名，第二个运算符是数组下标。例如 X[Y]可以看成：

[]——双目运算符

X——左操作数

Y——右操作数

C++不允许把下标运算符函数作为外部函数来定义，它只能是非静态的成员函数。对于下标运算符重载定义形式如下：

```
返回类型 类名::operator[](形参)
{
        //函数体
}
```

其中，类名是重载下标运算符的类，形参在此表示下标，C++规定只能有一个参数，可以是任意类型，如整型、字符型或某个类。返回类型是数组运算的结果，也可以是任意类型，但为了能对数组赋值，一般将其声明为引用形式。假设 X 是某一个类的对象，类中定义了重载“[]”的 operator[]函数，表达式 X[5]可被解释为：

```
X.operator[](5);
```

例 6.14 下标运算符重载的一个实例。

```
#include <iostream.h>
class aInteger{
public:
    aInteger(int size)
    {
        sz=size;
        a=new int[size];
    }
    int& operator[](int i);
```

```
        ~aInteger()
        {       delete []a;}
    private:
        int* a;
        int sz;
    };
    int& aInteger::operator[](int i)
    {
        if(i<0||i>sz)
        {
            cout<<"error,leap the pale"<<endl;
        }
        return a[i];
    }
    int main()
    {
        aInteger arr(10);
        for(int i=0;i<10;i++)
        {
            arr[i] = i+1;
            cout<<arr[i]<<"    ";
        }
        cout<<endl;
        int n=arr.operator[](2);
        cout<<"n="<<n<<endl;
        return 0;
    }
```

程序运行结果为：

```
1 2 3 4 5 6 7 8 9 10
n=3
```

在整型数组 aInteger 中重载了下标运算符，这种下标运算符能检查越界的错误。现在使用它：

```
aInteger ai(10);
ai[2]=3;
int i=ai[2];
```

ai[2]=3 调用了 ai.operator(2)，返回对 ai::a[2]的引用，接着再调用缺省的赋值运算符，把 3 的值赋给此引用，因而 ai::a[2]的值为 3。注意，假如返回值不采用引用形式，ai.operator(2)的返回值是一临时变量，不能作为左值，因而，上述赋值会出错。对于初始化 i=ai[2]，先调用 ai.operator(2)取出 ai::a[2]的值，然后再利用缺省的拷贝构造函数来初始化 i。

说明：

- 重载下标运算符“[]”的优点之一是可以增加 C++中数组检索的安全性，可以对下标越界做出判断；
- 重载下标运算符“[]”时返回一个 int 的引用，所以可使重载运算符“[]”用在赋值语句的左边。

6.3.4 函数调用运算符的重载

在 C++中，在对函数调用运算符“()”重载时认为它是一个双目运算符，第一个运算符是函数名，第二个运算符是函数的形参。例如 X(Y)可以看成：

()——双目运算符

X——左操作数

Y——右操作数

其相应的运算符函数名为 operator()，必须重载为一个成员函数，则重载运算符“()”的调用由左边的对象产生对 operator 函数的调用，this 指针总是指向发起函数调用的对象。

重载运算符“()”的 operator 函数可以带任何类型的操作数，返回类型也可以是任何有效的类型。对于函数调用运算符的重载定义形式如下：

```
返回类型 类名::operator()(形参)
{
      //函数体
}
```

例 6.15 形参为对象引用的函数调用运算符的重载实例。

```
#include<iostream.h>
class Point{
private:
      int x;
public:
      Point(int x1)
      {     x=x1;}
      const int operator()(const Point& p);
};
const int Point::operator()(const Point& p)
{
      return (x+p.x);
}
int main()
{
      Point a(1);
      Point b(2);
      cout<<"a(b)="<<a(b)<<endl;//a.operator()(b);
      return 0;
}
```

程序运行结果为：

```
a(b)=3
```

在程序中“a(b);”相当于“a.operator()(b);”。对象 a 是函数调用运算符重载函数“()”的左操作数，而 b 构成实参，当执行 a(b)时，对对象 a 和对象 b 的两个私有成员值进行加运算。

例 6.16 设数学表达式为 $f(x,y)=(x^2+y^2)*z$，通过函数调用运算符的重载实现该表达式。

```
#include <iostream.h>
class fun{
```

```
public:
        double operator()(double x,double y,double z) const;
};
double fun::operator()(double x,double y,double z) const
{
        return (x*x+y*y)*z;
}
void main()
{
        fun f;
        cout<<f(3.0,2.0,5.0)<<endl;
}
```

程序运行结果为：

```
65
```

执行 f(3.0,2.0,5.0)时，对象 f 是函数调用运算符“()”的左操作数，而 3.0、2.0、5.0 构成实参表；其左操作数是 fun 类的对象 f，它将执行对 fun 类的重载函数的调用。

6.4　类型转换

我们在使用重载的运算符时，往往需要在自定义的数据类型和系统预定义的数据类型之间进行转换，或者需要在不同的自定义数据类型之间进行转换。本节介绍 C++中数据类型的转换。

6.4.1　系统预定义类型间的转换

对于系统预定义的数据类型，C++提供了两种类型转换方式，即隐式类型转换（或称标准类型转换）和显式类型转换。

（1）隐式类型转换

隐式类型转换主要遵循以下规则：

- 字符或 short 类型变量与 int 类型变量进行运算时，将字符或 short 类型转换成 int 类型；
- float 型数据在运算时一律转换为双精度（double）型，以提高运算精度（同属于实型）；
- 在赋值表达式 A=B 中，赋值运算符右端 B 的值需转换为 A 类型后再进行赋值；
- 当两个操作对象类型不一致时，在算术运算前，级别低的自动转换为级别高的类型。

（2）显式类型转换

- 强制转换法

(类型名)表达式

例如：

```
int i,j;
cout<<(float)(i+j);
```

- 函数法

类型名(表达式)

例如：

```
int i,j;
cout<<float (i+j)
```

例 6.17 系统预定义类型间转换。

```
#include<iostream.h>
void main()
{
    int a=5,sum;
    double b=5.55;
    sum=a+b;//-------①
    cout<<"隐式转换：a+b="<<sum<<endl;
    sum=(int)(a+b);//-------②
    sum=int(a+b);   //-------③
    cout<<"显式转换：a+b="<<sum<<endl;
}
```

程序运行结果为：

```
隐式转换：a+b=10
显式转换：a+b=10
```

上述代码中的①就是含有隐式类型转换的表达式，在进行“a+b”时，编译系统先将 a 的值 5 转换为双精度 double，然后和 b 相加得到 10.55，在向整型变量 sum 赋值时，将 10.55 转换为整型数 10，赋值给变量 sum。这种转换由 C++编译系统自动完成，不需要用户干预。而上例中的②和③中则涉及到了显式类型转换，它们都是把 a+b 所得结果的值强制转换为整型数。只是②式是 C 语言中用到的形式“(类型名)表达式”，而③式是 C++中采用的形式“类型名(表达式)”。

6.4.2 类类型与系统预定义类型间的转换

对于用户自己定义的类类型而言，编译系统并不知道怎样进行转换。解决这个问题的关键是让编译系统知道怎样去进行这些转换，需要定义专门的函数来处理。C++中提供了如下两种方法：

- 通过转换构造函数进行类型转换；
- 通过类型转换函数进行类型转换。

1. 通过转换构造函数进行类型转换

转换构造函数（conversion constructor function）的作用是将一个其他类型的数据转换成一个类的对象。主要有以下几种构造函数：

（1）默认构造函数。以 Complex 类为例，函数原型的形式为：

```
Complex( );   //没有参数
```

（2）用于初始化的构造函数。函数原型的形式为：

```
Complex(double r,double i);        //形参列表中一般有两个以上参数
```

（3）用于复制对象的拷贝构造函数。函数原型的形式为：

```
Complex (Complex &c);              //形参是本类对象的引用
```

（4）再介绍一种新的构造函数——转换构造函数，转换构造函数只有一个形参，如：

```
Complex(double r) {real=r;imag=0;}
```

其作用是将 double 型的参数 r 转换成 Complex 类的对象，将 r 作为复数的实部，虚部为 0。用户可以根据需要定义转换构造函数，在函数体中告诉编译系统怎样去进行转换。

毫无疑问转换构造函数就是构造函数的一种，只不过它具有类型转换的作用。回顾下例 6.1 中两个复数（sum=com1+com2）相加的实例，现在如果想要实现 sum=com1+5.5 该怎么办，也许首先会想到再定义一个关于复数加双精度数的运算符重载函数，这样做的确可以。另外还可以定义一个转换构造函数来解决上述问题。可对 Comlex 类（复数类）进行如下改造。

例 6.18　使用转换构造函数完成双精度数到复数的转换。

```
#include<iostream.h>
class Complex //复数类
{
private://私有
    double real;//实数
    double imag;//虚数
public:
    Complex(double real,double imag)
    {
        this->real=real;
        this->imag=imag;
    }
    Complex(double d=0.0)//转换构造函数
    {
        real=d;//实数取 double 类型的值
        imag=0;//虚数取 0
    }
    Complex operator+(Complex com1);
    void showComplex();
};
Complex Complex::operator+(Complex com1)
{
    return Complex(real+com1.real,imag+com1.imag);
}
void Complex::showComplex()
{
    cout<<real;
    if(imag>0)
        cout<<"+";
    if(imag!=0)
        cout<<imag<<"i"<<endl;
    else
        cout<<endl;
}
int main()
{
    Complex com(10,10),sum;
    sum=com+Complex(5.5);//①
```

```
        sum.showComplex();//输出运算结果
        sum=com+6.6;      //②
        sum.showComplex();//输出运算结果
        sum=5.5;          //③
        sum.showComplex();//输出运算结果
        return 0;
}
```

程序运行结果为：

```
15.5+10i
16.6+10i
5.5
```

main()函数中的语句①显式地调用转换构造函数 Complex(5.5)，将 double 类型的 5.5 转换为无名的 Complex 类的临时对象（5.5+0i），然后执行两个 Complex 类（复数类）对象相加的运算符重载函数。语句②隐式地调用转换构造函数 Complex(6.6)，将 double 类型的 6.6 转换为无名的 Complex 类的临时对象（6.6+0i），然后执行两个 Complex 类（复数类）对象相加的运算符重载函数。语句③隐式调用 Complex(5.5)，将 double 类型的 5.5 转换为无名的 Complex 类的临时对象（5.5+0i），然后调用缺省的赋值运算符函数完成对 sum 的赋值。所以说一般的转换构造函数的定义形式如下：

```
类名(待转换类型)
{
    函数体;
}
```

说明：

（1）转换构造函数只有一个形参。

（2）在类体中，可以有转换构造函数，也可以没有转换构造函数，视需要而定。

（3）当几种构造函数同时出现在同一个类中，它们是构造函数的重载。编译系统会根据建立对象时给出的实参的个数与类型来选择与之匹配的构造函数。

（4）转换构造函数不仅可以将系统预定义类型的数据转换成类对象，也可以将另一个类的对象转换成转换构造函数所在类的对象。

例如，将一个学生类对象转换为教师类对象，可以在 Teacher 类中定义出下面的转换构造函数：

```
Teacher(Student &s)
{
    num=s.num;
    strcpy(name,s.name);
    sex=s.sex;
}
```

但应注意，对象 s 中 num、name 和 sex 必须是公有成员，否则不能在类外被访问。

2. 通过类型转换函数进行类型转换

转换构造函数可以把系统预定义类型转化为自定义类的对象，但是却不能把类的对象转换为基本数据类型。比如，不能将 Complex 类（复数类）的对象转换成 double 类型数据。在 C++中可用类型转换函数（type conversion function）来解决这个问题。类型转换函数的作用是将一个类的对象转换成另一类型的数据，定义类型转换函数的一般形式为：

```
class 源类类名{
    //…
    operator 目标类型()
    {
        //…
        return 目标类型的数据;
    }
    //…
};
```

说明：

（1）源类类名为要转换的源类类型，目标类型为要转换成的类型，它既可以是自定义的类型也可以是系统预定义类型。

（2）类型转换函数的函数名前不能指定返回类型，且没有参数。从函数的形式看，它与运算符重载函数相似，都是用 operator 开头，只是被重载的是类型名。

（3）类型转换函数只能定义为一个类的成员函数，因为转换的主体是本类对象。不能为友元函数或普通函数。

（4）类型转换函数中必须有“return 目标类型的数据；”的语句，即必须回传目标类型数据作为函数的返回值。

（5）在类中可以有多个类型转换函数，C++编译器将根据操作数的类型自动地选择一个合适的类型转换函数与之匹配。

例 6.19　类型转换函数显式调用举例。

```
#include<iostream.h>
class Complex{
public:
    Complex(float r=0,float i=0)
    {
        real=r;
        imag=i;
        cout<<"Complex class Constructing...\n";
    }
    operator float()
    {
        cout<<"Complex changed to float...\n";
        return real;
    }
    operator int()
    {
        cout<<"Complex changed to int...\n";
        return int(real);
    }
    void print()
    {   cout<<'('<<real<<','<<imag<<')'<<endl;}
private:
```

```
    float real,imag;
};
int main()
{
    Complex a(1.1,3.3);
    a.print();
    cout<<float(a)*0.5<<endl;
    Complex b(2.5,5.5);
    b.print();
    cout<<int(b)*2<<endl;
    return 0;
}
```

程序运行结果为：

```
Complex class Constructing...
(1.1,3.3)
Complex changed to float...
0.55
Complex class Constructing...
(2.5,5.5)
Complex changed to int...
4
```

上例中两次调用了类型转换函数。第一次采用显式调用，将类对象 a 转换成 float 类型。第二次也是显式调用，将类对象 b 转换为 int 类型。类型转换函数的调用分为显式转换与隐式转换两种形式，下面通过例 6.20 来说明如何进行隐式转换。

例 6.20 类型转换函数隐式调用的举例。

```
#include<iostream.h>
class Complex{
public:
    Complex(int r,int i)
    {
        real=r;
        imag=i;
        cout<<"Complex class Constructing...\n";
    }
    Complex(int i=0) //转换构造函数
    {   real=imag=i/2;}
    operator int()   //类型转换函数
    {
        cout<<"Complex changed to int...\n";
        return real+imag;
    }
    void print()
    {   cout<<"real:"<<real<<"\t"<<"imag:"<<imag<<endl;}
private:
    int real,imag;
```

```
};
int main()
{
    Complex c1(1,2),c2(3,4);
    c1.print();
    c2.print();
    Complex c3;
    c3=c1+c2;
    c3.print();
}
```

程序运行结果为：

```
Complex class Constructing...
Complex class Constructing...
real:1   imag:2
real:3   imag:4
Complex changed to int...
Complex changed to int...
real:5   imag:5
```

上例中没有在类中重载运算符“+”，为何 c3=c1+c2 成立呢？原因在于 C++自动进行了隐式转换，将 c1 与 c2 分别都转换成 int 型，然后调用转换构造函数将整型数据转换为 complex 类。这里类型转换函数和转换构造函数构成了互逆操作，转换构造函数 Complex(int)将一个整型转换成一个 Complex 类型，而类型转换函数 Complex::operator int()将 Complex 类型转换成整型。

习题六

一、选择题

1．下列运算符中，________运算符在 C++中不能被重载。

A．=　　B．()　　C．::　　D．delete

2．下列运算符中，________运算符在 C++中不能被重载。

A．?:　　B．[]　　C．new　　D．&&

3．下列关于 C++运算符函数的返回类型的描述中，错误的是________。

A．可以是类类型　　B．可以是 int 类型
C．可以是 void 类型　　D．可以是 float 类型

4．下列运算符不能用友元函数重载的是________。

A．+　　B．=　　C．*　　D．<<

5．在重载运算符函数时，下面________运算符必须重载为类成员函数形式。

A．+　　B．-　　C．++　　D．->

6．下列关于运算符重载的描述中，正确的是________。

A．运算符重载可以改变运算符操作数的个数

B．运算符重载可以改变优先级

C．运算符重载可以改变结合性

D．运算符重载不可以改变语法结构

7．友元运算符 obj>obj2 被 C++编译器解释为_______。

A．operator>(obj1,obj2)　　B．>(obj1,obj2)

C．obj2.operator>(obj1)　　D．obj1.operator>(obj2)

8．在表达式 x+y*z 中，+是作为成员函数重载的运算符，*是作为非成员函数重载的运算符。下列叙述中正确的是_______。

A．operator+有两个参数，operator*有两个参数

B．operator+有两个参数，operator*有一个参数

C．operator+有一个参数，operator*有两个参数

D．operator+有一个参数，operator*有一个参数

9．重载赋值操作符时，应声明为_______函数。

A．友元　　B．虚　　C．成员　　D．多态

10．在一个类中可以对一个操作符进行_______重载。

A．1 种　　B．2 种以下　　C．3 种以下　　D．多种

11．在重载一个运算符时，其参数表中没有任何参数，这表明该运算符是_______。

A．作为友元函数重载的单目运算符　　B．作为成员函数重载的单目运算符

C．作为友元函数重载的双目运算符　　D．作为成员函数重载的双目运算符

12．在成员函数中进行双目运算符重载时，其参数表中应带有_______个参数。

A．0　　B．1　　C．2　　D．3

13．双目运算符重载为普通函数时，其参数表中应带有_______个参数。

A．0　　B．1　　C．2　　D．3

14．如果表达式 a+b 中的"+"是作为成员函数重载的运算符，若采用运算符函数调用格式，则可表示为_______。

A．a.operator+(b)　　B．b.operator+(a)

C．operator+(a,b)　　D．operator(a+b)

15．如果表达式 a==b 中的"=="是作为普通函数重载的运算符，若采用运算符函数调用格式，则可表示为_______。

A．a.operator==(b)　　B．b.operator==(a)

C．operator==(a,b)　　D．operator==(b,a)

16．如果表达式 a++中的"++"是作为普通函数重载的运算符，若采用运算符函数调用格式，则可表示为_______。

A．a.operator++()　　B．operator++(a)

C．operator++(a,1)　　D．operator++(1,a)

17．如果表达式++a 中的"++"是作为成员函数重载的运算符，若采用运算符函数调用格式，则可表示为_______。

A．a.operator++(1)　　B．operator++(a)

C．operator++(a,1)　　D．a.operator++()

18．关于运算符重载，下列说法正确的是______。

A．重载时，运算符的优先级可以改变　　B．重载时，运算符的结合性可以改变

C．重载时，运算符的功能可以改变　　D．重载时，运算符的操作数个数可以改变

19．关于运算符重载，下列说法正确的是______。

A．所有的运算符都可以重载

B．通过重载，可以使运算符应用于自定义的数据类型

C．通过重载，可以创造原来没有的运算符

D．通过重载，可以改变运算符的优先级

20．一个程序中数组 a 和变量 k 定义为“int a[5][10],k;”，且程序中包含有语句“a(2,5)=++k*3;”，则此语句中肯定属于重载操作符的是______。

A．( )　　B．=　　C．++　　D．*

21．假定 K 是一个类名，并有定义“K k; int j;”，已知在 K 中重载了操作符( )，且语句“j=k(3);”和“k(5)=99;”都能顺利执行，则该操作符函数的原型只可能是______。

A．K operator( )(int);　　B．int operator( )(int);

C．int & operator( )(int);　　D．K & operator( )(int);

22．假定 M 是一个类名，且 M 中重载了操作符“=”，可以实现 M 对象间的连续赋值，如“m1=m2=m3;”。重载操作符“=”的函数原型最好是______。

A．int operaotor=(M);　　B．int operator=(M);

C．M operator=(M);　　D．M & operator=(M);

23．下面是重载双目运算符“+”的普通函数原型，其中最符合“+”原来含义的是______。

A．Value operator+(Value, Value);　　B．Value operator+(Value,int);

C．Value operator+(Value);　　D．Value operator+(int , Value);

24．下面是重载双目运算符“-”的成员函数原型，其中最符合“-”原来含义的是______。

A．Value Value::operator-(Value);　　B．Value Value::operator-(int);

C．Value Value::operator-(Value,int);　　D．Value Value::operator-(int,Value);

25．在重载运算符时，若运算符函数的形参表中没有参数，则不可能的情况是______。

A．该运算符是一个单目运算符　　B．该运算符函数有一个隐含的参数 this

C．该运算符函数是类的成员函数　　D．该运算符函数是类的友元函数

二、填空题

1．不能重载“.”、“::”、“.*”、“->*”和______5 个运算符。

2．运算符重载不能改变运算符的______。

3．在 C++中，运算符的重载有两种实现方法，一种是通过成员函数来实现，另一种则通过______来实现。

4．运算符“--”、“delete”、“-=”、“=”、“+”和“->*”中，只能作为成员运算符重载的有______。

5．运算符“--”、“delete”、“-=”、“=”、“+”和“->*”中，只能重载为静态函数的有______。

6．运算符“--”、“delete”、“-=”、“=”、“+”和“->*”中，肯定不能重载的是______。

7．当运算符重载为成员函数时，对象本身就是______，不在参数表中显式地出现。

8．若以成员函数形式，为类 CSAI 重载“double”运算符，则该运算符重载函数的原型是______。

9．在表达式“x+=y”中，“+=”是作为非成员函数重载的运算符，若是使用显式的函数调用代替直接使

用运算符“+=”，这个表达式还可以表示为______。

10．将运算符“>>”重载为类 CSAI 的友元函数的格式是：friend stream& operator >>______。

三、分析题

1．分析以下程序的执行结果

```
#include<iostream.h>
class   Sample{
    int n;
public:
    Sample(){}
    Sample(int m){n=m;}
    int &operator--(int)
    {
        n--;
        return n;
    }
    void disp()
    {    cout<<"n="<<n<<endl;}
};
void main()
{
    Sample s(10);
    (s--)++;
    s.disp();
}
```

2．分析以下程序的执行结果

```
#include<iostream.h>
class   Sample{
private:
    int x;
public:
    Sample(){x=0;}
    void disp(){cout<<"x="<<x<<endl;}
    void operator++(){x+=10;}
};
void main()
{
    Sample obj;
    obj.disp();
    obj++;
    cout<<"执行 obj++之后"<<endl;
    obj.disp();
}
```

3．分析以下程序的执行结果

```
#include<iostream.h>
```

```
static int dys[]={31,28,31,30,31,30,31,31,30,31,30,31};
class date{
    int mo,da,yr;
public:
    date(int m,int d,int y){mo=m;da=d;yr=y;}
    date(){}
    void disp(){cout<<mo<< " / "<<da<<" / "<<yr<<endl;}
    friend date operator+(date &d,int day) //友元运算符重载函数
    {
        date dt;
        dt.mo=d.mo;
        dt.yr=d.yr;
        day+=d.da;
        while(day>dys[dt.mo-1])
        {
            day-=dys[dt.mo-1];
            if(++dt.mo==13)
            {
                dt.mo=1;
                dt.yr++;
            }
        }
        dt.da=day;
        return dt;
    }
};
void   main()
{
    date dl(2,10,2003),d2;
    d2=dl+365;
    d2.disp();
}
```

4．分析以下程序的执行结果

```
#include<iostream.h>
#include<string.h>
class   Words{
    char *str;
public:
    Words(char *s)
    {
        str=new char[strlen(s)+1];
        strcpy(str,s);
    }
    void disp(){cout<<str<<endl;}
    char operator[](int i)
    {
```

```
            if(str[i]>='A'&& str[i]<='Z')   //大写字母
                return char(str[i]+32);
            else if(str[i]>='a'&&str[i]<='z') //小写字母
                return char(str[i]-32);
            else                //其他字符
                return str[i];
        }
};
void main()
{
    int i;
    char *s="Hello";
    Words word(s);
    word.disp();
    for(i=0;i<strlen(s);i++)
        cout<<word[i];
    cout<<endl;
}
```

5．分析以下程序的执行结果

```
#include<iostream.h>
class   Point{
    int x,y;
public:
    Point(){x=y=0;}
    Point(int i,int j){x=i;y=j;}
    Point operator+(Point);
    void disp(){ cout<<"("<<x<<","<<y<<")"<<endl;}
};
Point Point::operator+(Point p)
{
    this->x+=p.x;
    this->y+=p.y;
    return *this;
}
void main()
{
    Point p1(2,3),p2(3,4),p3;
    cout<<"pl:";
    p1.disp();
    cout<<"p2:";
    p2.disp();
    p3=p1+p2;
    cout<<"执行 p3=pl+p2 后"<<endl;
    cout<<"pl:",p1.disp();
    cout<<"p2:";
    p2.disp();
```

```
    cout<<"p3:";
    p3.disp();
}
```

四、编程题

1．定义一个计数器类 Counter，对其重载运算符“+”。

2．C++在运行期间不会自动检查数组是否越界，设计一个类来检查数组是否越界。

3．有两个矩阵 a 和 b，均为 2 行 3 列，求两个矩阵之和。重载运算符“+”使之能用于矩阵相加，如：c = a + b。

4．对于下面的类 MyString，要求重载一些运算符后可以计算表达式 a=b+c，其中 a、b、c 都是类 MyString 的对象。请重载相应的运算符并编写测试程序。

```
class MyString{
public:
    MyString(char *s){
    str=new char[strlen(s)+1];
    strcpy(str,s);
    }
    ～MyString(){delete[]str;}
private:
    char *str;
};
```

5．设计人民币类 RMB，其数据成员为分、角、元，定义构造函数和数据成员 yuan、jiao、fen，重载这个类的加法、减法运算符。

6．设计一个日期类 Date，包括年、月、日等私有数据成员。要求有实现日期基本运算的成员函数，如某日期加上天数、某日期减去天数、两日期相差的天数等。

7．定义如下集合类的成员函数，并用数据进行测试。

```
class   Set{
    int * elem;                         //存放集合元素的指针
    int count;                          //存放集合中的元素个数
public:
    Set();
    Set(int S[],int n);
    int find(int x)const;               //判断 x 是否在集合中
    Set operator+(const Set&);          //集合的并集
    Set operator-(const Set&);          //集合的差集
    Set operator*(const Set&);          //集合的交集
    void disp();                        //输出集合元素
};
```

第 7 章　模板与异常

模板是 C++语言相对较新的一个重要特性，模板机制可以显著减少冗余信息，能大幅度地节约程序代码，进一步提高面向对象程序设计的可重用性和可维护性。C++提供了异常处理机制，使得程序出现错误时，力争做到允许用户排除环境错误，继续运行程序。通过本章的学习，读者应该掌握以下内容：

- 模板的概念
- 函数模板与模板函数的定义与使用
- 类模板与模板类的定义与使用
- 异常处理的概念及使用方法

7.1　模板的概念

前面已经学过重载（overloading），对重载函数而言，C++的检查机制能通过函数参数的不同及所属类的不同，正确地调用重载函数。例如，为求两个数的相加，定义了 Add()函数，并对不同的数据类型分别定义不同的重载（overloading）版本。

```
int Add(int x,int y)
{     return x+y;   }
double Add(double x,double y)
{     return x+y;   }
long Add(long x,long y)
{     return x+y;       }
```

它们拥有同一个函数名，相同的函数体，却因为参数类型和返回值类型不一样，所以是三个完全不同的函数。即使它们是二元加法的重载函数，但不得不为每一函数编写一组函数体完全相同的代码。若能从这些函数中提炼出一个通用函数，而它又适用于多种不同类型的数据，这样会使代码的重用率大大提高。解决这个问题的一种方法是使用宏定义，如：

```
#define Add(x,y)    x+y
```

但是，由于宏定义避开了C++的类型检查机制，在某些情况下，将会导致两个不同类型参数之间相加。如将一个整数和一个结构进行相加，显然将导致错误。

宏定义带来的另一个问题是在不该替换的地方进行了替换，如：

```
class exp
{
public:
      int Add(int,int);                //此处宏扩展将导致语法错误
```

```
    //...
}
```

由于宏定义会造成不少麻烦，所以在 C++中一般不使用宏定义。

而解决以上问题的另一种方法，也是最好的方法就是使用模板。模板是一种使用无类型参数来定义一系列函数或类的机制，是 C++的一个重要特性。若某程序的功能是对某种特定的数据类型进行处理，则可以将所处理的数据类型说明为参数，以便在其他数据类型的情况下也可使用，这就是模板的由来。模板以一种完全通用的方法来设计函数或类，而不必预先说明将被使用的每个对象的类型。通过模板可以产生类或函数的集合，使它们可以操作不同的数据类型，从而避免需要为每一种数据类型产生一个单独的类或函数。因此，模板是实现代码重用机制的一种工具，它可以实现类型参数化，从而真正实现代码重用。

例如，对于上面设计的求两参数相加的函数，若使用模板，则只需定义一个函数即可，从而大大简化代码。具体代码如下：

```
template<class type>
type Add(type a,type b)
{return a+b;}
```

C++程序由类和函数组成，模板也分为类模板（class template）和函数模板（function template），用户可以构造模板函数和模板类。在说明了一个函数模板后，当编译系统发现有一个对应的函数调用时，将根据实参中的类型来确认是否与函数模板中对应的形参匹配，然后生成一个重载函数。该重载函数的定义体与函数模板的函数定义体相同，称之为模板函数（template function）。同理，在说明了一个类模板之后，可以创建类模板的实例，即生成模板类。如图 7-1 显示了模板、函数模板、类模板、模板函数、模板类和对象之间的关系。

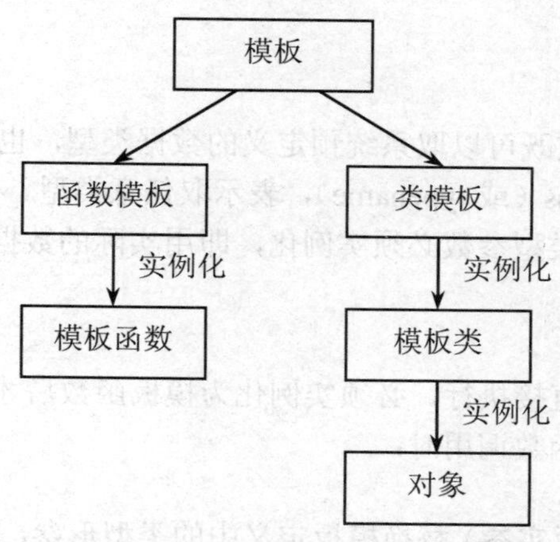

图 7-1　模板、函数模板、类模板、模板函数、模板类和对象之间的关系

7.2 函数模板与模板函数

C++提供了函数模板（function template）。所谓函数模板实际上是建立一个通用函数，其函数类型和形参类型不具体指定，用一个虚拟的类型来代表，这个通用函数就称为函数模板。凡是函数体相同的函数都可以用这个模板来代替，不必定义多个函数，只需在模板中定义一次

即可。在调用函数时系统会根据实参的类型来取代模板中的虚拟类型，从而实现了不同函数的功能。

7.2.1 函数模板的说明

函数模板的一般说明形式如下：

```
template <class 或 typename  类型形式参数表>
<返回值类型> <函数名>(模板形参表)
{
    函数体
}
```

其中，关键字 template 表示声明一个模板。类型形式参数可以是系统预定义类型，也可以是类类型，类型形式参数前需要加关键字 class 或 typename。如果类型形参多于一个，则每个类型形参都要加前缀 class 或 typename，形参必须是唯一的，而且在“函数体”中至少出现一次。例如：

```
template<typename T1,typename T2,…,typename Tn>
```

或

```
template<class T1,class T2,…,class Tn>
```

定义的函数模板不是一个实实在在的函数，编译系统不为其产生任何执行代码。该定义只是对函数的描述，表示它每次能单独处理在类型形式参数表中说明的数据类型。

可以将求两个数和的函数 Add()定义成如下所示的函数模板：

```
template <class 或 typename T>
T Add(T x,T y)
{
    return x+y;
}
```

其中，T 为类型形参，它既可以取系统预定义的数据类型，也可以取用户自定义的类型。类型参数前需要加关键字 class（或 typename），表示取任意类型。在使用函数模板时，关键字 class（或 typename）后面的类型参数必须实例化，即用实际的数据类型替代它。

7.2.2 函数模板的使用

函数模板说明之后不能直接执行，必须实例化为模板函数后才能执行。

当编译系统发现有一个函数调用时：

```
函数名(模板实参表);
```

会用相对应的实参类型（模板实参）替换模板定义中的类型形参，称为绑定，并根据模板实参表中的类型生成一个重载函数即模板函数。该模板函数的定义体与函数模板的函数定义体相同，<形参表>的数据类型则以<实参表>的实际类型为准。

在模板函数被实例化之前，必须在函数的某个地方首先说明它（可以先不进行定义），然后再定义函数模板。和普能函数一样，如果函数模板的定义在首次调用之前，函数模板的定义就是对它的说明。定义之后的首次调用就是对模板函数的实例化。对模板函数的说明和定义必须是全局作用域，模板不能被声明为类的成员函数。

函数模板方法克服了 C 语言解决上述问题时用大量不同函数名表示相似功能的坏习惯；

克服了宏定义不能进行参数类型检查的弊端；克服了 C++函数重载用相同函数名字重写几个函数的繁琐。因而，函数模板是 C++中功能最强的特性之一，具有宏定义和重载的共同优点，是提高软件代码重用率的重要手段。

例 7.1　定义一个求两个数之和的函数模板。

```
#include<iostream.h>
template <typename T>//加法函数模板
T Add(T x,T y)
{	return x+y;	}
int main()
{
	int x=10,y=10;
	cout<<Add(x,y)<<endl;	//相当于调用函数 int Add(int,int)
	double x1=10.10,y1=10.10;
	cout<<Add(x1,y1)<<endl;//相当于调用函数 double Add(double,double)
	long x2=9999,y2=9999;
	cout<<Add(x2,y2)<<endl;//相当于调用函数 long Add(long,long)
	return 0;
}
```

程序运行结果为：

```
20
20.2
19998
```

此程序中生成了三个模板函数 Add(x,y)、Add(x1,y1)、Add(x2, y2)。Add(x,y)用实参 int 对类型参数 T 进行了实例化；Add(x1,y1)用实参 double 对类型参数 T 进行了实例化；Add(x2,y2)用实参 long 对类型参数 T 进行了实例化。因此，函数模板就像是一个带有类型参数的函数，编译程序会根据实际参数的类型确定参数的类型。

从上例可以看出，函数模板提供了一类函数的抽象，它以任意类型 T 为参数及函数返回类型。函数模板代表了一类函数，模板函数表示某一具体的函数。函数模板与模板函数的关系如图 7-2 所示。

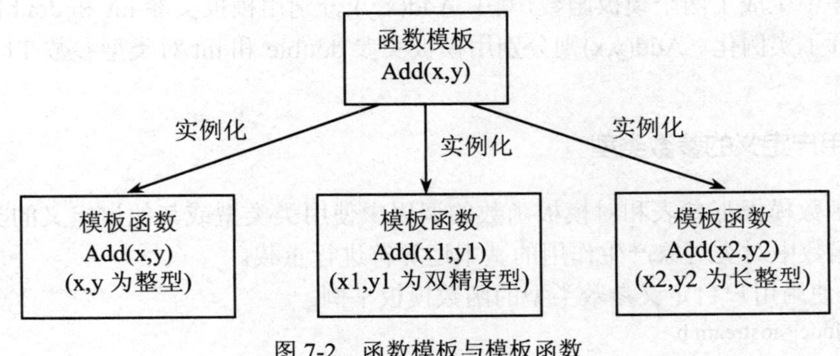

图 7-2　函数模板与模板函数

说明：

（1）在 template 语句与函数模板定义语句之间不允许有其他的语句。如下面的程序段编译将出现错误。

```
template <class T>
int i;          //错误，不允许插入其他的语句
T max(T x,T y)
{return (x>y)?x:y;}
```

（2）模板函数与重载函数有区别。模板函数类似于重载函数，只不过它更严格一些。函数被重载的时候，在每个函数体内可以执行不同的动作。但同一个函数模板实例化后的所有模板函数都必须执行相同的动作。如下面的重载函数就不能用模板函数代替，因为它们所执行的动作不同。

```
void out1(int i)
{cout<<i<<endl;}
void out1(double d)
{cout<<"d="<<d<<endl;}
```

（3）在函数模板中允许使用多个类型参数。但是应当注意 template 定义部分的每个类型参数前必须有关键字 class（或 typename）。

例 7.2　在函数模板中使用两个类型参数举例。

```
#include<iostream.h>
template <typename T1,typename T2>//多类型参数的函数模板
T1 Add(T1 x,T2 y)
{     return x+y;     }
int main()
{
     int x=10;
     double y=10.10;
     cout<<Add(x,y)<<endl;//相当于调用函数 int Add(int,double)
     cout<<Add(y,x)<<endl;//相当于调用函数 double Add(double,int)
     return 0;
}
```

程序运行结果为：

```
20
20.1
```

上述程序中生成了两个模板函数，其中 Add(x,y);分别用模板实参 int 和 double 对类型参数 T1 和 T2 进行了实例化。Add(y,x)则分别用模板实参 double 和 int 对类型参数 T1 和 T2 进行了实例化。

7.2.3　用户定义的参数类型

可以在函数模板形参表和对模板函数的调用中使用类类型或其他自定义的类型，前提是必须在模板函数中对类对象产生作用的基本运算符进行重载。

例 7.3　使用用户自定义参数类型的函数模板举例。

```
#include <iostream.h>
class number{
public:
     number(int x1,int y1)
     {
```

```
            x=x1;y=y1;
        }
        int getx()
        {     return x;   }
        int gety()
        {     return y;   }
        int operator>(number& c);
private:
        int x,y;
};
int number::operator>(number& c)
{
        if (x+y>c.x+c.y)
              return 1;
        return 0;
}
template <class T>
T& max(T& T1,T& T2)
{
        if (T1>T2)
              return T1;
        return T2;
}
void main()
{
        int x=20,y=45;
        cout<<max(x,y)<<endl;
        number a1(23,51);
        number a2(76,15);
        number a3=max(a1,a2);
        cout<<"较大的和："<<a3.getx()+a3.gety()<<endl;
}
```

程序的运行结果如下：

```
45
较大的和：91
```

上述程序中定义了一个类 number，如果函数 max()用类类型 number 进行实例化，就必须要找出两个 number 类对象中的较大者。为此，必须在类中重载运算符“>”，在 main()函数中，先定义和初始化两个 number 的对象 a1 和 a2。语句 number a3=max(a1,a2);用类 number 实例化一个模板函数 max()，并且将对象 a1 和 a2 中的较大者赋给 number 类对象 a3。对 a1 和 a2 的比较是通过重载运算符“>”来完成的。当用标准类型 int 参数来调用模板函数 max 时，使用的是系统提供的标准运算符“>”而不是重载过的运算符“>”来比较两个整数。

7.2.4　函数模板异常处理

虽然函数模板中的类型参数 T 可以实例化为各种类型，但采用类型参数 T 的每个参数必须实例化成完全相同的类型，模板类型不能进行隐式的类型转换。如果不注意这一点，可能产生错误，请看下面的例子：

```
template <class T>
T max(T x,T y)
{    return (x>y)?x:y; }
void fun(int i,char c)
{
    max(i,i);   //正确，调用 max(int,int)
    max(c,c);   //正确，调用 max(char,char)
    max(i,c);   //错误
    max(c,i);   //错误
}
```

由于函数模板中的参数类型所引发的错误只有到该函数真正被调用时才能发现，所以在调用时，系统将按最先遇到的实参的类型隐含地生成一个模板函数，用它对所有模板进行一致性检查。如对语句 max(i,c);编译器将先按变量 i 将 T 解释为 int 类型，当此后出现的模板实参 c 不能解释为 int 类型时，便发生了错误。为解决这个问题，可采用以下几种方法：

（1）采用强制类型转换，如将调用语句“max(i,c);”改写成“max(i,int(c));”。

（2）用非模板函数重载函数模板，这种重载有两种实现方式：

① 只声明一个非模板函数的原型。采用此方式定义非模板函数来重载模板函数时，只声明非模板函数的原型，不给出函数体，当程序执行时自动调用函数模板的函数体。可将上面的程序改写如下所示：

```
template <class T>
T max(T x,T y)
{
    return (x>y)?x:y;
}
int max(int,int);//声明一个非模板函数的原型，无函数体
void fun(int i,char c)
{
    max(i,i);        //正确，调用 max(int,int)
    max(c,c);        //正确，调用 max(char,char)
    max(i,c);        //正确，调用 max(int,int)
    max(c,i);        //正确，调用 max(int,int)
}
```

虽然非模板重载函数借用了函数模板的函数体，但它支持数据间的隐式转换，因而使得 max(int,char)和 max(char,int)成为合理且正确的调用。在程序执行语句 max(i,c)和 max(c,i)时，调用的是重载的非模板函数 max(int,int)。

② 定义一个完整的非模板函数。此重载函数所带参数的类型可以随意，就像普通的重载函数一样定义。如：

```
char* max(char* x,char* y)
{return (strcmp(x,y>0)?x:y;)}
```

此模板函数 max(char* x,char* y)重载了上述的函数模板，当出现调用语句 max("abcd", "efgh");时，执行的是这个重载的非模板函数。

例 7.4　定义一个完整的非模板函数来重载函数模板。

```
#include<string.h>
#include<iostream.h>
template <class T>
T max(T a, T b)
{
    return a>b?a:b;
}
char *max(char *x, char *y)   //定义一个完整的非模板函数
{
    return strcmp(x, y)>0?x:y;
}
void main(void)
{
    char *p="ABCD123", *q="EFGH456";
    p=max(p, q);
    int a=max(101, 203);
    double b=max(10.56, 20.63);
    cout<<p<<endl;
    cout<<a<<endl;
    cout<<b<<endl;
}
```

程序运行结果为：

```
EFGH456
203
20.63
```

在 C++中，函数模板与同名的非模板函数重载时，编译程序采用如下策略来确定调用哪个函数：

- 寻找和使用最符合函数名和参数类型的函数，若找到则调用它；
- 否则，寻找一个函数模板，将其实例化创建一个匹配的模板函数，若找到则调用它；
- 否则，寻找可以通过强制类型转换达到参数匹配目的的重载函数，若找到则调用它；
- 如果按以上步骤均未找到匹配函数，则调用报错。如果调用时有不止一个匹配供选择，则调用时出现二义性，也报错。

7.3　类模板与模板类

使用类模板使用户可以为类声明一种模式，使得类中的某些数据成员、某些成员函数的参数、某些成员函数的返回值，能取任意类型（包括基本类型和用户自定义类型）。

7.3.1　类模板说明

定义一个类模板与定义函数模板的格式类似，必须以关键字 templale 开始，然后是类名，其类模板的一般定义形式如下：

```
template <class 或 typename 类型形式参数表>
```

```
class<类名>
{
    类声明
}
```

其中 template 是一个声明模板的关键字，它表示声明一个模板。关键字 class（或 typename）的后面是类型形式参数列表，如果有多个参数，则用逗号进行分隔。例如：

```
template<typename T1,typename T2,…,typename Tn>
```

或

```
template<class T1,class T2,…,class Tn>
```

在类成员声明里，成员数据类型、成员函数的返回类型和参数类型前面需加上类型参数。在类模板中成员函数既可以定义在类模板内，也可以定义在类模板外，定义在类模板外时 C++有这样的规定，需要在成员函数定义之前进行模板声明，并在成员函数名之前加上“类名<类型名表>::”：

```
template <class 或 typename  类型形式参数表>
<返回类型> <类名><类型名表>::函数名（形参数）
{
    成员函数定义体
}
```

其中，<类型名表>是类型形式参数表中使用到的类型列表，它与类型形式参数表类似，但不包含类型说明关键字。<类型形式参数表>中的形参要加上 class 或 typename 关键字，类型形式参数有两种形式，一种是模板类型参数，可以是 C++中的任何系统预定义类型或用户自定义的类型；另一种是模板非类型参数，非类型的模板参数是有限制的，通常而言，它们可以是常整数（包括枚举值）或者指向外部链接对象的指针，浮点数和类对象不允许作为非类型模板参数。对于非类型参数表示该参数名代表了一个潜在的常量，企图修改这种参数的值会出错。类模板参数列表决不能为空，如包含一个以上的参数，则这些参数必须要用逗号分隔。

例如：

```
#define SIZE 10
template<class T1,class T2,int val>
class A
{
    //…
    A(T1 a,T2 b);
    //…
};
template<class T1,class T2, int val>
A<T1,T2,SIZE>::A(T1 a,T2 b)
{
    x=a;
    y=b;
}
```

以上的说明（包括成员函数定义）不是一个实实在在的类，只是对类的描述，称为类模板（class template）。

7.3.2 使用类模板

为类模板中的类型参数指定具体类型的过程叫作类模板的实例化，类模板实例化的结果是模板类，而不是对象。模板类进一步实例化后得到对象，如图 7-3 所示。

图 7-3　类模板、模板类和对象的关系

建立类模板后，可用下面的格式创建类模板的实例：

<类模板名><类型实际参数表><对象表>;

其中，<类型实际参数表>应与该类模板中的<类型形式参数表>匹配。<类型实际参数表>是模板类（template class），<对象表>中定义该模板类的对象，如对象 1，对象 2，……。

系统会根据实参的类型生成模板类，然后建立该类的对象。即对模板实例化生成类，再对类实例化生成对象。

类模板就是将具有近似功能的多个类进一步抽象为一个类，从而提高代码的利用率。注意此时的类模板实例化后就是普通的类，对普通的类进行实例化后就是对象。需要注意类模板并不是抽象类。

例 7.5　类模板应用实例。

```
#include<iostream.h>
template<typename T1,typename T2>
class myClass{
private:
        T1 I;
        T2 J;
public:
        myClass(T1 a, T2 b);
        void show();
};
template<typename T1,typename T2>
myClass<T1,T2>::myClass(T1 a,T2 b)
{
        I=a;
        J=b;
}
template<typename T1,typename T2>
void myClass<T1,T2>::show()
{
        cout<<"I="<<I<<", J="<<J<<endl;
}
void main()
{
        myClass<int,int>class1(3,5);
        class1.show();
```

```
        myClass<int,char> class2(3,'a');
        class2.show();
        myClass<double,int> class3(2.9,10);
        class3.show();
    }
```

程序运行结果为：

```
I=3, J=5
I=3, J=a
I=2.9, J=10
```

例 7.6 类模板中非类型参数应用举例。

```
#include<iostream.h>
#define SIZE 10
template<class T1,class T2,int VAL>
class A{
public:
        A(T1 a,T2 b);
        void show(T1 t);
private:
        T1 x;
        T2 y;
};
template<class T1,class T2,int VAL>
A<T1,T2,SIZE>::A(T1 a,T2 b)
{
        x=a+VAL;
        y=b+VAL;

}
template<class T1,class T2,int VAL>
void A<T1,T2,SIZE>::show(T1 t)
{
        T1 temp;
        temp=t;
        cout<<"x="<<x<<endl;
        cout<<"y="<<y<<endl;
        cout<<"t="<<temp<<endl;
}
void main()
{
        A<int,float,SIZE>ob(12,34.5);
        ob.show(18);
}
```

程序运行结果为：

```
x=22
y=44.5
t=18
```

在上述程序中，在类型形式参数表“<class T1,class T2,int VAL>”中有一个非类型的模板参数“int VAL”，在实例化中 VAL 只能是用一个常量对它赋值，并且它的值不能改变，也就是说在代码中如果出现类似“VAL=15;”的语句，编译将报错。

7.4 模板应用举例

例 7.7 使用插入排序函数模板对不同数据类型的数组进行排序。

插入排序的基本思想：每一步将一个待排序的元素按其关键字值的大小插入到已排序序列的合适位置，直到待排序元素全部插入完成，如图 7-4 所示。

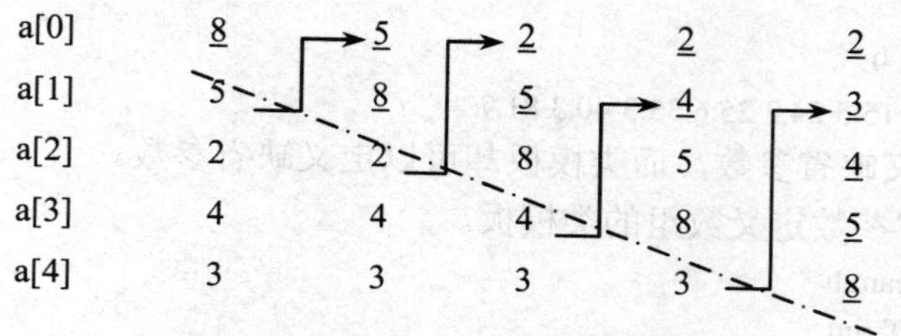

图 7-4　插入排序完成示意图

程序如下：

```
#include <iostream.h>
#include <iomanip.h>
template<class T>
void InsertionSort(T A[], int n)
{
    int i,j;
    T temp;
    //将下标为 1～n-1 的元素逐个插入到已排序序列中适当的位置
    for (i=1;i<n;i++)
    {
    //从 A[i-1]开始向 A[0]方向扫描各元素，寻找适当位置插入 A[i]
        j=i;
        temp=A[i];
        while (j>0 && temp<A[j-1])
        {
        //当遇到 temp>=A[j-1]结束循环时，j 便是应插入的位置
        //当遇到 j==0 结束循环时，则 0 是应插入的位置
            A[j]=A[j-1]; //将元素逐个后移，以便找到插入位置时可立即插入
            j--;
        }
        A[j]=temp;
    }
}
void main()
{
```

```
        int a[10]={2,4,1,8,7,9,0,3,5,6};
        double b[10]={12.1, 24.2, 15.5, 81.7, 2.7, 5.9, 40.3, 33.3, 25.6, 4.6};
        InsertionSort(a,10);
        InsertionSort(b,10);
        cout<<a[0]<<" "<<a[1]<<" "<<a[2]<<" "<<a[3]<<" ";
        cout<<a[4]<<" "<<a[5]<<" "<<a[6]<<" "<<a[7]<<" ";
        cout<<a[8]<<" "<<a[9]<<endl;
        cout<<b[0]<<" "<<b[1]<<" "<<b[2]<<" "<<b[3]<<" ";
        cout<<b[4]<<" "<<b[5]<<" "<<b[6]<<" "<<b[7]<<" ";
        cout<<b[8]<<" " <<b[9]<<endl;
    }
```

程序运行结果为：

```
0 1 2 3 4 5 6 7 8 9
2.7 4.6 5.9 12.1 15.5 24.2 25.6 33.3 40.3 81.7
```

函数模板不能定义缺省参数，而类模板却可以定义缺省参数。

例 7.8 使用缺省参数定义数组的类模板。

```
#include <iostream.h>
template<class T=int>
class Array{
        T *data;
        int size;
public:
        Array(int);
        ~Array();
        T &operator[](int);
};
template <class T>
Array <T>::Array(int n)
{
        data=new T[size=n];
}
template <class T>
Array <T>::~Array()
{
        delete data;
}
template <class T>
T &Array <T>::operator[](int i)
{
        return data[i];
}
void main(void)
{
        int i;
        Array<>L1(10);          //等价于 Array <int> L1(10)
        Array<char>L2(20);
```

```
        for(i=0;i<10;i++)
                L1[i]=i;
        for(i=0;i<20;i++)
                L2[i]='B'+i;
        for(i=0;i<10;i++)
                cout<<L1[i]<<" ";
        cout<<endl;
        for(i=0;i<20;i++)
                cout<<L2[i]<<" ";
        cout<<endl;
}
```

程序运行结果为：

```
0 1 2 3 4 5 6 7 8 9
B C D E F G H I J K L M N O P Q R S T U
```

例 7.9　栈类模板的应用。

```
#include<iostream.h>
template<class T,int Stack_Size>//Stack_Size 表示栈的大小，用非类型模板参数控制
class Stack{
public:
        Stack();
        int EmptyStack();
        int Push(T e);
        T Pop();
        T GetTop();
        void PrintStack();
private:
        T elem[Stack_Size];
        int top;
};
template<class T,int Stack_Size>//构造函数，初始化一个空栈
Stack<T,Stack_Size>::Stack()
{
        top=-1;
}
template<class T,int Stack_Size>   //判断是否栈空
int Stack<T,Stack_Size>::EmptyStack()
{
        if(top==-1)
                return 1;
        else
                return 0;
}
template<class T,int Stack_Size>//取得栈顶元素的值（不出栈）
T Stack<T,Stack_Size>::GetTop()
{
        if(EmptyStack())
```

```
            return 0;
        return elem[top];
}
template<class T,int Stack_Size> //入栈操作
int Stack<T,Stack_Size>::Push(T e)
{
    if(top==Stack_Size-1)
    {
        cout<<"stack is full!\n";
        return 0;
    }
    top++;
    elem[top]=e;
    return 1;

}
template<class T,int Stack_Size>//出栈操作
T Stack<T,Stack_Size>::Pop()
{
    T temp;
    if(EmptyStack())
        return 0;
    temp=elem[top];
    top--;
    return temp;
}
template<class T,int Stack_Size>//从栈底开始打印栈内元素值
void Stack<T,Stack_Size>::PrintStack()
{
    int i=0;
    while(i<=top)
    {
        cout<<elem[i]<<" ";
        i++;
    }
    cout<<endl;
}
int main()
{
    Stack<char,20>s1;//创建长度为 20 的字符栈
    s1.Push('a');
    s1.Push('b');
    s1.Push('c');
    s1.Push('d');
    s1.PrintStack();
    cout<<"Get s1 Top="<<s1.GetTop()<<endl;
```

```
        while(!s1.EmptyStack())
            cout<<"pop s1:"<<s1.Pop()<<endl;
        Stack<int,30>s2;//创建长度为 30 的整型栈
        s2.Push(1);
        s2.Push(2);
        s2.Push(3);
        s2.Push(4);
        s2.PrintStack();
        cout<<"Get s2 Top="<<s2.GetTop()<<endl;
        while(!s2.EmptyStack())
            cout<<"pop s2:"<<s2.Pop()<<endl;
        Stack<double,40>s3;//创建长度为 40 的浮点栈
        s3.Push(1.1);
        s3.Push(2.2);
        s3.Push(3.3);
        s3.Push(4.4);
        s3.PrintStack();
        cout<<"Get s3 Top="<<s3.GetTop()<<endl;
        while(!s3.EmptyStack())
            cout<<"pop s3:"<<s3.Pop()<<endl;
        return 1;
    }
```

程序运行结果为：

```
a b c d
Get s1 Top=d
pop s1:d
pop s1:c
pop s1:b
pop s1:a
1 2 3 4
Get s2 Top=4
pop s2:4
pop s2:3
pop s2:2
pop s2:1
1.1 2.2 3.3 4.4
Get s3 Top=4.4
pop s3:4.4
pop s3:3.3
pop s3:2.2
pop s3:1.1
```

7.5　异常处理

本节讨论 C++风格的异常处理机制。异常处理允许用户以一种可控的方式管理运行时出现的错误，使用 C++的异常处理，用户程序在错误发生时可自动调用一个错误处理程序。异常处

理最主要的优点是自动转向错误处理代码，而以前在大程序中这些代码是由“手工”编制的。

7.5.1 异常处理概述

程序可能按编程者的意愿终止，也可能因为程序中发生了错误而终止。例如，程序执行时遇到除数为 0 或下标越界，这时将产生系统中断，从而导致正在执行的程序提前终止。程序的错误有以下几种：

（1）编译错。编译时通不过，属语法错误，最浅层次的错误。

（2）运行错。调试时无法发现错误，运行时才出现，往往由系统环境引起，属于可预料但不可避免的错误。必须由语言的某种机制予以控制。

（3）逻辑错。设计缺陷，编译器无法发现，只能靠人工分析跟踪排除，错误层次中等。

为处理可预料的错误，典型的方法是让被调用函数返回某一个特别的值（或将某个按引用调用传递的参数设置为一个特别的值），而外层的调用程序通过检查这个错误标志，来确定是否产生了某一类型的错误。另一种典型方法是当错误发生时跳出当前的函数体，控制转向某个专门的错误处理程序，从而中断正常的控制流。这两种方法都是权宜之计，不能形成强有力的结构化异常处理模式。

异常处理机制的引入使上述的情况得到了根本性的改变。当程序检测到发生某种异常情况时，抛出可由处理程序捕获的异常情况，由异常处理程序对错误做进一步的处理。

异常处理机制是用于管理程序运行期间错误的一种结构化方法。所谓结构化是指程序的控制不会由于产生异常而随意跳转，异常处理机制将程序中的正常处理代码与异常处理代码显式区别开来，提高了程序的可读性。

C++中可以使用的异常处理机制有两种，一种是基于 C 语言的结构化异常，另一种是 C++异常。大部分 C 语言编译器和部分早期 C++编译器并不支持异常处理机制，例如 Borland C++ 3.1 不支持异常处理机制，本章介绍的异常处理方法可以在微软的 Visual C++和 Borland C++ 4.0 以上版本或 C++ Builder 中使用。

7.5.2 异常处理的方法

1. throw、try 和 catch 的作用

C++语言异常处理机制的基本思想是将异常的检测与处理分离。当在一个函数体中检测到异常条件存在，但无法确定相应的处理方法时将引发一个异常，并由函数的直接或间接调用检测并处理这个异常。这一基本思想用三个保留字实现，即 throw、try 和 catch。其作用是：

（1）throw 语句块

throw 语句块用来检测是否产生异常，若是则抛出异常。如果程序发生异常情况，而在当前的上下文环境中获取不到异常处理的足够信息，可以创建一个包含出错信息的对象并将该对象抛出当前上下文环境，将错误信息发送到更大的上下文环境，这称为抛出异常。

（2）try 语句块

将那些可能产生错误的语句框定在 try 语句块中。如果在函数内抛出一个异常，或在函数调用时抛出一个异常，系统将在异常抛出时退出函数。如果不想在异常抛出时退出函数，可在函数内创建一个特殊块用于解决实际程序中的问题，由于它可用来测试各种函数的调用，所以被称为测试块。

（3）catch 语句块

将异常处理的语句放在 catch 块中，以便捕获到异常时执行相应的操作，异常抛出信号发出后，一旦被异常器 catch 接收到就被销毁，异常处理函数应具备接受任何一种类型异常的能力。异常处理函数紧随 try 块之后。

2．异常处理执行过程

异常处理执行过程如图 7-5 所示，详细说明如下：

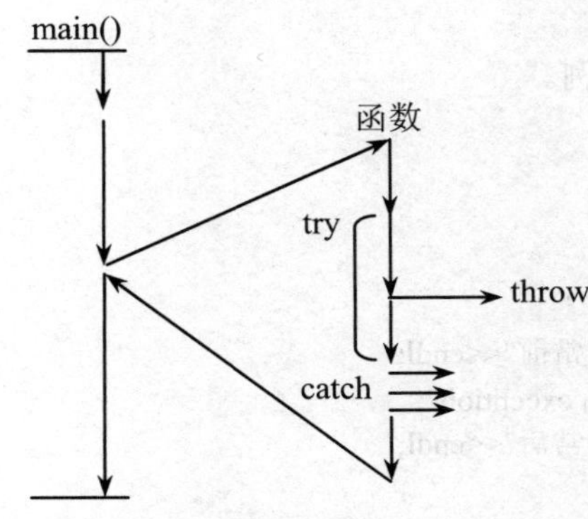

图 7-5　异常处理执行过程

（1）检查异常

利用 try 子句。将可能产生错误的语句，放在 try 模块中。

（2）抛出异常

发现异常，则利用 throw 子句，抛出异常（为一个实参）。

（3）捕捉异常

利用 catch 子句捕获异常，并将异常处理语句放在 catch 模块中。

注意：catch 处理程序的出现顺序很重要，因为在一个 try 块中，异常处理程序是按照它出现的顺序被检查的。

3．异常处理语法结构

throw、try 和 catch 语句的一般语法如下：

（1）抛出异常语法格式如下：

```
throw <表达式>;
```

例如：

```
throw 1; //抛出一个异常，该异常为 int 类型，值为 1
throw "number error"; //抛出一个异常，该异常为 char *类型，值为字符串的首地址
```

（2）捕获和处理异常使用 try...catch 语句块，语法格式如下：

```
try
{
    //try 语句块
}
catch（类型 1　参数 1）
{
    //针对类型 1 的异常处理
}
```

```
catch （类型 2  参数 2）
{
      //针对类型 2 的异常处理
}
…
catch （类型 n  参数 n）
{
      //针对类型 n 的异常处理
}
```

例 7.10 C++异常处理举例。

```
#include<iostream.h>
void main()
{
      try
      {
            cout<<"抛出异常前"<<endl;
            throw "program exception";
            cout<<"抛出异常后"<<endl;
      }
      catch(bool b)
      {
            cout << "bool exception"<<endl;
      }
      catch(char* p)
      {
            cout << p << endl;
      }
      catch(int i)
      {
            cout << "int exception"<<endl;
      }
      cout <<"异常处理结束"<<endl;
}
```

程序运行结果：

```
抛出异常前
program exception
异常处理结束
```

说明：

（1）每个 catch()相当于一段函数代码；每个 throw 则相当于一个函数调用；每个 try 块至少跟一个 catch()。

（2）一个程序可设置个数不定的 try、throw 和 catch。它们只有逻辑上的呼应，而无数量上的对应关系，且不受所在函数模块的限制。

（3）异常抛出点往往距异常捕获点很远，它们可以不在同层模块中；甚至有的 throw 看不到在哪儿，实际上在所调用的系统函数中，在标准库中。

（4）程序中 try 块可以并列、可以嵌套。

例 7.11　异常处理机制处理除零异常。

```
#include<iostream.h>
int Div(int x,int y)
{
    if(y==0) throw y;
    return x/y;
}
void main()
{
    try
    {
        cout<<"5/2="<<Div(5,2)<<endl;
        cout<<"8/0="<<Div(8,0)<<endl;
        cout<<"7/1="<<Div(7,1)<<endl;
    }
    catch(int)
    { cout<<"except of devidingzero.\n"; }
    cout<<"that is ok.\n";
}
```

程序运行结果为：

```
5/2=2
except of devidingzero.
that is ok.
```

7.5.3　应用举例

C++异常处理的强项不仅在于其能处理各种不同类型的异常，还在于对从对应的 try 块开始到异常被抛出期间构造的且尚未被析构的所有对象自动调用析构函数。

例 7.12　使用带析构语义的类的 C++异常处理

```
#include<iostream.h>
void MyFunc(void);
class CTest{
public:
    CTest(){};
    ~CTest(){};
    const char *ShowReason()const
    {
        return "Exception in CTest class.";
    }
};
class CDtorDemo{
public:
    CDtorDemo();
    ~CDtorDemo();
};
CDtorDemo::CDtorDemo()
```

```
{
    cout<<"Constructing CDtorDemo.\n";
}
CDtorDemo::~CDtorDemo()
{
    cout<<"Destructing CDtorDemo.\n";
}
void MyFunc()
{
    CDtorDemo D;
    cout<<"In MyFunc().Throwing CTest exception.\n";
    throw CTest();
}
int main()
{
    cout<<"In main.\n";
    try
    {
        cout<<"In try block,calling MyFunc().\n";
        MyFunc();
    }
    catch(CTest E)
    {
        cout<<"In catch handler.\n";
        cout<<"Caught CTest exception type:";
        cout<<E.ShowReason()<<"\n";
    }catch(char*str)
    {
        cout<<"Caught some other exception:"<<str<<"\n";
    }
    cout<<"Back in main.Execution resumes here.\n";
    return 0;
}
```

程序运行结果为：

```
In main.
In try block,calling MyFunc().
Constructing CDtorDemo.
In MyFunc().Throwing CTest exception.
Destructing CDtorDemo.
In catch handler.
Caught CTest exception type:Exception in CTest class.
Back in main.Execution resumes here.
```

C++中可以抛出自定义类型的异常，因此可以在程序中定义更加符合实际意义的类型作为异常类型。见下面的例子：

例 7.13 自定义异常类的使用。

```
#include<stdlib.h>
#include<crtdbg.h>
```

```
#include <iostream.h>
// 自定义异常类
class MyExcepction{
public:
    MyExcepction( int errorId)
    {
        cout<<"MyExcepction is constructing..." <<endl;
        m_errorId = errorId;
    }
    MyExcepction( MyExcepction& myExp) // 拷贝构造函数
    {
        cout <<"copy construct is called" <<endl;
        this->m_errorId = myExp.m_errorId;
    }
    ~MyExcepction()
    {
        cout <<"MyExcepction is destructing..." <<endl;
    }
    int getErrorId()
    {
        return m_errorId;
    }
private:
    int m_errorId;
};
int main()
{
    int throwErrorCode;
    for(throwErrorCode=118;throwErrorCode<122;throwErrorCode++)
    {
        try{
            if(throwErrorCode==118)
            {
                MyExcepction myStru(118);
                throw   &myStru;
            }
            else   if(throwErrorCode==119)
            {
                MyExcepction myStru(119);
                throw myStru;
            }else   if(throwErrorCode==120)
            {
                MyExcepction * pMyStru=new MyExcepction(120);
                throw pMyStru;
            }
            else
```

```
                throw MyExcepction(throwErrorCode);
            }
            catch(MyExcepction* pMyExcepction)
            {
                cout<<"执行了 catch(MyExcepction *pMyExcepction)"<<endl;
                cout<<"error Code : "<<pMyExcepction->getErrorId()<<endl;
            }catch(MyExcepction myExcepction)
            {
                cout<<"执行了 catch ( MyExcepction myExcepction)"<<endl;
                cout<<"error Code :"<<myExcepction.getErrorId()<<endl;
            }
            cout<<"................................."<<endl;
        }
        return 0;
    }
```

程序运行结果为：

```
MyExcepction is constructing...
MyExcepction is destructing...
执行了 catch(MyExcepction *pMyExcepction)
error Code : 118
.................................
MyExcepction is constructing...
copy construct is called
copy construct is called
MyExcepction is destructing...
执行了 catch ( MyExcepction myExcepction)
error Code :119
MyExcepction is destructing...
MyExcepction is destructing...
.................................
MyExcepction is constructing...
执行了 catch(MyExcepction *pMyExcepction)
error Code : 120
.................................
MyExcepction is constructing...
copy construct is called
执行了 catch ( MyExcepction myExcepction)
error Code :121
MyExcepction is destructing...
MyExcepction is destructing...
.................................
```

上述程序中当 throwErrorCode=118 时，创建对象 myStru，随后抛出 myStru 对象的地址，由 catch(MyExcepction* pMyExcepction) 捕获，这里将该对象的地址抛出给 catch 语句，不会调用对象的拷贝构造函数，throw 结束后 myStru 会被析构释放掉；当 throwErrorCode=119 时，重新创建对象 myStru 并抛出对象，这里会通过拷贝构造函数创建一个临时的对象传给 catch，由 catch(MyExcepction myExcepction)捕获，在 catch 语句中会再次调用拷贝构造函数将临时对象复制给形参对象，throw 结束后 myStru 会被析构释放掉，catch 结束后两个临时对象也被析构释放掉（通过拷贝构造函数创建的）；当 throwErrorCode=120 时，动态创建异常类对象，并抛出对象指针，由 catch(MyExcepction *myExcepction)捕获，但动态创建的对象没有被释放，除非在 catch 语句中显式地使用 delete 才能释放这部分内存；当 throwErrorCode=121 时，通过构造函数直接创建一个无名对象并抛出（相当于创建了临时的对象传递给了 catch 语句），由 catch(MyExcepction myExcepction)捕获，在 catch 语句中会调用拷贝构造函数将临时对象复制给形参对象，catch 结束后两个对象也被析构释放掉（一个由构造函数创建，一个由拷贝构造函数创建）。

习题七

一、选择题

1．关于函数模板，描述错误的是_______。

A．函数模板必须由程序员实例化为可执行的模板函数

B．函数模板的实例化由编译器实现

C．一个类定义中，只要有一个函数模板，则这个类是类模板

D．类模板的成员函数都是函数模板，类模板实例化后，成员函数也随之实例化

2．下列的模板声明中，正确的是_______。

A．template<typename T1,T2>

B．template<class T1,T2>

C．template<Class T1,class T2>

D．template<typename T1,typename T2>

3．函数模板定义如下：

```
template <typename T>
void Max( T a, T b ,T &c){c=a+b;}
```

下列选项正确的是_______。

A．int x, y; char z;
Max(x, y, z);

B．double x, y, z;
Max(x, y, z);

C．int x, y; float z;
Max(x, y, z);

D．float x; double y, z;
Max(x,y, z);

4．下列有关模板的描述，错误的是_______。

A．模板把数据类型作为一个设计参数，称为参数化程序设计

B．使用时，模板参数与函数参数相同，是按位置而不是名称对应的

C．模板参数表中可以有类型参数和非类型参数

D．类模板与模板类是同一个概念

5．类模板的使用实际上是将类模板实例化成一个_______。

A．函数 B．对象 C．类 D．抽象类

6．类模板的模板参数_______。

A．只能作为数据成员的类型
B．只可作为成员函数的返回类型
C．只可作为成员函数的参数类型
D．以上三种均可

7．类模板的实例化_______。

A．在编译时进行
B．属于动态联编
C．在运行时进行
D．在连接时进行

8．以下类模板定义正确的是_______。

A．template<class T,int i=0>
B．template<class T,class int i>
C．template<class T,typename T>
D．template<class T1,T2>

9．一个_______允许用户为类定义一种模式，使得类中的某些数据成员及某些成员函数的返回值能取任意类型。

A．函数模板 B．模板函数 C．类模板 D．模板类

10．下列程序段中有错的是_______。

A．template <class Type>
B．Type
C．func(Type a,b)
D．{return (a>b)?(a):(b);}

11．建立类模板对象的实例化过程为_______。

A．基类派生类 B．构造函数对象 C．模板类对象 D．模板类模板函数

12．需要一种逻辑功能一样的函数，而编制这些函数的程序文本完全一样，区别只是数据类型不同。对于这种函数，下面不能用来实现这一功能的选项是_______。

A．宏函数
B．对各种类型都重载这一函数
C．模板
D．友元函数

13．下列关于异常的叙述错误的是_______。

A．编译错属于异常，可以抛出
B．运行错属于异常
C．硬件故障也可当异常抛出
D．只要是编程者认为是异常的都可当异常抛出

14．下列叙述错误的是_______。

A．throw 语句必须书写在 try 语句块中
B．throw 语句必须在 try 语句块中直接运行或通过调用函数运行
C．一个程序中可以有 try 语句而没有 throw 语句
D．throw 语句抛出的异常可以不被捕获

15．关于函数声明 float fun(int a,int b)throw，下列叙述正确的是_______。

A．表明函数抛出 float 类型异常
B．表明函数抛出任何类型异常
C．表明函数不抛出任何类型异常
D．表明函数实际抛出的异常

16．下列叙述错误的是_______。

A．catch…语句可捕获所有类型的异常
B．一个 try 语句可以有多个 catch 语句
C．catch…语句可以放在 catch 语句组的中间
D．程序中 try 语句与 catch 语句是一个整体，缺一不可

17．下列程序运行结果为________。

```
#include<iostream.h>
class S{
public:
        ~S( ){cout<<"S"<<"\t";      }
};
char fun0(){
        S s1;
        throw('T');
        return   'O';
}
void main()
{
        try{
        cout<<fun0()<<"\t";}
        catch(char c){
        cout<<c<<"\t";}
}
```

A．S　T　　　B．O　S　T　　　C．O　T　　　D．T

二、填空题

1．C++最重要的特性之一就是代码重用，为了实现代码重用，代码必须具有________。通用代码需要不受数据________的影响，并且可以自动适应数据类型的变化。这种程序设计类型称为________程序设计。模板是 C++支持参数化程序设计的工具，通过它可以实现参数化________性。

2．函数模板的定义形式是 template <模板参数表> 返回类型 函数名(形式参数表){…}。其中，<模板参数表>中参数可以有________个，用逗号分隔。模板参数主要是________参数。它代表一种类型，由关键字________或________后加一个标识符构成，标识符代表一个系统预定义类型或用户定义的类型参数。类型参数可以是任意合法标识符。C++规定参数名必须在函数定义中至少出现一次。

3．编译器通过如下匹配规则确定调用哪一个函数：首先，寻找最符合________和________的一般函数，若找到则调用该函数；否则寻找一个________，将其实例化成一个________，看是否匹配，如果匹配，就调用该________；再则，通过________规则进行参数的匹配。如果还没有找到匹配的函数则调用错误。如果有多于一个函数匹配，则调用产生________，也将产生错误。

4．类模板使用户可以为类声明一种模式，使得类中的某些数据成员、某些成员函数的参数、某些成员函数的返回值能取________（包括________和________的类型）。类是对一组对象的公共性质的抽象，而类模板则是对不同类的________的抽象，因此类模板属于更高层次的抽象。由于类模板需要一种或多种________参数，所以类模板也常常称为________。

5．C++程序将可能发生异常的程序块放在________中，紧跟其后可放置若干个对应的________，在前面所说的块中或块所调用的函数中应该有对应的________，由它在不正常时抛出异常，如与某一条________类型相匹配，则执行该语句。该语句执行完之后，若未退出程序，则执行________。若没有匹配的语句，则交给 C++标准库中的________处理。

6．throw 表达式的行为有些像函数的________，而 catch 子句则有些像函数的________。函数的调用和异常处理的主要区别在于：建立函数调用所需的信息在________时已经获得，而异常处理机制要求________

时的支撑。对于函数，编译器知道在哪个调用点上函数被真正调用；而对于异常处理，异常是________发生的，并沿________查找异常处理子句，这与________多态是________。

三、分析题

1．分析以下程序的执行结果

```
#include<iostream.h>
template <class T>
class Sample{
      T n;
public:
      Sample(T i){n=i;}
      void operator++();
      void disp(){cout<<"n="<<n<<endl;}
};
template <class T>
void Sample<T>::operator++()
{
      n+=1; // 不能用 n++；因为 double 型不能用++
}
void main()
{
      Sample<char> s('a');
      s++;
      s.disp();
}
```

2．分析以下程序的执行结果

```
#include<iostream.h>
template <class T>
T abs(T x)
{
      return (x>0?x:-x);
}
void main()
{
      cout<<abs(-3)<<","<<abs(-2.6)<<endl;
}
```

3．分析以下程序的执行结果

```
#include<iostream.h>
template<class T>
class Sample
{
      T n;
public:
      Sample(){}
      Sample(T i){n=i;}
      Sample<T>&operator+(const Sample<T>&);
      void disp(){cout<<"n="<<n<<endl;}
```

```
};
template<class T>
Sample<T>&Sample<T>::operator+(const Sample<T>&s)
{
    static Sample<T> temp;
    temp.n=n+s.n;
    return temp;
}
void main()
{
    Sample<int>s1(10),s2(20),s3;
    s3=s1+s2;
    s3.disp();
}
```

4．分析以下程序的执行结果

```
#include<iostream.h>
int a[10]={1,2, 3, 4, 5, 6, 7, 8, 9, 10};
int fun( int i);
void main()
{
    int i ,s=0;
    for( i=0;i<=10;i++)
    {
        try{s=s+fun(i);}
        catch(int)
        {cout<<"数组下标越界!"<<endl;}
    }
    cout<<"s="<<s<<endl;
}
int fun( int i)
{
    if(i>=10)
        throw i;
    return a[i];
}
```

5．分析以下程序的执行结果

```
#include<iostream.h>
void f();
class T{
public:
    T( )
    {
        cout<<"constructor"<<endl;
        try{
            throw   "exception";
        }
        catch(char*)
        {cout<<"exception"<<endl;}
```

```
            throw    "exception";
        }
        ~T( ) {cout<<"destructor";}
};
void main()
{
        cout<<"main function"<< endl;
        try{ f( ); }
        catch( char *)
        { cout<<"exception2"<<endl;}
        cout<<"main function"<<endl;
}
void f( )
{    T t;    }
```

四、编程题

1．编写一个对具有 n 个元素的数组 x[]求最大值的程序，要求将求最大值的函数设计成函数模板。

2．设计一个数组类模板 Array<T>，其中包含重载下标运算符函数，并由此产生模板类 Array<int>和 Array<char>，并用一些测试数据对其进行测试。

3．设计一个函数模板，其中包括数据成员 T a[n]以及对其进行排序的成员函数 Sort( )，模板参数 T 可实例化成字符串。

4．设计一个类模板，其中包括数据成员 T a[n]以及在其中查找数据元素的函数 int search(T)，模板参数 T 可实例化成字符串。

5．设计一个单向链表类模板，对结点数据域中的数据按从小到大的顺序排列，并设计插入、删除结点的成员函数。

6．定义一个异常类 CException，有成员函数 Reason()，用来显示异常的类型。定义一个函数 fn1()来触发异常，在主函数 try 模块中调用 fn1()，在 catch 模块中捕获异常，观察程序执行流程。

7．以 String 类为例，在 String 类的构造函数中使用 new 分配内存。如果操作不成功，则用 try 语句触发一个 char 类型异常，用 catch 语句捕获该异常。同时重载数组下标操作符[]，使之具有判断与处理下标越界功能。

第 8 章　C++流类库与输入输出

C++系统提供了一个用于输入输出（I/O）操作的类体系，这个类体系包含了对预定义数据类型进行输入输出操作的功能，程序员也可以利用这个类体系对自定义数据类型进行输入输出操作。通过本章的学习，读者应该掌握以下内容：

- C++流类库及其结构
- 标准输入输出流的输入输出
- 用户自定义类型的输入输出
- 文件的输入输出
- 命名空间和头文件命名规则

数据的输入和输出是十分重要的操作。输入（INPUT）是指将计算机输入设备上的数据读入内存，并赋给相应的变量，比如从文件中读取数据，并将数据赋给变量。输出（OUPUT）则是将数据输出到计算机的输出设备上，如将数据输出到屏幕、打印机，或将数据写入文件等。

C++的输入输出流类是目前最常用的 I/O 系统。在 C++语言中，数据的输入和输出（简写为 I/O）包括对标准输入设备（键盘）和标准输出设备（显示器）、对外存储设备上的文件和对内存中指定的字符串存储空间进行输入输出三个方面。程序员可以利用 C++的输入输出流类对自定义的数据类型进行输入输出操作。其中，对标准输入设备和标准输出设备的输入输出简称为标准 I/O，对外存储设备上文件的输入输出简称为文件 I/O，对内存中指定的字符串存储空间的输入输出简称为串 I/O。

本章将介绍输入输出的基本概念和流库、预定义类型的输入输出、用户自定义类型的输入输出、文件的输入输出等内容。

8.1　C++为何建立自己的输入输出系统

大家都知道，在 C 语言中采用 printf()和 scanf()函数来实现数据的输入与输出。但是这两个函数却存在着一定的缺陷，主要表现在如下两个方面：

（1）非类型安全

通过函数原型来约束编译系统对它进行必要的类型检查，以免除许多错误，但对于 printf()和 scanf()函数，编译器却无法检查对其调用的正确性。请看下面的例子：

```
#include <stdio.h>
void main()
{
```

```
        int k;
        float p;
        scanf("%d",&p);
        scanf("%d",k);//应该写成 scanf("%d",&k);但编译不报错
        printf("%d\n",p);
        printf("%d\n",k);
        printf("%d\n","abcdef");
    }
```

在 int 型占两个字节的情况下，语句 printf("%d\n",p);只输出 p 变量中前 2 个字节的内容，并按 int 型数据格式进行解释；语句 scanf("%d",&p);只输入到 p 变量的前 2 字节，并按 int 型格式进行存放，而后面两个字节内容却没有改变；语句 scanf("%d",k);将键入值存放到内存的相应地址空间中（这里 k 值表示是一个地址值）；语句 printf("%d\n","abcdef");输出“abcdef”的地址值，而不是想要的字符串。

上面这些语句虽然数据类型与格式定义不一致，但编译都能正常通过，这就使程序员要花费更多的时间去找出程序中所存在的错误。

（2）不可扩充性

printf()和 scanf()函数能够完成系统预定义的基本数据类型值的输入输出操作，但是，C++程序中用户需要定义大量的自定义类型，如类类型，其输入输出格式是系统预先未定义的，这就要求输入输出语句具有更强的灵活性和可扩充性，但 printf()和 scanf()函数却不能识别和支持用户自定义的类型。

请看下面的例子：

```
class sample{
    int i;
    float f;
    char *str;
}obj;
```

对于类类型，在 C 语言中下面的语句是不能接受的：

```
printf("%sample",obj);
```

这是因为 printf()函数只能识别系统预定义的数据类型，而无法对用户自定义的类型进行扩充。C++的类机制允许它建立一个可扩展的输入输出系统，可以通过修改和扩展来加入用户自定义类型及相应操作。

C++的流类与 C 的输入输出函数相比具有更大的优越性。首先它是类型安全的，可以防止用户输出数据与类型不一致的错误。另外，C++中可以重载运算符“>>”和“<<”，使之能识别用户自定义的类型，并且像预定义类型一样有效方便。C++输入输出的书写形式也很简单、清晰，这使程序代码具有更好的可读性。虽然在 C++中也可以使用 C 的输入输出库函数，但是最好用 C++的方式来进行输入输出，以便发挥其优势。

鉴于以上两个方面的原因，C++语言有必要建立一套自己的输入输出系统以解决 C 语言中 printf()和 scanf()函数所存在的问题。C++语言内部没有专门的输入输出语句，它是通过一组标准 I/O 函数和 I/O 流来实现的。C++的输入输出系统非常庞大，本章只介绍其中一些最重要和最常用的功能。

8.2　C++流类库及其结构

8.2.1　C++的流

C++的输入输出流是指由若干字节组成的字节序列，这些字节中的数据按顺序从一个对象传送到另一对象。流表示了信息从源到目的端的流动。在输入操作时，字节流从输入设备（如键盘、磁盘）流向内存，在输出操作时，字节流从内存流向输出设备（如屏幕、打印机、磁盘等）。流中的内容可以是 ASCII 字符、二进制形式的数据、图形图像、数字音频视频或其他形式的信息。

实际上，在内存中为每一个数据流开辟一个内存缓冲区，用来存放流中的数据。流是与内存缓冲区相对应的，或者说，缓冲区中的数据就是流。

在 C++中，输入输出流被定义为类。C++的 I/O 库中的类称为流类（stream class），流类形成的层次结构就构成了流类库，也称为流库。用流类定义的对象称为流对象。cout 和 cin 并不是 C++语言中提供的语句，它们是 iostream 类的对象，在未学习类和对象时，为不致引起误解及叙述方便，把它们称为 cout 语句和 cin 语句。在学习了类和对象后，需对 C++的输入输出有更深刻的认识。

C++中包含几个预定义的流对象，它们是标准输入流（对象）cin、标准输出流（对象）cout、非缓冲型的标准出错流（对象）cerr 和缓冲型的标准出错流（对象）clog。这四个流对象所关联的具体设备为：

- “cin”与标准输入设备相关联；
- “cout”与标准输出设备相关联；
- “cerr”与标准错误输出设备相关联（非缓冲方式）；
- “clog”与标准错误输出设备相关联（缓冲方式）。

在缺省情况下，指定的标准输出设备是屏幕，标准输入设备是键盘。在任何情况下，指定的标准错误输出设备总是屏幕。

8.2.2　流类库

C++流类库是用继承方法建立起来的一个输入输出类库，它具有两个平行的基类，即 streambuf 类和 ios 类，所有其他的流类都是从它们直接或间接派生出来的。这两个基类及其构成的层次结构互相配合，完成输入输出操作。其中，ios 类为输入输出操作在用户一方的接口，streambuf 类为输入输出操作在物理设备一方的接口。换句话说，ios 类负责高层操作，streambuf 负责底层操作。

若在一个程序或一个编译单元（即一个程序文件）中需要进行标准 I/O 操作时，则必须包含头文件 iostream.h，当需要进行文件 I/O 操作时，则必须包含头文件 fstream.h，当需要进行串 I/O 操作时，则必须包含头文件 strstream.h。

1．streambuf 类

streambuf 类层次结构如图 8-1 所示。

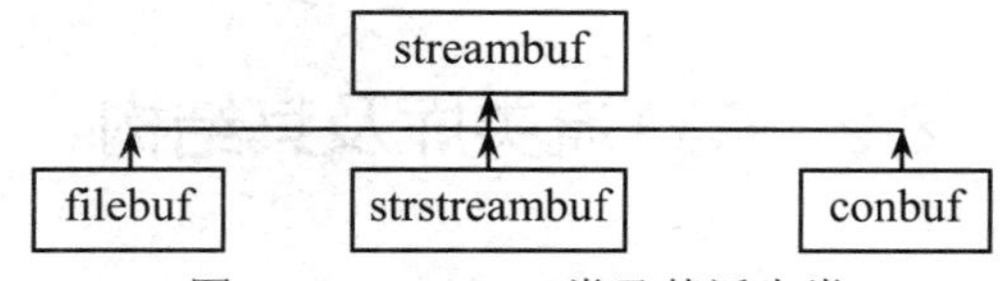

图 8-1 streambuf 类及其派生类

streambuf 是一个抽象类，也称缓冲区类。streambuf 类中包含缓冲区起始地址、读写指针和对缓冲区的读、写操作等，它为 ios 提供底层支持，即提供物理设备的接口，ios 类的每个派生类都有指向 streambuf 相应层次类的指针。

缓冲区由一个字符序列和两个指针组成（输入缓冲区指针和输出缓冲区指针），这两个指针指向字符被插入或取出的位置。

streambuf 提供对缓冲区的底层操作，如设置缓冲区、对缓冲区指针进行操作、从缓冲区取字符、向缓冲区存储字符等。streambuf 类主要用作流类库的其他部分使用的基类。streambuf 类可以派生出三个类，即 filebuf 类、strstreambuf 类和 conbuf 类。

- filebuf 类使用文件来保存缓冲区中的字符序列。当写文件时，将缓冲区的字符写到指定的文件中，然后刷新缓冲区；当读文件时，将指定文件中的内容读到缓冲区中，即打开这个文件；
- strstreambuf 类扩展了 streambuf 类的功能，它提供在内存中进行提取和插入操作的缓冲区管理功能；
- conbuf 类扩展了 streambuf 类的功能，用于处理输出，实现光标控制、颜色设置、活动窗口定义、清屏、清一行等功能，为输出操作提供缓冲区管理。

一般情况下，编程时均使用这三个派生类，很少直接使用 streambuf 类。

2. ios 类

ios 类是所有输入输出对象的根基类，用来提供一些关于对流状态进行设置的功能，里面的成员包含了各种对象的设置及操作。比如对象的打开模式，是输出用还是输入用等。ios 作为流类库中的一个基类，可以派生出许多类，其类层次结构如图 8-2 所示。

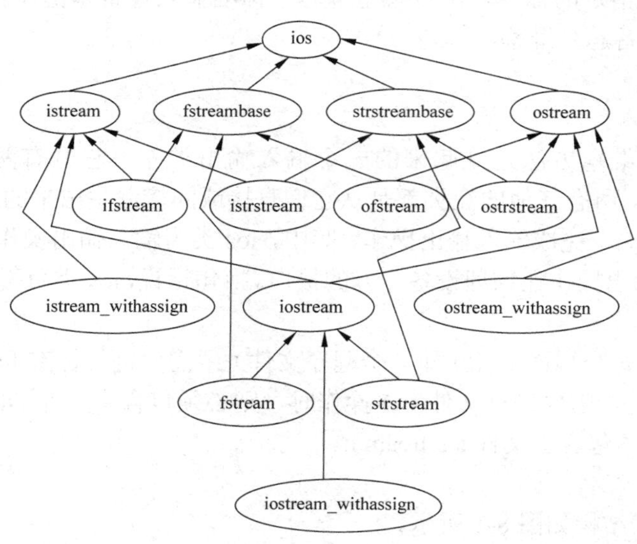

图 8-2 ios 类的派生层次

从图中可以看出，C++为实现数据的输入和输出定义了一个庞大的类库，包括的类主要有 ios、istream、ostream、iostream、ifstream、ofstream、fstream、istrstream、ostrstream、strstream 等。其中 ios 为根基类，它直接派生出四个类，即输入流类 istream、输出流类 ostream、文件流基类 fstreambase 和字符串流基类 strstreambase。

类 istream 和 ostream 是 ios 类层次中最重要且较复杂的类。前者支持输入，提供各种输入方式和提取操作（从缓冲区取字符）；后者支持输出，提供各种输出方式和插入操作（向缓冲区存字符）。输入输出流类 iostream 是通用的 I/O 流类，是通过多重继承从输入流类 istream 和输出流类 ostream 派生而来的，输入输出流类 iostream 把 istream 和 ostream 结合到一起，支持输入输出双向操作。

以 istream、ostream、fstreambase 和 strstreambase 四个基本流类为基础还可以派生出多个实用流类，如 fstream（输入输出文件流类）、strstream（输入输出串流类）、constream（屏幕输出流类）、ifstream（输入文件流类）、ofstream（输出文件流类）、istrstream（输入串流类）和 ostrstream（输出串流类）等。由多个基类生成的派生类可以继承基类的公有成员（包括数据成员和成员函数），如 fstream 的对象可以继承和访问 iostream、istream、ostream、fstreambase 和 ios 的所有公有成员。

在 istream 类、ostream 类和 iostream 类的基础上，分别重载赋值运算符“=”，就派生出 istream_withassign、ostream_withassign 和 iostream_withassign 类，如图 8-2 所示。

C++不仅定义有现成的 I/O 类库供用户使用，而且还为用户进行标准 I/O 操作定义了四个类对象，分别是 cin、cout、cerr 和 clog，这四个包含于 iostream.h 头文件中的标准流对象，如表 8-1 所示。在程序开始运行时，C++会自动调用这四个流。

表 8-1　iostream.h 文件中定义的四种流对象

流对象	含义	默认设备	对应的类	C 语言中相应的标准文件
cin	标准输入流	键盘	istream_withassign	stdin
cout	标准输出流	屏幕	ostream_withassign	stdout
cerr	标准错误流	屏幕	ostream_withassign	stderr
clog	缓冲型标准错误流	屏幕	ostream_withassign	stderr

用户也可以用 istream 和 ostream 等类声明自己的流对象，例如：

```
istream is;        //声明 is 为输入流对象
ostream os;        //声明 os 为输出流对象
```

运算符重载为数据输入输出提供了方便的途径。重载的左移位运算符“<<”表示流的输出，称为流插入运算符；重载的右移位运算符“>>”表示流的输入，称为流读取运算符。这两个运算符可以和标准流对象 cin、cout、cerr、clog 以及用户自定义的流对象一起使用。

使用流类库，程序既可以识别系统预定义的输入输出类型，又可以重载运算符“<<”和“>>”，使程序能够识别用户自定义的类型，大大提高程序的可靠性和灵活性。

3. 与 iostream 类库有关的头文件

（1）iostream.h：包含对输入输出流进行操作的基本信息，提供无格式支持的低级输入输出和有格式支持的高级输入输出操作功能。

（2）fstream.h：包含管理文件输入输出操作的有关信息。

（3）strstream.h：包含对内存中数据进行输入输出操作的有关信息。

（4）stdiostream.h：支持C风格的输入输出操作的有关信息。

（5）iomanip.h：包含输入输出流的格式控制符（manipulator）的有关信息。

当一个程序中需要进行标准流输入输出操作时，则必须包含头文件 iostream.h；当需要进行文件流输入输出操作时，则必须包含头文件 fstream.h；当需要进行字符串流读/写操作时，则必须包含头文件 strstream.h。

8.3 标准输入输出流

8.3.1 标准流类

标准流是不需要打开和关闭文件即可直接操作的流式文件。

1. 标准输入流与输入运算符

cin 是由输入流类 istream 的派生类 istream_withassign 定义的对象，缺省情况下，cin 所关联的外部设备为键盘，实现从键盘上输入数据，cin 为缓冲流。

cin 是 istream 类的对象，它从标准输入设备（键盘）获取数据，程序中的变量通过输入运算符“>>”从流中提取数据。输入运算符“>>”是一个双目运算符，有两个操作数，左面的操作数是 istream 类的一个对象（cin），右面的操作数是系统预定义数据类型的变量。

在 istream 输入流类中定义了对输入运算符“>>”重载的一组公用成员函数，函数的具体声明格式为：

```
istream& operator>>(系统预定义类型标识符&);
```

系统预定义类型标识符可以为 char、signed char、unsigned char、short、unsigned short、int、unsigned int、long、unsigned long、float、double、long double、char*、signed char*、unsigned char*其中的任何一种，对于每一种类型都对应着一个输入运算符重载函数。由于输入运算符重载用于为变量输入数据，所以又称为提取运算符，即从流中提取出数据赋值给变量。如：

```
int x;
cin>>x;
```

当系统执行“cin>>x;”操作时，将根据实参 x 的类型调用相应的输入运算符重载函数，把 x 引用传送给对应的形参，接着从键盘的输入中读入一个值并赋给 x（因形参是 x 的别名）后，返回 cin 流，以便继续使用提取操作符为下一个变量输入数据。

当从键盘上输入数据时，只有当输入完数据并按下回车键后，系统才把该行数据存入到键盘缓冲区中，形成输入流，输入运算符“>>”才能从中提取数据。需要注意保证从流中读取数据能正常进行。

说明：

（1）缺省情况下，运算符“>>”将跳过空白符，然后读入后面与变量类型相对应的值。因此，给一组变量输入值时可用空格或换行将键入的数据进行分隔。如：

```
int i;
float x;
cin>>i>>x;
```

在输入时只需输入下面形式：

```
34 123.56
```

（2）当输入字符串（即类型为 char *的变量）时，运算符“>>”将跳过空白，读入后面的非空白字符，直到遇到另一个空白字符为止，并在串尾加一个字符“\0”。因此，输入字符串遇到空格时，就当作本数据输入结束。如：

```
char *str1;
cin>>str1;
```

当键入的字符串为：

```
This_is a C++ Program!
```

则得到的结果是 str1="This_is"，后面的字符全被略去了。

（3）数据输入时，系统除检查是否有空白外，还检查输入数据与变量类型的匹配情况。如对于语句：

```
cin>>x>>y;          //x 为 int 型，y 为 float 型
```

若输入：342.78 125.8

得到的结果不是预想的 x=342.78、y=125.8，而是 x=342、y=0.78。这是因为系统是用数据类型来分隔输入数据的。在这种情况下，系统把 342.78 中小数点前面的整数部分赋给了整型变量 x，而把剩下的 0.78 赋给了浮点型变量 y。

2．标准输出流与输出运算符

ostream 类定义了三个输出流对象，即 cout、cerr、clog，详细描述如下：

（1）cout 流对象

cout 是 console output 的缩写，意为在控制台（终端显示器）的输出。用来处理标准输出，即屏幕输出。

（2）cerr 流对象

cerr 流对象是标准错误流。cerr 流已被指定为与显示器关联，其作用是向标准错误设备（standard error device）输出有关出错信息。cerr 与标准输出流 cout 的作用和用法差不多。但有一点不同，cout 流通常是传送到显示器输出，但也可以被重定向输出到磁盘文件，而 cerr 流中的信息只能在显示器输出。当调试程序时，往往不希望程序运行时的出错信息被送到其他文件，而要求在显示器上及时输出，这时应该用 cerr。cerr 流中的信息是用户根据需要指定的。

（3）clog 流对象

clog 流对象也是标准错误流，它是 console log 的缩写。它的作用和 cerr 相同，都是在终端显示器上显示出错信息。区别在于 cerr 不经过缓冲区，直接向显示器上输出有关信息，而 clog 中的信息存放在缓冲区中，缓冲区满后或遇 endl 时向显示器输出。

例 8.1　有一元二次方程 $ax^2+bx+c=0$，其一般解为 $x_{1,2}=(-b\pm\sqrt{b^2-4ac})/2a$，但若 $a=0$ 或 $b^2-4ac<0$ 时，用此公式出错。

```
#include<iostream.h>
#include<math.h>
int main()
{
    float a,b,c,disc;
```

```
        cout<<"please input a,b,c:";
        cin>>a>>b>>c;
        if(a==0)
            cerr<<"a is equal to zero,error!"<<endl;//将有关出错信息插入到 cerr 流中，在屏幕输出
        else if((disc=b*b-4*a*c)<0)
            cerr<<"disc=b*b-4*a*c<0"<<endl; //将有关出错信息插入到 cerr 流中，在屏幕输出
        else
        {
            cout<<"x1="<<(-b+sqrt(disc))/(2*a)<<endl;
            cout<<"x2="<<(-b-sqrt(disc))/(2*a)<<endl;
        }
        return 0;
    }
```

程序运行结果为：

```
please input a,b,c:0 2 3
a is equal to zero,error!
please input a,b,c:5 2 3
disc=b*b-4*a*c<0
please input a,b,c:1 2.5 1.5
x1=-1
x2=-1.5
```

输出操作通过输出运算符“<<”来完成，输出运算符<<也称插入运算符，它是一个双目运算符，带两个操作数，左操作数为 ostream 类的一个对象（如 cout），右操作数为一个系统预定义类型的常量或变量。

在 ostream 输出流类中定义了对输出运算符“<<”重载的一组公用成员函数，函数的具体声明格式为：

```
ostream& operator<<(系统预定义类型标识符);
```

系统预定义类型标识符除了与在 istream 流类中声明的输入运算符重载函数中给出的所有简单类型标识符相同以外，还增加了一个 void* 类型，用于输出任何指针（但不能是字符指针，因为它将被作为字符串处理，即输出所指向存储空间中保存的一个字符串）的值。由于输出运算符重载用于向流中输出表达式的值，所以又称为插入操作符。如当输出流是 cout 时，则把表达式的值插入到显示器上，即输出到显示器上显示出来。例如：

```
int x;
cin>>x;
```

当系统执行“cout<<x”操作时，首先根据 x 值的类型调用相应的输出运算符重载函数，把 x 的值按值传送给对应的形参，接着执行函数体，把 x 的值（亦即形参的值）输出到显示器屏幕上，从当前屏幕光标位置起开始显示，然后返回 cout 流，以便继续使用插入操作符输出下一个表达式的值。

说明：

（1）输出运算符“<<”采用左结合方式工作，并且返回它的左操作数，因此，可以把多个输出组合到一起。如：

```
int n=123;
```

```
double e=2.345;
cout<<"n="<<n<<",e="<<e<<'\n';              //多个输出组合到一起
```

输出结果为：

```
n=123,e=2.345
```

（2）可以将不同类型的变量组合在一条语句中，如：

```
cout<<"k="<<k<<"p="<<p<<'\n';
```

将整型数 k 和字符型数据 p 组合在一起，程序在编译时，根据出现在“<<”操作符右边的变量或常量的类型来决定调用哪个“<<”的重载版本。

8.3.2 格式控制输入输出

采用前面学习的 cout 流的默认格式有时不能满足特殊要求，如：

```
double average=9.234602;
cout<<average<<endl;
```

输出时显示为 9.234602，因为默认显示 6 位有效位。而如果希望输出的是 9.23，即保留两位小数，则采用 cout 流的默认格式不能满足需求，因而在 C++中采用格式控制符来实现格式输出。

C++中的 I/O 流可以完成输入输出的格式化操作，如设置域宽、设置精度及整数进制等。虽然在 C++中仍然可以使用 C 语言中的 printf()和 scanf()函数进行格式化处理，但使用更多的是 C++提供的两种格式控制方法。

1．使用流对象的格式控制成员函数

ios 类中有几个公有的成员函数可以用来对输入输出进行格式控制。因此，ios 类定义的流对象可以通过这几个成员函数来控制输入输出格式。用于控制输入输出格式常用的成员函数见表 8-2。

表 8-2　控制输入输出格式的成员函数

函数原型	说明
int width(void)	读取当前设置的域宽
int width(int n)	设置当前域宽为 n，并返回原先设置的域宽
int precision(void)	读取当前设置的浮点数精度
int precision(int n)	设置当前浮点数的精度为 n，并返回原先设置的浮点数精度
char fill(void)	读取当前设置的填充字符
char fill(char ch)	设置当前填充字符为 ch，并返回原先设置的填充字符
long flags(void)	读取当前设置的格式状态标志
long flags(long f)	设置当前格式状态标志为 f，并返回原先设置的格式状态标志
long setf(long f)	设置当前格式状态标志为 f，并返回原先设置的格式状态标志
long unsetf(long f)	清除格式状态标志 f，并返回原先设置的格式状态标志

流成员函数 flags、setf、unsetf 括号中的参数表示格式状态，它是通过格式标志来指定的。格式标志在类 ios 中被定义为枚举值。因此在引用这些格式标志时要在前面加上类名 ios 和域运算符“::”，格式标志见表 8-3。

表 8-3 格式状态中的格式标志

格式标志	作用
ios::left	输出数据在本域宽范围内左对齐
ios::right	输出数据在本域宽范围内右对齐
ios::internal	数值的符号位在域宽内左对齐，数值右对齐，中间由填充字符填充
ios::dec	设置整数的基数为 10
ios::oct	设置整数的基数为 8
ios::hex	设置整数的基数为 16
ios::showbase	强制输出整数的基数（八进制以 0 打头，十六进制以 0x 打头）
ios::showpoint	强制输出浮点数的小点和尾数 0
ios::uppercase	在以科学计数法输出 E 和十六进制输出字母 X 时，以大写表示
ios::showpos	输出正数时，给出“+”号
ios::scientific	设置浮点数以科学计数法（即指数形式）显示
ios::fixed	设置浮点数以固定的小数位数显示
ios::unitbuf	每次输出后刷新所有流
ios::stdio	每次输出后清除 stdout、stderr

下面分别介绍这些成员函数的使用方法。

（1）设置状态标志

设置状态标志即将某一状态标志位置为“1”，使用 setf()函数来实现，其一般的调用格式为：

```
流对象.setf(ios::状态标志);
```

例如：

```
cout.setf(ios::left);//设置输出左对齐标志
cout.setf(ios::skip);//跳过输出中的空白
```

如果要设置多项标志，中间用或运算“|”分隔，例如：

```
cout.setf(ios::showpos|ios::dec|ios::scientific);
```

（2）清除状态标志

清除某一状态标志即将某一状态位置为“0”，使用 unsetf()函数来实现，其一般调用格式为：

```
流对象.unsetf(ios::状态标志);
```

例 8.2 用 setf/unsetf 函数对 cout 流进行格式设置与清除。

```
#include<iostream.h>
int main(void)
{
    //科学计数方式显示，大写 E
    cout.setf(ios::scientific | ios::uppercase);
    cout<<2006.5<<endl;
    cout.setf(ios::fixed | ios::showpos);
    cout<<2006.5<<endl;//显示"+"号
    cout.unsetf(ios::showpos);//下面的 showpos 不起作用，不会显示出"+"号
    cout<<2006.5<<endl;
```

```
    return 0;
}
```

程序运行结果为：

```
2.006500E+003
+2006.5
2006.5
```

（3）取状态标志

可使用 flags()函数取一个状态标志。flags()函数有不带参数与带参数两种形式，其一般格式为：

```
流对象.flags();
流对象.flags(long flag);
```

前者用于返回当前的状态标志字；后者将状态字设置为 flags，并返回设置前的状态字。flags()函数与 setf()函数的差别在于，setf()函数是在原有的基础上追加设定，而 flags()函数是用新状态标志字覆盖以前的状态标志字。

下面的例子说明了以上几个成员函数的使用方法：

例 8.3　取状态标志函数的使用。

```
#include<iostream.h>
void showflag(long f)
{
    long i;
    for(i=0x8000;i;i=i>>1)
        if(i&f)cout<<"1";
        else cout<<"0";
    cout<<endl;

}
main()
{
    long f;
    f=cout.flags();
    showflag(f);
    cout.setf(ios::showpos|ios::scientific);
    f=cout.flags();
    showflag(f);
    cout.unsetf(ios::scientific);
    f=cout.flags();
    showflag(f);
    return 0;
}
```

程序运行结果为：

```
0000000000000000
0000110000000000
0000010000000000
```

showflag()是输出状态标志字的函数。它的算法是从最高位到最低位，逐位计算各位与 1（即 0x8000 依次右移）的位与，并输出该位与结果的值，由于只有 1 和 1 的位相与值才为 1。所以该函数每执行一次，输出一个二进制的状态字。

结果的第二行显示的是追加了 showpos 和 scientific 这两个标志后的状态标志字，不改变原来的设定，只是增加设置。

结果的第三行显示执行 unsetf()函数后的各状态标志位，即从状态标志字中去掉 scientific 后的各状态标志位。

（4）设置域宽

域宽主要用来控制输出，设置域宽的成员函数有两个，其一般调用格式为：

流对象.width();

流对象.width(int w);

前者用来返回当前的域宽值，后者用来设置域宽，并返回原来的域宽。注意，所设置的域宽仅对下一个流输出操作有效，当一次输出操作完成之后，域宽又恢复为 0。

（5）填充字符

填充字符的作用是，当输出值不满域宽时用填充字符来填充，缺省情况下填充字符为空格。所以在使用填充字符函数时，必须与 width()函数相配合，否则就没有意义。填充字符的成员函数有两个，其一般调用格式为：

流对象.fill();

流对象.fill(char ch);

前者用来返回当前的填充字符，后者用 ch 重新设置填充字符，并返回设置前的填充字符。

例 8.4 域宽和填充字符的使用。

```
#include<iostream.h>
int main()
{
        int i;
        for(i=1;i<=4;i++)
        {
                cout.width(4-i);
                cout.fill(' ');
                if(cout.width()!=0)
                        cout<<" ";
                cout.width(2*i-1);
                cout.fill('*');
                cout<<"*"<<endl;
        }
        return(0);
}
```

程序运行结果为：

```
      *
     ***
    *****
   *******
```

（6）设置显示的精度

设置显示精度成员函数的一般调用格式为：

流对象.precision(int p);

此函数用来重新设置浮点数所需小数的位数，并返回设置前小数点后的位数。

下面举例来说明以上这些函数的作用。

例 8.5　成员函数进行格式控制。

```
#include<iomanip.h>
void main()
{
    int x=30, y=300, z=1024;
    cout<<x<<'    '<<y<<'    '<<z<<endl; //按十进制输出
    cout.setf(ios::oct); //设置为八进制输出
    cout<<x<<'    '<<y<<'    '<<z<<endl; //按八进制输出
    cout.unsetf(ios::oct);
    //取消八进制输出设置，恢复按十进制输出
    cout.setf(ios::hex); //设置为十六进制输出
    cout<<x<<' '<<y<<' '<<z<<endl; //按十六进制输出
    cout.setf(ios::showbase | ios::uppercase);
    //设置基数指示符输出和数值中的字母大写输出
    cout<<x<<' '<<y<<' '<<z<<endl;
    cout.unsetf(ios::showbase | ios::uppercase);
    //取消基数指示符输出和数值中的字母大写输出
    cout<<x<<' '<<y<<' '<<z<<endl;
    cout.unsetf(ios::hex);
    //取消十六进制输出设置，恢复按十进制输出
    cout<<x<<' '<<y<<' '<<z<<endl;
}
```

程序运行结果为：

```
30 300 1024
36 454 2000
1e 12c 400
0X1E 0X12C 0X400
1e 12c 400
30 300 1024
```

例 8.6　成员函数进行格式控制。

```
#include<iostream.h>
void main()
{
    int x=468;
    double y=-3.425648;
    cout<<"x=";
    cout.width(10); //设置输出下一个数据的域宽为 10
    cout<<x; //按缺省的右对齐输出，剩余位置填充空格字符
    cout<<"y=";
    cout.width(10); //设置输出下一个数据的域宽为 10
```

```
    cout<<y<<endl;
    cout.setf(ios::left); //设置按左对齐输出
    cout<<"x=";
    cout.width(10);
    cout<<x;
    cout<<"y=";
    cout.width(10);
    cout<<y<<endl;
    cout.fill('*'); //设置填充字符为'*'
    cout.precision(3); //设置浮点数输出精度为 3
    cout.setf(ios::showpos); //设置输出正数的正号
    cout<<"x=";
    cout.width(10);
    cout<<x;
    cout<<"y=";
    cout.width(10);
    cout<<y<<endl;
}
```

程序运行结果为：

```
x=       468y=  -3.42565
x=468       y=-3.42565
x=+468******y=-3.43*****
```

2. 用预定义的格式控制操作符

使用 ios 类定义的流对象的成员函数进行输入输出格式控制时，每个函数的调用需要写一条语句，而且不能将它们直接嵌入到输入输出语句中去，使用起来显然不太方便。C++提供了另一种进行输入输出格式控制方法，此方法使用了一种称为操作符的特殊函数。在很多情况下，使用操作符（操作符函数）进行格式化控制比使用流对象的成员函数要方便。

所有不带参数的操作符都定义在头文件 iostream.h 中，具体如下：

（1）dec：以十进制形式输入或输出整型数，它也是系统预置的进制。

（2）oct：以八进制形式输入或输出整型数。

（3）hex：以十六进制形式输入或输出整型数。

（4）ws：提取空白字符，可用于输入。

（5）endl：插入一个换行符并刷新输出流，仅用于输出。

（6）ends：插入一个空字符'\0'，通常用来结束一个字符串，仅用于输出。

（7）flush：刷新一个输出流，仅用于输出。

带形参的操作符则定义在头文件 iomanip.h 中，具体如下：

（1）setbase(int n)：设置进制转换的基数格式为 n（n 的取值为 0、8、10 或 16），n 的值缺省为 0，表示十进制，仅用于输出。

（2）setiosflags(long f)：设置由参数 f 指定的格式标志，可用于输入或输出。

（3）resetiosflags(long f)：关闭由参数 f 指定的格式标志，可用于输入输出。

（4）setfill(char ch)：设置 ch 为填充符，缺省时为空格，可用于输入输出。

（5）setprecision(int n)：设置小数部分的位数，可用于输入或输出。

（6）setw(int n)：设置域宽为 n，可用于输入输出。

操作符 setiosflags()和 resetiosflags()中所用的格式标志与流成员函数中参数值的取值相同，详见表 8-3 所示。

在进行输入输出时，操作符被嵌入到输入或输出流中，用来控制输入输出的格式，而不是执行输入或输出操作。

下面通过例子来介绍操作符的使用。

例 8.7　用操作符控制格式输出。

```
#include<iostream>
#include <iomanip>//不要忘记包含此头文件
using namespace std;
int main()
{
    int a=123;
    cout<<"dec:"<<dec<<a<<endl;                    //以十进制形式输出整数
    cout<<"hex:"<<hex<<a<<endl;                    //以十六进制形式输出整数 a
    cout<<"oct:"<<setbase(8)<<a<<endl;             //以八进制形式输出整数 a
    char *pt="China";                              //pt 指向字符串"China"
    cout<<setw(10)<<pt<<endl;                      //指定域宽为 10，输出字符串
    cout<<setfill('*')<<setw(10)<<pt<<endl;        //指定域宽 10，输出字符串，空白处以'*'填充
    double pi=22.0/7.0;                            //计算 pi 值
    cout<<setiosflags(ios::scientific)<<setprecision(8); //按指数形式输出，8 位小数
    cout<<"pi="<<pi<<endl;                         //输出 pi 值
    cout<<"pi="<<setprecision(4)<<pi<<endl;        //改为 4 位小数
    cout<<"pi="<<setiosflags(ios::fixed)<<pi<<endl;    //改为小数形式输出
    return 0;
}
```

程序运行结果为：

```
dec:123
hex:7b
oct:173
     China
*****China
pi=3.14285714e+000
pi=3.1429e+000
pi=3.143
```

注意：iomanip.h 是 I/O 流控制头文件，就像 C 里面的格式化输出一样，在新版本的 C++中头文件已经用 iomanip 取代了 iomanip.h。在 VC++ 6.0 下如果将头文件 iostream 和 iomanip 写成 iostream.h 和 iomanip.h，setbase(8)编译将报错，说明旧的版本的 iomanip.h 不支持 setbase 操作符。

3. 用户自定义的操作符

C++除了提供系统预定义的操作符（操作符函数）外，也允许用户自定义操作符函数，来合并程序中频繁使用的输入输出操作，使输入输出密集的程序变得更加清晰高效，并可避免意外的错误。下面介绍自定义操作符函数的定义方法。

若为输出流定义操作符函数，则定义形式如下：

```
ostream& manip_name(ostream& stream)
{
    ... //自定义代码
    return stream;
}
```

若为输入流定义操作符函数，则定义形式如下：

```
istream& manip_name(istream& stream)
{
    ... //自定义代码
    return stream;
}
```

在以上的定义形式中，manip_name 是操作符函数的名字，其他标识符可照原样写上。操作符返回 stream（也可用其他标识符，但必须与参数表中的形参一致）是定义时的关键，否则操作符就不能用在流的输入输出操作序列中。

例 8.8 为输出流定义操作符函数。

```
#include<iostream.h>
#include<iomanip.h>
ostream& output1(ostream& stream)
{
    stream.setf(ios::left);
    stream<<setw(10)<<oct<<setfill('&');
    return stream;
}
void main()
{
    cout<<421<<endl;
    cout<<output1<<421<<endl;
}
```

程序运行结果如下：

```
421
645&&&&&&&
```

该程序创建了操作符函数 output1，其功能为设置左对齐格式标志、把域宽置为 10、整数按八进制输出、填空字符为“&”。在 main()函数中调用该函数时，只写“output1”即可。其调用方法与预定义操作符（如 dec、endl 等）完全一样。

例 8.9 为输入流定义操作符函数。

```
#include<iostream.h>
#include<iomanip.h>
istream& input1(istream& in)
{
    in>>hex;
    cout<<"Enter number using hex format:";
    return in;
```

```
}
void main()
{
    int i;
    cin>>input1>>i;
    cout<<"****"<<hex<<i<<"****"<<oct<<i<<"****"<<dec<<i<<"****"<<endl;
}
```

以上程序定义了操作符函数 input1，该函数要求输入一个十六进制数。程序运行结果如下：

```
Enter number using hex format:
```

提示用户输入一个十六进制数，如 3a2b，则输出结果如下：

```
****3a2b****35053****14891****
```

8.3.3　用于输入输出的流成员函数

1．用 put 函数输出字符

ostream 类除了提供上面介绍过的用于格式控制的成员函数外，还提供了专用于输出单个字符的成员函数 put。如：

```
cout.put('a');
```

调用该函数的结果是在屏幕上显示一个字符 a。put 函数的参数可以是字符或字符的 ASCII 码，也可以是一个整型表达式。如：

```
cout.put(65+32);
```

运行后也显示字符 a，因为 97 是字符 a 的 ASCII 码。

可以在一个语句中连续调用 put 函数。如：

```
cout.put(71).put(79).pu(79).put(68).put('\n');
```

运行后将在屏幕上显示 GOOD。

例 8.10　有一个字符串“BASIC”，要求把它们按相反的顺序输出。

```
#include <iostream>
using namespace std;
int main( )
{
    char *a="BASIC";//字符指针指向'B'
    for(int i=4;i>=0;i--)
        cout.put(*(a+i)); //从最后一个字符开始输出
    cout.put('\n');
    return 0;
}
```

程序运行结果为：

```
CISAB
```

也可以用 putchar 函数输出一个字符。putchar 函数是 C 语言中使用的，在 stdio.h 头文件中定义。C++保留了这个函数，在 iostream 头文件中定义。成员函数 put 不仅可以用 cout 流对象来调用，也可以用 ostream 类的其他流对象来调用。

2．用 get 函数读入一个字符

流成员函数 get 有三种形式：无参数的、带一个参数的、带三个参数的。

（1）不带参数的 get 函数

其调用形式为：

cin.get()

用来从指定的输入流中提取一个字符，函数的返回值就是读入的字符。若遇到输入流中的文件结束符，则函数值返回文件结束标志 EOF（End Of File）。

例 8.11 用 get 函数读入字符。

```
#include<iostream>
using namespace std;
int main( )
{
    int c;
    cout<<"enter a sentence:"<<endl;
    while((c=cin.get())!=EOF)
        cout.put(c);
    return 0;
}
```

程序运行结果为：

```
enter a sentence:
This is a string.↙（输入一行字符）
This is a string.  （输出该行字符）
^Z↙（程序结束）
```

C 语言中的 getchar 函数与流成员函数 cin.get()的功能相同，C++保留了 C 的这种用法。

（2）带一个参数的 get 函数

其调用形式为：

cin.get(ch)

其作用是从输入流中读取一个字符，赋给字符变量 ch。如果读取成功则函数返回非 0 值（真），如失败（遇文件结束符）则函数返回 0 值（假）。例 8.11 可以改写成如下形式：

```
#include<iostream>
using namespace std;
int main( )
{
    char c;
    cout<<"enter a sentence:"<<endl;
    while(cin.get(c))   //读取一个字符赋给字符变量 c，如果读取成功，cin.get(c)为真
        cout.put(c);
    cout<<"end"<<endl;
    return 0;
}
```

（3）带三个参数的 get 函数

其调用形式为：

cin.get(字符数组，字符个数 n，终止字符);

或：

cin.get(字符指针，字符个数 n，终止字符）;

其作用是从输入流中读取 n-1 个字符，并赋给指定的字符数组（或字符指针指向的数组），如果在读取 n-1 个字符之前遇到指定的终止字符，则提前结束读取。如果读取成功则函数返回非 0 值（真），如失败（遇文件结束符）则函数返回 0 值（假）。再将例 8.11 改写成如下形式：

```
#include <iostream>
using namespace std;
int main( )
{
    char ch[20];
    cout<<"enter a sentence:"<<endl;
    cin.get(ch,10,'\n');//指定换行符为终止字符
    cout<<ch<<endl;
    return 0;
}
```

程序运行结果为：

```
enter a sentence:
This is a string.
This is a
```

get 函数中第三个参数可以省略，此时默认为'\n'。下面两行代码等价：

```
cin.get(ch,10,'\n');
cin.get(ch,10);
```

终止字符也可以用其他字符。如：

```
cin.get(ch,10, 'x');
```

3. 用 getline 函数读入一行字符

getline 函数的作用是从输入流中读取一行字符，其用法与带三个参数的 get 函数类似。即：

```
cin.getline(字符数组(或字符指针)，字符个数 n，终止标志字符);
```

例 8.12　用 getline 函数读入一行字符。

```
#include <iostream>
using namespace std;
int main( )
{
    char ch[20];
    cout<<"enter a sentence:"<<endl;
    cin>>ch;
    cout<<"The string read with cin is:"<<ch<<endl;
    cin.getline(ch,20,'/');//读 19 个字符或遇'/'结束
    cout<<"The second part is:"<<ch<<endl;
    cin.getline(ch,20); //读 19 个字符或遇'\n'结束
    cout<<"The third part is:"<<ch<<endl;
    return 0;
}
```

程序运行结果为：

```
enter a sentence:
I like C++./I study C++./I am happy.
```

```
The string read with cin is:I
The second part is: like C++.
The third part is:I study C++./I am h
```

注意："cin.get(ch,20,'/');" 与 "cin.getline(ch,20,'/');" 的区别在于，前者在读入 19 个字符之前遇到 "/" 时停止，结束符 "/" 没有读入，仍停留在输入流中，而后者在读入 19 个字符之前遇到 "/" 时停止，结束符 "/" 被读走，但被系统丢弃，并在读入的字符串最后加上了结束符'\0'。

4. istream 类的其他成员函数

除了以上介绍的用于读取数据的成员函数外，istream 类还有其他在输入数据时使用的一些成员函数。常用的有以下几种：

（1）eof 函数

eof 是 end of file 的缩写，表示"文件结束"。从输入流读取数据，如果到达文件末尾（遇文件结束符），eof 函数值为非零值（表示真），否则为 0（假）。

例 8.13 逐个读入一行字符，输出其中的非空格字符。

```
#include<iostream>
using namespace std;
int main( )
{
    char c;
    while(!cin.eof( ))//eof( )为假表示未遇到文件结束符
        if((c=cin.get( ))!=' ')//检查读入的字符是否为空格字符
            cout.put(c);
    return 0;
}
```

程序运行结果为：

```
This is a string.
Thisisastring.
^Z
```

（2）peek 函数

peek 是"观察"的意思，peek 函数的作用是观测下一个字符。其调用形式为：

```
cin.peek();
```

函数的返回值是指针指向的当前字符，但它只是观测，指针仍停留在当前位置，并不后移。如果要访问的字符是文件结束符，则函数值是 EOF(-1)。

（3）putback 函数

其调用形式为：

```
cin.putback(ch);
```

其作用是将前面用 get 或 getline 函数从输入流中读取的字符 ch 返回到输入流，插入到当前指针位置，以供后面读取。

例 8.14 peek 函数和 putback 函数的举例。

```
#include <iostream>
using namespace std;
int main()
```

```
{
    char c[20];
    int ch;
    cout<<"please enter a sentence:"<<endl;
    cin.getline(c,15,'/');
    cout<<"The first part is:"<<c<<endl;
    ch=cin.peek( );//观看当前字符
    cout<<"The next character(ASCII code) is:"<<ch<<endl;
    cin.putback(c[0]); //将'I'插入到指针所指处
    cin.getline(c,15,'/');
    cout<<"The second part is:"<<c<<endl;
    return 0;
}
```

程序运行结果为：

```
please enter a sentence:
I am a boy./ am a student./
The first part is:I am a boy.
The next character(ASCII code) is:32（下一个字符是空格）
The second part is:I am a student.
```

输入流中字符串的变化如图 8-3 所示。

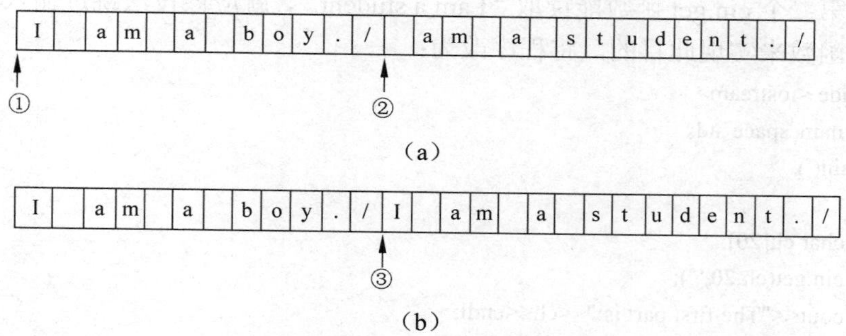

图 8-3　输入流运行 putback 函数后的前后变化

程序运行时，从键盘输入字符串如图 8-3（a）所示，当执行“cin.getline(c,15,'/');”语句后，在②所指示的位置前遇到结束符“/”而停止输入，打印第一部分的内容为“I am a boy.”；执行“ch=cin.peek( );”语句后，将②后面的空格读入到 ch 中，打印 ch 的内码是 32；执行“cin.putback(c[0]);”后，在②位置后插入“I”字符（c[0]的内容为“I”）；执行“cin.getline(c,15,'/');”后，打印第二部分的内容为“I am a student.”。

（4）ignore 函数

其调用形式为：

```
cin.ignore(n, 终止字符);
```

ignore 函数的作用是跳过输入流中 n 个字符，或在遇到指定的终止字符时提前结束(此时跳过包括终止字符在内的若干字符)。如：

```
ighore(5,'A');//跳过输入流中 5 个字符，或遇'A'后就不再跳了
```

也可以不带参数或只带一个参数。如：

ignore( );//n 默认值为 1，终止字符默认为 EOF

相当于：

ignore(1,EOF);

例 8.15 ignore 函数的举例。

```
#include <iostream>
using namespace std;
int main( )
{
    char ch[20];
    cin.get(ch,20,'/');
    cout<<"The first part is:"<<ch<<endl;
    cin.get(ch,20,'/');
    cout<<"The second part is:"<<ch<<endl;
    return 0;
}
```

程序运行为：

```
This is a string./I am a student./I am a teacher.
The first part is:This is a string.
The second part is:
```

如果希望第二个 cin.get 函数能读取“I am a student.”，就应该设法跳过输入流中第一个'/'，可以用 ignore 函数来实现此目的，将程序改为：

```
#include <iostream>
using namespace std;
int main( )
{
    char ch[20];
    cin.get(ch,20,'/');
    cout<<"The first part is:"<<ch<<endl;
    cin.ignore();//跳过输入流中一个字符
    cin.get(ch,20,'/');
    cout<<"The second part is:"<<ch<<endl;
    return 0;
}
```

程序运行结果为：

```
This is string./I am a student./I am a teacher.
The first part is:This is string.
The second part is:I am a student.
```

8.4 用户自定义类型的输入输出

从前面介绍的内容可知，对于预定义的基本数据类型（如 int、char、float 以及它们的导出类型），其可以执行的操作均由相应运算符来指定。若要让用户自定义的类类型数据（即对象）也能像其他基本数据类型一样利用“<<”及“>>”来输入或输出，就需要在 C++中通过重载运算符“>>”和“<<”来实现。

8.4.1　重载输出运算符“<<”

输出运算符“<<”也称为插入运算符。通过重载运算符“<<”可以实现用户自定义类型的输出。定义输出运算符“<<”重载函数的一般格式如下：

```
ostream& operator<<(ostream& out,class_name& obj)
{
    out<<obj.item1;
    out<<obj.item2;
    …
    out<<obj.itemn;
    return out;
}
```

函数中第一个参数是对 ostream 对象的引用，这意味着 out 必须是输出流，它可以是其他任何合法的标识符，但必须与 return 后面的标识符相同。第二个参数为用户自定义类型 class_name 的对象的引用。item1、…、itemn 为用户自定义类型中的各个域分量。由于类中的私有数据成员不允许类的使用者直接访问，所以重载运算符函数应该使用友元函数。

请看下面的实例。

例 8.16　使用输出运算符“<<”重载求圆的面积。

```
#include <iostream.h>
class circle{
    double r,s;
public:
    circle(int k=0)
    {r=k;s=3.1415926*r*r;}
    friend ostream& operator<<(ostream& stream1,circle& s1);
};
ostream& operator<<(ostream& stream1,circle& s1)
{
    stream1<<s1.r<<","<<s1.s<<endl;
    return stream1;
}
void main()
{
    circle aa(3),bb(19);
    cout<<aa<<bb;
}
```

程序运行结果为：

```
3,28.2743
19,1134.11
```

重载输出运算符函数的第二个参数使用引用，并不是为了修改实参，而是为了减少调用时的开销。因为用户自定义类型往往包含多个域分量，如果使用普通对象作参数，调用时需要把每个域分量的值逐一传进来，时间和空间开销都较大，而使用引用参数只需把对象的地址传进来即可。

8.4.2 重载输入运算符“>>”

输入运算符“>>”也称为提取运算符，定义输入运算符“>>”重载函数的一般格式如下：

```
istream& operator>>(istream& in,class_name& obj)
{
    in>>obj.item1;
    in>>obj.item2;
    …
    in>>obj.itemn;
    return in;
}
```

与重载输出运算符函数一样，重载输入运算符函数也不能是所操作的类的成员函数，但可以是该类的友元函数或独立函数。请看下面的实例。

例 8.17 输入输出运算符重载实例。

```
#include <iostream.h>
class point{ //定义类 point
    double x,y;
public:
    point(double a,double b)
    {x=a;y=b;}
    friend ostream& operator<<(ostream& out,point& p1);
    friend istream& operator>>(istream& in,point& p1);
};
ostream& operator<<(ostream& out,point& p1)//输出运算符重载
{
    out<<p1.x<<","<<p1.y<<endl;
    return out;
}
istream& operator>>(istream& in,point& p1) //输入运算符重载
{
    cout<<"Please Enter x,y value:";
    in>>p1.x;
    in>>p1.y;
    return in;
}
void main()
{
    point pp(100,30);       //定义类 point 的对象 pp
    cout<<pp;               //输出对象 pp 的成员值
    cin>>pp;                //输入对象 pp 的成员值，并将原值覆盖
    cout<<pp;               //输出对象 pp 新的成员值
}
```

程序运行结果为：

```
100,30
Please Enter x,y value:23.45 45.67
23.45,45.67
```

说明：

（1）该重载函数的返回类型是 istream 类对象的引用，返回引用的目的在于把几个输入运算符“>>”放在同一条输入语句中时，该重载函数仍能正确工作。如：

```
cin>>d1>>d2>>d3;
```

等价于：

```
cin>>d1;
cin>>d2;
cin>>d3;
```

（2）重载运算符函数 operator>>的第二个参数必须是一个引用，这样可使函数体中对参数 pp 的修改影响实参，这是因为从输入流输入的值要存入与 pp 对应的实参中。

8.5　文件的输入输出

8.5.1　文件的概念

迄今为止，我们讨论的输入输出均是以系统指定的标准设备（输入设备为键盘，输出设备为显示器）为对象。在实际应用中，常以磁盘文件作为对象，即从磁盘文件读取数据，将数据输出到磁盘文件。

所谓“文件”，一般指存储在外部介质上数据的集合。一批数据是以文件的形式存放在外部介质上的。操作系统是以文件为单位对数据进行管理的，要向外部介质上存储数据也必须先建立一个文件（以文件名标识），才能向它输出数据。

外存文件包括磁盘文件、光盘文件和 U 盘文件，目前使用最广泛的是磁盘文件。对用户来说，常用到的文件有两大类，一类是程序文件（program file），一类是数据文件（data file）。程序中输入和输出的对象就是数据文件。根据文件中数据的组织形式，又可分为 ASCII 文件和二进制文件。

ASCII 文件又称为字符文件或文本文件，它的每一个字节存放一个 ASCII 码，代表一个字符，因而便于对字符进行逐个处理，也便于输出字符。但缺点是占用存储空间较多，而且要花费转换时间（二进制形式与 ASCII 码间的转换）。二进制文件又称为字节文件，是把内存中的数据按其在内存中的存储形式原样输出到磁盘上存放。用二进制形式输出数据，可以节省外存空间和转换时间，但一个字节并不对应一个字符，不能直接输出字符形式。对于需要暂时保存在外存上以后又需要输入到内存的中间结果数据，常用二进制文件保存。

对于字符信息，在内存中是以 ASCII 代码形式存放的，因此，无论用 ASCII 文件输出还是用二进制文件输出，其数据形式是一样的。但是对于数值数据，二者则不同。例如有一个长整数 100000，在内存中占 4 个字节，如果按内部格式直接输出，在磁盘文件中占 4 个字节，如果将它转换为 ASCII 码形式输出，则要占 6 个字节，如图 8-4 所示。

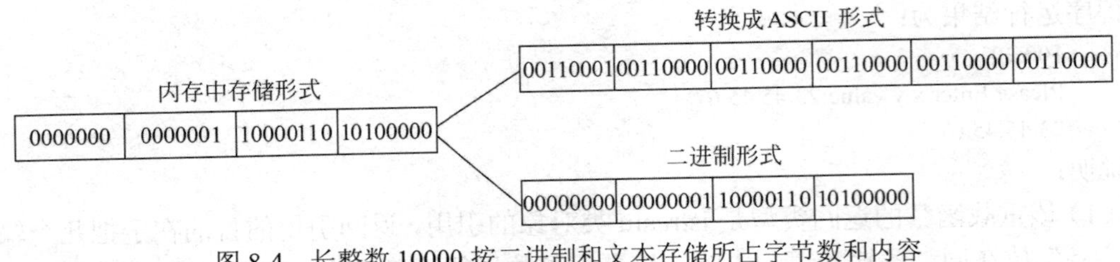

图 8-4 长整数 10000 按二进制和文本存储所占字节数和内容

8.5.2 文件流类与文件流对象

文件流是以外存文件为输入输出对象的数据流。输出文件流是从内存流向外存文件的数据，输入文件流是从外存文件流向内存的数据。每一个文件流都有一个内存缓冲区与之对应。

请注意区分文件流与文件的概念。文件流本身不是文件，而只是以文件为输入输出对象的流。若要对磁盘文件进行输入输出，就必须通过文件流来实现。

在 C++的 I/O 类库中定义了几种文件类，专门用于对磁盘文件的输入输出操作。在图 8-2 中可以看到除了已介绍过的标准输入输出流类 istream、ostream 和 iostream 类外，还有三个用于文件操作的文件类：

（1）ifstream 类，它是从 istream 类派生的。用来支持从磁盘文件的输入。

（2）ofstream 类，它是从 ostream 类派生的。用来支持向磁盘文件的输出。

（3）fstream 类，它是从 iostream 类派生的。用来支持对磁盘文件的输入输出。

要以磁盘文件为对象进行输入输出，必须定义一个文件流类的对象，通过文件流对象将数据从内存输出到磁盘文件，或者通过文件流对象从磁盘文件将数据输入到内存。

其实在用标准设备为对象进行输入输出时，也是要定义流对象的，如 cin、cout 就是流对象，C++是通过流对象进行输入输出的。

由于 cin、cout 已在 iostream.h 中事先定义，所以用户不需自己定义。在用磁盘文件时，由于情况各异，无法事先统一定义，必须由用户自己定义。此外，对磁盘文件的操作是通过文件流对象（而不是 cin 和 cout）实现的。文件流对象是用文件流类定义的，而不是用 istream 和 ostream 类来定义的。

可以用下面的方法建立一个输出文件流对象：

```
ofstream outfile;
```

现在在程序中定义了 outfile 为 ofstream 类（输出文件流类）的对象。但是有一个问题还未解决，在定义 cout 时已将它和标准输出设备建立关联，而现在虽然建立了一个输出文件流对象，但是还未指定它向哪一个磁盘文件输出，需要在使用时加以指定。

8.5.3 文件的打开与关闭

1. 打开磁盘文件

打开文件是指在文件读写之前做必要的准备工作，包括：

（1）为文件流对象和指定的磁盘文件建立关联，以便使文件流流向指定的磁盘文件。

（2）指定文件的打开方式。

在 C++中要在程序中使用文件时，首先要在开始包含头文件#include<fstream.h>。由它提供的输入文件流类 ifstream、输出文件流类 ofstream 和输入输出文件流类 fstream 来定义用户所需要的文件流对象，然后利用该对象调用相应类中的 open 成员函数，按照一定的打开方式打开一个文件。

每个文件流类都有一个 open 成员函数，并且具有完全相同的声明格式，具体声明格式为：

```
void open(const char* fname, int mode);
```

其中 fname 参数用于指向要打开文件的文件名字符串，该字符串内可以带有盘符和路径名，若省略盘符和路径名则隐含为当前盘和当前路径，mode 参数用于指定打开文件的方式，对应的实参是 ios 类中定义的 open_mode 枚举类型中的枚举常量，或由这些枚举常量构成的按位或表达式，其取值如表 8-4 所示。

表 8-4　文件打开方式选项

打开方式	说明
ios::in	以输入（读）方式打开文件，是 ifstream 对象的默认方式
ios::out	以输出（写）方式打开文件，是 ofstream 对象的默认方式。若打开一个已有文件，则删除原有内容，若打开的文件不存在，则创建该文件
ios::app	以输出追加方式打开文件，不删除文件原有内容
ios::ate	文件打开时，文件指针定位于文件尾
ios::trunc	打开一个输出文件，如果它存在则删除文件原有内容；如果文件不存在，则创建新文件
ios::binary	以二进制模式打开一个文件（默认是文本模式）
ios::noreplace	仅打开一个不存在的文件（存在则失败）
ios::in|ios::out	以读和写的方式打开文件
ios::out|ios::binary	以二进制写方式打开文件
ios::in|ios::binary	以二进制读方式打开文件
ios::nocreate	仅打开一个存在的文件（不存在则失败）

C++文件打开的方法有两种，分别是直接方法和间接方法。具体实现过程如下：

（1）直接法

直接法是在创建文件流对象的同时立即打开相关联的文件。具体实现过程就是向文件流对象的构造函数传送文件名和打开方式等参数。如：

```
istream file1("a.txt",ios::in);
ostream file2("b.txt",ios::out|ios::binary);
```

（2）间接法

间接法是先创建文件流对象，再调用成员函数 open，并传给它文件名和打开方式等参数，打开相关联的文件。如：

```
istream file1;
file1.open("a.txt",ios::in);
ostream file2;
file2.open("b.txt",ios::out|ios::binary);
```

说明：

（1）新版本的 I/O 类库中不提供 ios::nocreate 和 ios::noreplace。

（2）每一个打开的文件都有一个文件指针。

（3）可以用“位或”运算符“|”对输入输出方式进行组合。

（4）如果打开操作失败，open 函数的返回值为 0（假），如果以间接法的方式打开文件，则流对象的值为 0。如：

```
if(!file1)
{
    cout<<"Cannot open file!\n";
    //错误处理代码
}
```

文件只有被成功打开后，才能进行读写操作。如果打开失败，流对象的值将为零。因此，在使用文件之前必须进行检测，以确认打开一个文件是否成功。

2. 关闭磁盘文件

当打开的文件操作结束后，应该及时关闭文件，使文件流与对应的物理文件断开联系，并能够保证最后输出到文件缓冲区中的内容，无论是否已满，都将立即写入到对应的物理文件中。文件流对应的文件被关闭后，还可以利用该文件流调用 open 成员函数打开其他的文件。

可以使用流对象调用 close()成员函数来关闭文件。close()函数不带参数，不返回值。如要关闭 outfile 流所对应的“a:\ff1.dat”文件，则使用如下语句：

```
outfile.close();
```

在进行文件操作时，应养成将已完成操作的文件关闭的习惯。如果不关闭文件，则有可能丢失数据。

8.5.4 对文本文件的操作

如果文件的每一个字节均以 ASCII 代码形式存放数据，即一个字节存放一个字符，这个文件就是文本文件（或称 ASCII 文件）。程序可以从文本文件中读入若干个字符，也可以向它输出一些字符。

对文本文件的读写操作可以采用以下两种方法：

（1）用流插入运算符“<<”和流提取运算符“>>”输入输出标准类型的数据。

（2）用本章 8.3.3 节中介绍的文件流的 put、get、getline 等成员函数进行字符的输入输出。

例 8.18 有一个整型数组含 10 个元素，从键盘输入 10 个整数给数组，并将此数组送到磁盘文件中存放。

```
#include<process.h>
#include<fstream.h>
int main( )
{
    int a[10];
    //定义文件流对象，并以文本文件（默认）方式打开输出文件"f1.dat"
    ofstream outfile("f1.dat",ios::out);
    if(!outfile)//如果打开失败，outfile 返回 0 值
    {
        cerr<<"open error!"<<endl;
        exit(1);
    }
```

```
        cout<<"enter 10 integer numbers:"<<endl;
        for(int i=0;i<10;i++)
        {
            cin>>a[i];
            outfile<<a[i]<<" ";
        }           //向磁盘文件"f1.dat"输出数据
        outfile.close(); //关闭磁盘文件"f1.dat"
        return 1;
    }
```

程序运行结果为：

```
enter 10 integer numbers:
11 12 13 14 15 16 17 18 19 20
```

说明：

（1）在向磁盘文件输出一个数据后，要输出一个（或几个）空格或换行符，以作为数据间的分隔，否则以后从磁盘文件读数据时，10 个整数的数字连成一片无法区分。

（2）打开文件操作时，如果不显式说明以二进制方式打开，则默认都是以文本文件方式打开。

（3）输出文件“f1.dat”如果不指定路径，默认都放在当前路径，即源程序所在的文件夹中。

（4）“f1.dat”本身是文本文件，由于后缀名不是 txt，所以显示的并不是文本文件的图标，但仍然可以用写字板或其他编辑软件打开。

（5）“exit(1)”是在头文件 process.h 中声明的。

例 8.19　从例 8.18 建立的数据文件 f1.dat 中读入 10 个整数放在数组中，找出并输出 10 个数中的最大者和它在数组中的序号。

```
#include<fstream.h>
#include<process.h>
int main( )
{
    int a[10],max,i,order;
    //定义输入文件流对象，以输入方式打开磁盘文件 f1.dat
    ifstream infile("f1.dat",ios::in|ios::nocreate);
    if(!infile)
    {
        cerr<<"open error!"<<endl;
        exit(1);
    }
    for(i=0;i<10;i++)
    {
        infile>>a[i];//从磁盘文件读入 10 个整数，顺序存放在 a 数组中
        cout<<a[i]<<" ";
    }//在显示器上顺序显示 10 个数
    cout<<endl;
    max=a[0];
    order=0;
    for(i=1;i<10;i++)
```

```
            if(a[i]>max)
            {
                max=a[i];//将当前最大值放在 max 中
                order=i; //将当前最大值的元素序号放在 order 中
            }
        cout<<"max="<<max<<endl<<"order="<<order<<endl;
        infile.close();
        return 0;
    }
```

程序运行结果为：

```
11 12 13 14 15 16 17 18 19 20
max=20
order=9
```

例 8.20 从键盘读入一行字符，把其中的字母字符依次存放在磁盘文件 f2.dat 中。再从磁盘文件中读出这些字母，将其中的小写字母改为大写字母，再存入磁盘文件 f3.dat

```
#include<fstream.h>
#include<process.h>
// save_to_file 函数从键盘读入一行字符，并将其中的字母存入磁盘文件
void save_to_file( )
{
    //定义输出文件流对象 outfile，以输出方式打开磁盘文件 f2.dat
    ofstream outfile("f2.dat");
    if(!outfile)
    {
        cerr<<"open f2.dat error!"<<endl;
        exit(1);
    }
    char c[80];
    cin.getline(c,80);                  //从键盘读入一行字符
    for(int i=0;c[i]!=0;i++)            //对字符逐个处理，直到遇'/0'为止
        if(c[i]>=65 && c[i]<=90||c[i]>=97 && c[i]<=122)   //如果是字母字符
        {
            outfile.put(c[i]);          //将字母字符存入磁盘文件 f2.dat
            cout<<c[i];                 //同时送显示器显示
        }
    cout<<endl;
    outfile.close();                    //关闭 f2.dat
}
//从磁盘文件 f2.dat 读入字母字符，将其中的小写字母改为大写字母，再存入 f3.dat
void get_from_file()
{
    char ch;
    //定义输入文件流 infile，以输入方式打开磁盘文件 f2.dat
    ifstream infile("f2.dat",ios::in|ios::nocreate);
    if(!infile)
    {
```

```
        cerr<<"open f2.dat error!"<<endl;
        exit(1);
    }
    //定义输出文件流 outfile，以输出方式打开磁盘文件 f3.dat
    ofstream outfile("f3.dat");
    if(!outfile)
    {
        cerr<<"open f3.dat error!"<<endl;
        exit(1);
    }
    while(infile.get(ch))                  //当读取字符成功时执行下面的复合语句
    {
        if(ch>=97 && ch<=122)              //判断 ch 是否为小写字母
            ch=ch-32;                      //将小写字母变为大写字母
        outfile.put(ch);                   //将该大写字母存入磁盘文件 f3.dat
        cout<<ch;                          //同时在显示器输出
    }
    cout<<endl;
    infile.close( );                       //关闭磁盘文件 f2.dat
    outfile.close();                       //关闭磁盘文件 f3.dat
}
int main( )
{
    save_to_file( );
    //调用 save_to_file( )，从键盘读入一行字符并将其中的字母存入磁盘文件 f2.dat
    get_from_file( );
    //调用 get_from_file()，从 f2.dat 读入字母字符，改为大写字母，再存入 f3.dat
    return 0;
}
```

程序运行结果为：

```
Chinese writer Mo Yan won the 2012 Nobel Prize for Literature
ChinesewriterMoYanwontheNobelPrizeforLiterature
CHINESEWRITERMOYANWONTHENOBELPRIZEFORLITERATURE
```

8.5.5 对二进制文件的操作

二进制文件不是以 ASCII 代码存放数据的，它将内存中数据存储形式不加转换地传送到磁盘文件，因此它又称为内存数据的映像文件。因为文件中的信息不是字符数据，而是字节中二进制形式的信息，因此它又称为字节文件。

对二进制文件的操作也需要先打开文件，用完后要关闭文件。在打开时要用 ios::binary 指定为以二进制形式传送和存储。二进制文件除了可以作为输入文件或输出文件外，还可以是既能输入又能输出的文件，这是和 ASCII 文件不同的地方。

1．用成员函数 read 和 write 读写二进制文件

对二进制文件的读写主要用 istream 类的成员函数 read 和 write 来实现。这两个成员函数的原型为：

```
istream& read(char *buffer,int len);
ostream& write(const char * buffer,int len);
```

其中，字符指针 buffer 指向内存中一段存储空间，len 是读写的字节数。调用的方式如下：

```
a. write(p1,50);
b. read(p2,30);
```

例 8.21 将一批数据以二进制形式存放在磁盘文件中。

```
#include<fstream.h>
#include<process.h>
struct student
{
    char name[20];
    int num;
    int age;
    char sex;
};
int main( )
{
    student stud[3]={"Wang",1011,18,'f',"Zheng",1012,19,'m',"Li",1014,17,'f'};
    ofstream outfile("stud.dat",ios::binary);
    if(!outfile)
    {
        cerr<<"open error!"<<endl;
        exit(1);//退出程序
    }
    for(int i=0;i<3;i++)
        outfile.write((char*)&stud[i],sizeof(stud[i]));
    outfile.close();
    return 0;
}
```

也可以一次输出结构体数组的三个元素，将 for 循环的两行改为如下一行：

```
outfile.write((char*)&stud[0],sizeof(stud));
```

执行一次 write 函数即输出了结构体数组的全部数据。

可以看到，用这种方法一次可以输出一批数据，效率较高。在输出的数据之间不必加入空格，在一次输出之后也不必加回车换行符。以后从该文件读入数据时不是靠空格作为数据的间隔，而是用字节数来控制。

例 8.22 将例 8.21 中以二进制形式存放在磁盘文件中的数据读入内存并在显示器上显示。

```
#include<fstream.h>
#include<process.h>
struct student
{
    char name[20];
    int num;
    int age;
    char sex;
};
```

```
int main( )
{
    student stud[3];
    int i;
    ifstream infile("stud.dat",ios::binary);
    if(!infile)
    {
        cerr<<"open error!"<<endl;
        exit(1);
    }
    for(i=0;i<3;i++)
        infile.read((char*)&stud[i],sizeof(stud[i]));
    infile.close( );
    for(i=0;i<3;i++)
    {
        cout<<"NO."<<i+1<<endl;
        cout<<"name:"<<stud[i].name<<endl;
        cout<<"num:"<<stud[i].num<<endl;
        cout<<"age:"<<stud[i].age<<endl;
        cout<<"sex:"<<stud[i].sex<<endl<<endl;
    }
    return 0;
}
```

程序运行结果为：

```
NO.1
name:Wang
num:1011
age:18
sex:f

NO.2
name:Zheng
num:1012
age:19
sex:m

NO.3
name:Li
num:1014
age:17
sex:f
```

同理，本程序也可以一次输入结构体数组的三个元素，将 for 循环的两行改为如下一行：

```
infile.read((char*)&stud[0],sizeof(stud));
```

运行结果是一样的。

2. 与文件指针有关的流成员函数

在磁盘文件中有一个文件指针，用来指明当前应进行读写的位置。对于二进制文件，允许对指针进行控制，使它按用户的意图移动到所需的位置，以便在该位置上进行读写。文件流提供了一些有关文件指针的成员函数。为了查阅方便，将它们归纳为表 8-5，并进行了必要的说明。

表 8-5 与文件指针有关的成员函数及作用

成员函数	作用
tellg()	返回文件输入流指针的位置
seekg(文件中的位置)	将文件输入流指针移到指定位置
seekg(位移量,参照位置)	以参照位置为基础移动若干字节
tellp()	返回文件输出流指针的位置
seekp(文件中的位置)	将文件输出流指针移到指定位置
seekp(位移量,参照位置)	以参照位置为基础移动若干字节

说明：

（1）这些函数名的最后一个字母不是 g 就是 p。

（2）函数参数中的“文件中的位置”和“位移量”已被指定为 long 型整数，以字节为单位。“参照位置”可以是下面三者之一：

- ios::beg——文件开头（beg 是 begin 的缩写），这是默认值；
- ios::cur——指针当前的位置（cur 是 current 的缩写）；
- ios::end——文件末尾。

它们是在 ios 类中定义的枚举常量。

（3）位移量=0 表示在指定位置；位移量>0 表示从指定位置向前移动；位移量<0 表示从指定位置向后移动。

举例如下：

```
infile.seekg(100);//输入文件中的指针向前移到 100 字节位置
infile.seekg(-50,ios::cur); //输入文件中的指针从当前位置后移 50 字节
outfile.seekp(-75,ios::end); //输出文件中的指针从文件尾前移 75 字节
```

3. 随机访问二进制数据文件

前面介绍的文件操作都是按一定顺序进行读写的，因此称为顺序文件。对于顺序文件，只能按实际排列的顺序，一个一个地访问文件中的各个元素。但对于二进制数据文件，可以利用上面的成员函数移动指针，随机地访问文件中任一位置上的数据，还可以修改文件中的内容。

例 8.23 采用随机访问方式读写二进制文件，文件中有五个学生的数据，要求：

（1）把它们存到磁盘文件中。

（2）将磁盘文件中的第 1、3、5 个学生数据读入程序，并显示出来。

（3）将第 3 个学生的数据修改后存回磁盘文件中的原有位置。

（4）从磁盘文件读入修改后的 5 个学生的数据并显示出来。

```
#include<fstream.h>
#include<process.h>
#include<string.h>
struct student{
      int num;
      char name[20];
      float score;
};
int main()
   {
      int i;
      student stud[5]={1001,"Li",85,1002,"Fun",97.5,1004,"Wang",54,\
            1006,"Tan",76.5,1010,"ling",96};
      //用 fstream 类定义输入输出二进制文件流对象 iofile
      fstream iofile("stud.dat",ios::in|ios::out|ios::binary);
      if(!iofile)
      {
            cerr<<"open error!"<<endl;
            exit(1);
      }
      //向磁盘文件输出 5 个学生的数据
      iofile.write((char *)&stud[0],sizeof(stud));
      student stud1[5]; //用来存放从磁盘文件读入的数据
      for(i=0;i<5;i=i+2)//先后读入 3 个学生的数据，存放在 studl[0]，stud1[1]和 stud1[2]中
      {
            iofile.seekg(i*sizeof(stud[i]),ios::beg); //定位于第 0，2，4 学生数据开头
            iofile.read((char *)&stud1[i/2],sizeof(stud1[i]));
            //输出 studl[0]，stud1[1)和 stud1[2]各成员的值
            cout<<stud1[i/2].num<<" "<<stud1[i/2].name<<" "<<stud1[i/2].score<<endl;
      }
      cout<<endl;
      stud[2].num=1012; //修改第 3 个学生(序号为 2)的数据
      strcpy(stud[2].name,"Wu");
      stud[2].score=60;
      iofile.seekp(2*sizeof(stud[0]),ios::beg); //定位于第 3 个学生数据的开头
      iofile.write((char *)&stud[2],sizeof(stud[2])); //更新第 3 个学生数据
      iofile.seekg(0,ios::beg); //重新定位于文件开头
      iofile.read((char *)&stud[0],sizeof(stud));//读入 5 个学生的数据
      for(i=0;i<5;i++)
            cout<<stud[i].num<<" "<<stud[i].name<<" "<<stud[i].score<<endl;
      iofile.close();
      return 0;
   }
```

程序运行结果为：

```
1001 Li 85
1004 Wang 54
```

```
1010 ling 96

1001 Li 85
1002 Fun 97.5
1012 Wu 60
1006 Tan 76.5
1010 ling 96
```

本程序也可以将磁盘文件 stud.dat 先后定义为输出文件和输入文件，在结束第一次的输出之后关闭该文件，然后再按输入方式打开它，输入完后再关闭它，然后再按输出方式打开，再关闭，再按输入方式打开它，输入完后再关闭。显然没有必要，在程序中把它指定为输入输出型的二进制文件。这样，不仅可以向文件添加新的数据或读入数据，还可以修改（更新）数据。利用这些功能，可以实现比较复杂的输入输出任务。

说明：

（1）如果同一磁盘文件在程序中需要频繁地进行输入和输出，则可将文件的工作方式指定为输入输出文件，即 ios::in|ios::out|ios::binary。

（2）随机访问二进制文件需要计算好每次访问时指针的定位，即正确使用 seekg 或 seekp 函数。

（3）不能用 ifstream 或 ofstream 类定义输入输出的二进制文件流对象，而应当用 fstream 类。

8.6 字符串流

文件流是以外存文件为输入输出对象的数据流，字符串流不是以外存文件为输入输出的对象，而以内存中用户定义的字符数组（字符串）为输入输出的对象，即将数据输出到内存中的字符数组中，或者从字符数组（字符串）将数据读入。字符串流也称为内存流。

字符串流也有相应的缓冲区，开始时流缓冲区是空的。如果向字符数组存入数据，随即向流插入数据，流缓冲区中的数据不断增加，待缓冲区满了（或遇换行符），一起存入字符数组。如果是从字符数组读数据，先将字符数组中的数据送到流缓冲区，然后从缓冲区中提取数据赋给有关变量。

在字符数组中可以存放字符，也可以存放整数、浮点数以及其他类型的数据。在向字符数组存入数据之前，要先将数据从二进制形式转换为 ASCII 代码，然后存放在缓冲区，再从缓冲区送到字符数组。从字符数组读数据时，先将字符数组中的数据送到缓冲区，在赋给变量前要先将 ASCII 代码转换为二进制形式。总之，流缓冲区中的数据格式与字符数组相同。

文件流类有 ifstream、ofstream 和 fstream，而字符串流类有 istrstream、ostrstream 和 strstream，类名前面几个字母 str 是 string（字符串）的缩写。文件流类和字符串流类都是 ostream、istream 和 iostream 类的派生类，因此对它们的操作方法基本相同。向内存中的一个字符数组写数据就如同向文件写数据一样，但有三点不同：

（1）输出时数据不是流向外存文件，而是流向内存中的一个存储空间。输入时从内存中的存储空间读取数据。严格地讲，这不属于输入输出，称为读写比较合适。

因为输入输出一般指的是在计算机内存与计算机外部文件（外部设备也视为文件）之间的数据传送。但由于 C++的字符串流采用了 C++的流输入输出机制，因此往往也用输入和输出来描述读写操作。

（2）字符串流对象关联的不是文件，而是内存中的一个字符数组，因此不需要打开和关闭文件。

（3）每个文件的最后都有一个文件结束符，表示文件的结束。而字符串流所关联的字符数组中没有相应的结束标志，用户要自己指定一个特殊字符作为结束符，在向字符数组写入全部数据后要写入此字符。

字符串流类没有 open 成员函数，因此要在建立字符串流对象时通过给定参数来确立字符串流与字符数组的关联。即通过调用构造函数来解决此问题。建立字符串流对象的方法与含义如下：

（1）创建输出字符串流对象

ostrstream 类提供的构造函数的原型为：

```
ostrstream::ostrstream(char *buffer,int n,int mode=ios::out);
```

其中，buffer 是指向字符数组首元素的指针，n 为指定的流缓冲区的大小（一般选与字符数组的大小相同，也可以不同），第三个参数是可选的，默认为 ios::out 方式。可以用以下语句创建输出字符串流对象并与字符数组建立关联：

```
ostrstream strout(ch1,20);
```

作用是建立输出字符串流对象 strout，并使 strout 与字符数组 ch1 关联（通过字符串流将数据输出给字符数组 ch1），流缓冲区大小为 20。

（2）创建输入字符串流对象

istrstream 类提供了两个带参数的构造函数，原型为：

```
istrstream::istrstream(char *buffer);
istrstream::istrstream(char *buffer,int n);
```

其中，buffer 是指向字符数组首元素的指针，用它来初始化流对象（使流对象与字符数组建立关联）。可以用以下语句建立输入字符串流对象：

```
istrstream strin(ch2);
```

作用是创建输入字符串流对象 strin，并将字符数组 ch2 中的全部数据作为输入字符串流的内容。

```
istrstream strin(ch2,20);
```

流缓冲区大小为 20，因此只将字符数组 ch2 中的前 20 个字符作为输入字符串流的内容。

（3）创建输入输出字符串流对象

strstream 类提供的构造函数的原型为：

```
strstream::strstream(char *buffer,int n,int mode);
```

可以用以下语句建立输入输出字符串流对象：

```
strstream strio(ch3,sizeof(ch3),ios::in|ios::out);
```

作用是创建输入输出字符串流对象，以字符数组 ch3 为输入输出对象，流缓冲区大小与数组 ch3 相同。

以上三个字符串流类是在头文件 strstream 中定义的，因此程序中在用到 istrstream、ostrstream 和 strstream 类时应包含头文件 strstream。

例 8.24　将一组数据保存在字符数组中。

```
#include<strstream>
```

```
#include<iostream>
using namespace std;
struct student{
    int num;
    char name[20];
    float score;
};
int main()
{
    student stud[3]={1101,"Zhao",78,1102,"Qian",89.5,1104,"Sun",90};
    char c[50];//用户定义的字符数组
    ostrstream strout(c,45); //建立输出字符串流，与数组 c 建立关联，缓冲区长 45
    for(int i=0;i<3;i++)        //向字符数组 c 写入 3 个学生的数据
        strout<<stud[i].num<<stud[i].name<<stud[i].score;
    strout<<ends;                //插入一个空字符'\0'（结束符）
    cout<<"array c:"<<c<<endl;     //显示字符数组 c 中的字符
    return 0;
}
```

程序运行结果为：

```
array c:1101Zhao781102Qian89.51104Sun90
```

以上就是字符数组 c 中的字符。可以看到：

（1）字符数组 c 中的数据全部是以 ASCII 代码形式存放的字符，而不是以二进制形式表示的数据。

（2）一般都把流缓冲区的大小指定与字符数组的大小相同。

（3）字符数组 c 中的数据之间没有空格，连成一片，这是由输出的方式决定的。如果以后想将这些数据读回赋给程序中相应的变量，就会出现问题，因为无法分隔两个相邻的数据。为解决此问题，可在输出时人为地加入空格。如：

```
for(int i=0;i<3;i++)
        strout<<"  "<<stud[i].num<<" "<<stud[i].name<<" "<<stud[i].score;
```

同时应修改流缓冲区的大小，以便能容纳全部内容，今改为 50 字节。这样，运行时将输出：

```
array c: 1101 Zhao 78 1102 Qian 89.5 1104 Sun 90
```

再读入时就能清楚地将数据分隔开。

例 8.25 在一个字符数组 c 中存放了 15 个整数，以空格分隔，要求将它们放到整型数组中，再按大小排序，然后再存放回字符数组 c 中。

```
#include<strstream>
#include<iostream>
using namespace std;
int main( )
{
    char c[50]="8 -11 101 12 34 65 79 -23 -32 33 61 99 321 32 19";
    int a[15],i,j,t;
    cout<<"array c:"<<c<<endl;//显示字符数组中的字符串
    istrstream strin(c,sizeof(c)); //建立输入串流对象 strin 并与字符数组 c 关联
    for(i=0;i<15;i++)
```

```
        strin>>a[i];                    //从字符数组 c 读入 15 个整数赋给整型数组 a
    cout<<"array a:";
    for(i=0;i<15;i++)
        cout<<a[i]<<" ";                //显示整型数组 a 各元素
    cout<<endl;
    for(i=0;i<14;i++)                   //用冒泡法对数组 a 排序
        for(j=0;j<14-i;j++)
            if(a[j]>a[j+1])
            {
                t=a[j];a[j]=a[j+1];a[j+1]=t;
            }
    ostrstream strout(c,sizeof(c));//建立输出串流对象 strout 并与字符数组 c 关联
    for(i=0;i<15;i++)
        strout<<a[i]<<" ";              //将 15 个整数存放在字符数组 c 中
    strout<<ends;                       //加入'\0'
    cout<<"array c:"<<c<<endl;          //显示字符数组 c
    return 0;
}
```

程序运行结果为：

```
array c:8 -11 101 12 34 65 79 -23 -32 33 61 99 321 32 19
array a:8 -11 101 12 34 65 79 -23 -32 33 61 99 321 32 19
array c:-32 -23 -11 8 12 19 32 33 34 61 65 79 99 101 321
```

说明：

（1）用字符串流时不需要打开和关闭文件。

（2）通过字符串流从字符数组读数据就如同从键盘读数据一样，可以从字符数组读入字符数据，也可以读入整数、浮点数或其他类型数据。

（3）程序中先后创建了两个字符串流对象 strin 和 strout，并与字符数组 c 关联。strin 从字符数组 c 中获取数据，strout 将数据传送给字符数组。分别对同一字符数组进行操作，甚至可以对字符数组交叉进行读写。

（4）用输出字符串流向字符数组 c 写数据时，是从数组的首地址开始的，因此更新了数组的内容。

（5）字符串流关联的字符数组并不一定是专为字符串流而定义的数组，它与一般的字符数组无异，可以对该数组进行其他各种操作。

8.7　命名空间和头文件命名规则

8.7.1　命名空间

在 C++中，名称（name）可以是符号常量、变量、宏、函数、结构、枚举、类和对象等等。为了避免在大规模程序的设计中，以及在程序员使用各种各样的 C++库时，这些标识符的命名发生冲突，标准 C++引入了关键字 namespace（命名空间），以更好地控制标识符的作用域。

命名空间（namespace）是一种描述逻辑分组的机制，可以按某些标准将在逻辑上属于同一个集团的声明放在同一个命名空间中。之前 C++标识符的作用域分成三级，即代码块（{……}，如复合语句和函数体）、类和全局。现在，在其中的类和全局之间，标准 C++又添加了命名空间这一个作用域级别。命名空间可以是全局的，也可以位于另一个命名空间之中，但是不能位于类和代码块中。所以，在命名空间中声明的名称（标识符），默认具有外部链接特性（除非它引用了常量）。

在所有命名空间之外，还存在一个全局命名空间，它对应于文件级的声明域。因此，在命名空间机制中，原来的全局变量，现在被认为位于全局命名空间中。标准 C++库（不包括标准 C 库）中所包含的所有内容（包括常量、变量、结构、类和函数等）都被定义在命名空间 std（standard 标准）中了。

1. 命名空间基础

namespace 关键字使得我们可以通过创建作用范围来对全局命名空间进行分隔。本质上来讲，一个命名空间就定义了一个范围。定义命名空间的基本形式如下：

```
namespace namespace_name {
//declarations
}
```

在命名空间中定义的任何东西都局限于该命名空间内。

下面就是一个命名空间的例子，在该命名空间中定义了计数器类用来实现计数，其中的 upperbound 和 lowerbound 用来表示计数器的上界和下界。

例 8.26　一个命名空间使用实例。

```
#include <iostream>
using namespace    std;
namespace CounterNameSpace
{
    int upperbound;
    int lowerbound;
    class counter
    {
        int count;
    public:
        counter(int n)
        {
            if(n<=upperbound )
                count=n;
            else
                count=upperbound;
        }
        void reset(int n)
        {
            if(n<upperbound)
                count=n;
        }
        int run()
```

```
            {
                if ( count > lowerbound)
                    return count--;
                else
                    return lowerbound;
            }
        };
}
int main()
{
    CounterNameSpace::upperbound=100;
    CounterNameSpace::lowerbound=0;
    CounterNameSpace::counter ob1(10);
    int i;
    do{
        i = ob1.run();
        cout << i << " ";
    } while (i > CounterNameSpace::lowerbound);
    cout << endl;
    CounterNameSpace::counter ob2(20);
    do{
        i = ob2.run();
        cout << i << " ";
    } while (i > CounterNameSpace::lowerbound);
    cout << endl;
    ob2.reset(100);
    do{
        i = ob2.run();
        cout << i << " ";
    } while (i > CounterNameSpace::lowerbound);
    cout << endl;
    return 0;
}
```

程序运行结果为：

```
10 9 8 7 6 5 4 3 2 1 0
20 19 18 17 16 15 14 13 12 11 10 9 8 7 6 5 4 3 2 1 0
0
```

说明：

（1）upperbound、lowerbound 和类 counter 都是命名空间 CounterNameSpace 定义范围的组成部分。

（2）在命名空间中声明的标识符是可以被直接引用的，不需要任何的命名空间的修饰符。例如，在 CounterNameSapce 命名空间中，run()函数中就可以直接在语句中引用 lowerbound：

```
if ( count > lowerbound)
    return count--;
```

（3）一般来讲，在命名空间之外想要访问命名空间内部的成员需要在成员前面加上命名空间和作用域标识符。例如，在命名空间 CounterNameSpace 定义的范围之外给 upperbound 赋值为 10，就必须这样写：

```
CounterNameSpace::upperbound = 10;
```

或者在 CounterNameSpace 定义的范围之外想要声明一个 counter 类的对象就必须这样写：

```
CounterNameSpace::counter obj;
```

（4）一旦声明了 counter 类的对象，就没有必要对该对象的任何成员使用这种修饰符了。因此 ob1.run()是可以被直接调用的，其中的命名空间是可以被解析的。

（5）相同的空间名称可以被多次声明，这种声明相互补充。这就使得命名空间可以被分割到几个文件中甚至是同一个文件的不同地方中。例如：

```
namespace NS
{
    int i;
}
//...
namespace NS
{
    int j;
}
```

其中命名空间 NS 被分割成两部分，但是两部分的内容却位于同一命名空间中，也就是 NS。

（6）命名空间可以嵌套。也就是说可以在一个命名空间内部声明另外的命名空间。

（7）一般为了方便使用，给较长的命名空间名取一个较短的命名空间名（别名）来使用。其语法形式为：

```
namespace 别名=源命名空间名;
```

例如：

```
namespace TV=Television；//别名 TV 与原名 Television 等价
```

也可以说，别名 TV 指向原名 Television，在原来出现 Television 的位置都可以无条件地用 TV 来代替。

注意：能使用别名来访问源命名空间里的成员，但不能为源命名空间引入新的成员。

2. using 关键字

如果在程序中需要多次引用某个命名空间的成员，按照之前的说法，每次都要使用作用域标识符来指定该命名空间，这是一件很麻烦的事情。为了解决这个问题，人们引入了 using 关键字。using 语句通常有两种使用方式：

```
using namespace 命名空间名称;
using 命名空间名称::成员；
```

第一种形式中的命名空间名称就是我们要访问的命名空间，该命名空间中的所有成员都会被引入到当前范围中。也就是说，他们都变成当前命名空间的一部分了，使用的时候不再需要使用作用域标识符来指定该命名空间。第二种形式只是让指定的命名空间中的指定成员在当前范围中变为可见。用前面的 CounterNameSpace 来举例，下面的 using 语句和赋值语句都是有效的：

```
using CounterNameSpace::lowerbound; //只有 lowerbound 当前是可见的
lowerbound = 10; //这样写是合法的，因为 lowerbound 成员当前是可见的
using CounterNameSpace; //所有 CounterNameSpace 空间的成员当前都是可见的
upperbound = 100; //这样写是合法的，因为所有的 CounterNameSpace 成员目前都是可见的
```

例 8.27　对例 8.26 改造，通过 using 使用命名空间中的成员。

```
//前半部分与例 8.26 一样，这里只写主函数
int main()
{
    //这里只是用 CounterNameSpace 中的 upperbound
    using CounterNameSpace::upperbound;
    //此时对 upperbound 的访问就不需要使用范围限定符了
    upperbound = 100;
    //但是使用 lowerbound 的时候，还是需要使用范围限定符的
    CounterNameSpace::lowerbound = 0;
    CounterNameSpace::counter ob1(10);
    int i;
    do{
        i = ob1.run();
        cout << i   << " ";
    }while( i > CounterNameSpace::lowerbound);
    cout << endl;
    //下面我们将使用整个 CounterNameSpace 的命名空间
    using namespace CounterNameSpace;
    counter ob2(20);
    do{
        i = ob2.run();
        cout << i   << " ";
    }while( i >lowerbound);
    cout << endl;
    ob2.reset(100);
    lowerbound = 90;
    do{
        i = ob2.run();
        cout << i << " ";
    }while( i > lowerbound);
    cout<<endl;
    return 0;
}
```

程序运行结果为：

```
10 9 8 7 6 5 4 3 2 1 0
20 19 18 17 16 15 14 13 12 11 10 9 8 7 6 5 4 3 2 1 0
90
```

上面的程序还为我们演示了重要的一点，当我们用 using 引入一个命名空间的时候，如果之前有引用过别的命名空间（或者同一个命名空间），不会覆盖掉对之前的引入，而是对之前引入内容的补充。也就是说，到最后，上述程序中的 std 和 CounterNameSpace 这两个命名空间都变成全局空间了。

3．没有名称的命名空间

有一种特殊的命名空间，叫作未命名的命名空间。这种没有名称的命名空间使得我们可以创建在一个文件范围里可用的命名空间。其一般形式如下：

```
namespace {
//declarations
}
```

可以使用这种没有名称的命名空间创建只有在声明它的文件中才可见的标识符。也就是说，只有在声明这个命名空间的文件中，它的成员才是可见的，它的成员才是可以被直接使用的，不需要命名空间名称来修饰。对于其他文件，该命名空间是不可见的。在前面曾经提到过，把全局名称的作用域限制在声明它的文件的一种方式就是把它声明为静态的。尽管 C++支持静态全局声明，但是更好的方式就是使用这里的未命名的命名空间。

4．std 命名空间

标准 C++把自己的整个库定义在 std 命名空间中，这就是本书中部分程序都有下面代码的原因：

```
using namespace std;
```

这样写是为了把 std 命名空间的成员都引入到当前的命名空间中，以便我们可以直接使用其中的函数和类，而不用每次都写上 std::。

当然，也可以显式地在每次使用其成员时都指定 std::，只要我们喜欢。例如，可以显式地采用如下语句指定 cout 语句：

```
std::cout << "显式使用 std::来指定 cout";
```

如果程序中只是少量地使用了 std 命名空间中的成员，或者是引入 std 命名空间可能导致命名空间的冲突，就没有必要使用“using namespace std;”。然而，如果在程序中要多次使用 std 命名空间的成员，则采用“using namespace std;”的方式把 std 命名空间的成员都引入到当前命名空间中会显得方便很多，而不用每次都单独在使用的时候显式指定。

8.7.2 头文件命名规则

因为 C++是从 C 语言发展而来的，为了与 C 兼容，C++保留了 C 语言中的一些规定，其中就包括用.h 作为后缀的头文件，比如大家所熟悉的 stdio.h、math.h 和 string.h 等。但后来 ANSI/ISO C++建议头文件不带后缀“.h”。为了使原来编写的 C++的程序能够运行，在 C++程序中的头文件既可以采用不带后缀的头文件，也可以采用 C 语言中带后缀的头文件。在 C++中使用这两种形式的头文件都可以，只不过有几个注意点需要说明一下：

（1）如果 C++程序中使用了带后缀“.h”的头文件，那么不必在程序中声明命名空间，只需要文件中包含头文件即可。

（2）C++标准要求系统提供的头文件不带后缀“.h”，但为了表示 C++与 C 的头文件既有联系又有区别，C++中所用头文件不带后缀“.h”，而是在 C 语言的相应头文件名之前加上前缀 c，如：

①#include <cstdio> //等同于 C 中的#include<stdio.h>

②#include <cstring> //等同于 C 中的#include<string.h>

③#include <cmath>//等同于 C 中的#include <math.h>

一、选择题

1．要进行文件的输入输出，除了包含头文件 iostream 外，还要包含头文件________。

A．ifstream　　B．fstream　　C．ostream　　D．cstdio

2．执行以下程序：

```
char *str;
cin>>str;
cout<<str;
```

若输入 abcd　1234↙，则输出________。

A．abcd　　B．abcd 1234　　C．1234　　D．输出乱码或出错

3．执行下列程序：

```
char a[200];
cin.getline(a,200,' ');
cout<<a;
```

若输入 abcd　1234↙，则输出________。

A．abcd　　B．abcd 1234　　C．1234　　D．输出乱码或出错

4．定义 char *p="abcd"，能输出 p 的值（"abcd"的地址）的为________。

A．cout<<&p;

B．cout<<p;

C．cout<<(char*)p;

D．cout<<const_cast<void *>(p);

5．以下程序执行结果为________。

```
cout.fill('#');
cout.width(10);
cout<<setiosflags(ios::left)<<123.456;
```

A．123.456###

B．123.4560000

C．####123.456

D．123.456

6．当使用 ifstream 定义一个文件流，并将一个打开的文件与之连接，文件默认的打开方式为________。

A．ios::in

B．ios::out

C．ios::trunc

D．ios::binary

7．从一个文件中读一个字节存于字符 c 中正确的语句为________。

A．file.read(reinterpret_cast<const char *>(&c), sizeof(c));

B．file.read(reinterpret_cast<char *>(&c), sizeof(c));

C．file.read((const char *)(&c), sizeof(c));

D．file.read((char *)c, sizeof(c));

8．将一个字符 char c='A'写入文件中错误的语句为________。

A．file.write(reinterpret_cast<const char *>(&c), sizeof(c));

B．file.write(reinterpret_cast<char *>(&c), sizeof(c));

C．file.write((char *)(&c), sizeof(c));

D. file.write((const char *)c, sizeof(c));

9. 读文件最后一个字节（字符）的语句为______。

A. myfile.seekg(1,ios::end);
c=myfile.get();

B. myfile.seekg(-1,ios::end);
c=myfile.get();

C. myfile.seekp(ios::end,0);
c=myfile.get();

D. myfileseekp(ios::end,1);
c=myfile.get();

10. read 函数的功能是从输入流中读取______。

A. 一个字符　B. 当前字符　C. 一行字符　D. 指定若干字节

11. 要求打开文件 D:\file.dat，并能够写入数据，正确的语句是______。

A. ifstream infile("D:\\file.dat", ios::in);

B. ifstream infile("D:\\file.dat", ios::out);

C. ofstream outfile("D\\file.dat", ios::in);

D. fstream infile("D\\file.dat", ios::in | ios::out);

12. 若已定义浮点型变量 data，以二进制方式把 data 的值写入输出文件流对象 outfile 中，正确的语句是______。

A. outfile.write((double*)&data, sizeof (double));

B. outfile.write((double*)&data, data);

C. outfile.write((char*)&data, sizeof (double));

D. outfile.write((char*)&data, data);

二、填空题

1. 头文件 iostream 中定义了四个标准流对象______，______，______，______。其中标准输入流对象为______，与键盘关联，用于输入；______为标准输出流对象，与显示器关联，用于输出。

2. 用标准输入流对象 cin 与提取操作符>>连用进行输入时，将______与______当作分隔符，使用______成员函数进行输入时可以指定输入分隔符。

3. 每一个输入输出流对象都维护一个______，用它表示流对象当前的格式状态并控制流的格式。C++提供了使用______函数与______函数来控制流的格式的方法。

4. C++根据文件内容的______可分为两类：______和______。前者存取的最小信息单位为______，后者______。

5. 文件输入是指从文件向______读入数据；文件输出则指从______向文件输出数据。对文件进行输入输出操作首先要______；然后______；最后______。

6. 文本文件是存储 ASCII 码字符的文件，文本文件的输入可用______从输入文件流中提取字符来实现。文本文件的输出可用______将字符插入到输出文件流来实现。程序在处理文本文件时______（需要/不需要）对数据进行转换。

7. 二进制文件是指将计算机内的数据不经转换直接保存在文件中。二进制文件的输入输出分别采用 read()、write()成员函数。这两个成员函数的参数都是______个，分别表示______和______。

8. 设定、返回文件读指针位置的函数分别为______，______；设定、返回文件写指针位置的函数分别为______，______。

三、分析题

1．分析以下程序的执行结果

```
#include<iostream.h>
#include<iomanip.h>
int main()
{
    cout<<hex<<20<<endl;
    cout<<oct<<10<<endl;
    cout<<setfill('x')<<setw(10);
    cout<<100<<"aa"<<endl;
    return 0;
}
```

2．分析以下程序的执行结果

```
#include<iostream.h>
#include<iomanip.h>
int main()
{
    int i=200;
    double d=123.456789;
    cout<<i<<" "<<d<<endl;
    cout<<hex<<i<<endl;
    cout<<oct<<i<<endl;
    cout<<setfill('*')<<setw(10)<<i<<"Hi"<<endl;
    cout<<dec<<i<<" "<<d<<endl;
    cout<<setw(10)<<d<<endl;
    cout<<setw(8)<<setprecision(10)<<d<<endl;
    return 0;
}
```

3．分析以下程序的执行结果

```
#include<iostream.h>
int main()
{
    cout<<"x_width="<<cout.width()<<endl;
    cout<<"x_fill="<<cout.fill()<<endl;
    cout<<"x_precision="<<cout.precision()<<endl;
    cout<<123<<" "<<123.45678<<endl;
    cout.width(10);
    cout.fill('&');
    cout.precision(7);
    cout<<123<<" "<<123.45678<<endl;
    cout.setf(ios::left);
    cout<<123<<" "<<123.45678<<endl;
    cout.width(6);
    cout<<123<<" "<<123.45678<<endl;
```

```
    return 0;
}
```

4．分析以下程序的执行结果

```
#include<iostream>
using namespace std;
class Complex{
public:
    Complex(double r,double i):re(r),im(i){}
    double real()const{return re;}
    double image()const{return im;}
    Complex &operator+=(Complex a){
        re+=a.re;im+=a.im;
        return *this;
    }
private:
    double re,im;
};
ostream &operator<<(ostream &s,const Complex &z)
{
    return s<<"("<<z.real()<<","<<z.image()<<")";
}
int main()
{
    Complex x(1,-2),y(2,3);
    cout<<(x+=y)<<endl;
    return 0;
}
```

5．分析以下程序的执行结果

```
#include<iostream>
#include<fstream>
using namespace std;
int main()
{
    fstream outfile,infile;
    outfile.open("data.dat",ios::out);
    outfile<<"88888888"<<endl;
    outfile<<"BBBBBBBB"<<endl;
    outfile<<"bbbbbbbb"<<endl;
    outfile<<"************";
    outfile.close();
    infile.open("data.dat",ios::in);
    char line[80];
    int i=0;
    while(!infile.eof())
    {
        infile.getline(line,sizeof(line));
```

```
            cout<<++i<<":"<<line<<endl;
        }
        infile.close();
        return 0;
    }
```

6．分析以下程序的执行结果

```
#include<iostream>
#include<fstream>
using namespace std;
int main()
{
    fstream outfile,infile;
    outfile.open("data.txt",ios::out);
    for(int i=0;i<26;i++)
        outfile<<(char)('A'+i);
    outfile.close();
    infile.open("data.txt",ios::in);
    char ch;
    infile.seekg(6,ios::beg);
    if(infile.get(ch))
        cout<<ch;
    infile.seekg(8,ios::beg);
    if(infile.get(ch))
        cout<<ch;
    infile.seekg(-8,ios::end);
    if(infile.get(ch))
        cout<<ch;
    cout<<endl;
    infile.close();
    return 0;
}
```

四、编程题

1．编程实现以下数据的输入输出：

（1）以左对齐方式输出整数，域宽为 12；

（2）以八进制、十进制、十六进制输入输出整数；

（3）实现浮点数的指数格式和定点格式的输入输出，并指定精度；

（4）把字符串读入字符型数组变量中，从键盘输入，要求输入串的空格也全部读入，以回车换行符结束；

（5）以上要求用流成员函数和流操作符各做一遍。

2．自定义一个学生类，然后重载“<<”和 “>>”运算符来完成学生类的输入和输出。

3．编写程序统计一篇英文文章中单词的个数与行数。

4．以文本方式把一个文本文件（如 C++源文件）的前十行拷贝到一个新的文件中。

5．用二进制方式，把一个文件连接到另一个文件的尾部，选择适当的文件打开方式完成操作。

6．采用筛选法求 100 以内的所有素数，将所得数据存入文本文件和二进制文件。对送入文本文件中的素数，要求存放格式是每行 10 个素数，每个数占 6 个字符，左对齐；可用任一文本编辑器打开它阅读。二进制文件整型数的长度请用 sizeof()来获得，要求可以正序读出，也可以逆序读出（利用移动文件定位指针来实现），读出数据按文本文件中的格式输出显示。

7．正弦函数在 0°～90° 的范围中是单调递增的，建立两个文件：一个放 sin0°，sin2°，…，sin80°；另一个放 sin1°，sin3°，…，sin79°，sin81°，sin82°，…，sin90°，用归并法，把这两个数据文件合并为升序排序的文件，重组为一个完整的 sin()函数表文件。

8．将学校里的学生定义为一个学生数组类，数组对象动态建立，初始为三个元素，不够用时扩充一倍。要求在构造函数中用二进制数据文件建立数组元素对象，在析构函数中保存数据和关闭文件。第一次运行时，建立空的数据文件，由键盘输入建立数组元素对象并写入文件，程序退出时关闭文件；下一次运行时就可以由文件构造对象，恢复前一次做过的工作。

附录A　C++语言运算符的优先级和结合性

优先级	运算符描述	运算符	结合性
1	最高优先级	->、.、[]、( )、sizeof	左结合
2	单目运算符	-、~、!、++、--、(type)、new、delet	右结合
3	乘除运算符	*、/、%	左结合
4	加减运算符	+、-	左结合
5	移位运算符	>>、<<	左结合
6	大小关系运算符	<、<=、>、>= instanceof	左结合
7	相等关系运算符	==、!=	左结合
8	按位与运算符	&	左结合
9	按位异或运算符	^	左结合
10	按位或运算符	|	左结合
11	逻辑与运算符	&&	左结合
12	逻辑或运算符	||	左结合
13	条件运算符	? :	右结合
14	赋值和复合赋值运算符	=、+=、-=、*=、/=、%=、&=、^=、|=、<<=、>>=	右结合
15	逗号运算符	,	左结合

附录 B ASCII 码表

L H	0000	0001	0010	0011	0100	0101	0110	0111
0000	NUL	DLE	SP	0	@	P	`	p
0001	SOH	DC1	!	1	A	Q	a	q
0010	STX	DC2	“	2	B	R	b	r
0011	ETX	DC3	#	3	C	S	c	s
0100	EOT	DC4	$	4	D	T	d	t
0101	ENQ	NAK	%	5	E	U	e	u
0110	ACK	SYN	&	6	F	V	f	v
0111	BEL	ETB	’	7	G	W	g	w
1000	BS	CAN	)	8	H	X	h	x
1001	HT	EM	(	9	I	Y	i	y
1010	LF	SUB	*	:	J	Z	j	z
1011	VT	ESC	+	;	K	[	k	{
1100	FF	FS	,	<	L	\	l	|
1101	CR	GS	-	=	M	]	m	}
1110	SO	RS	.	>	N	^	n	～
1111	SI	US	/	?	O	_	o	DEL

参考文献

[1] 陈维兴，林小茶等编著．C++面向对象程序设计（第三版）．北京：清华大学出版社，2009．

[2] 谭浩强编著．C++面向对象程序设计．北京：清华大学出版社，2006．

[3] 朱战立编著．面向对象程序设计与 C++语言．北京：电子工业出版社，2010．

[4] 郑莉，董渊，张瑞丰等编著．C++语言程序设计（第三版）．北京：清华大学出版社，2005．

[5] 吕凤翥著．C++语言基础教程（第二版）．北京：清华大学出版社，2007．

[6] 李春葆，董尚燕，余云霞编著．C++面向对象程序设计．北京：清华大学出版社，2008．

[7] 郑阿奇编著．Visual C++实用教程．北京：电子工业出版社，2000．

[8] 赵海廷主编．C 语言程序设计．北京：人民邮电出版社，2005．

[9] 钱能主编．C++程序设计教程．北京：清华大学出版社，1999．

[10] 王燕编著．C++面向对象程序设计教程．北京：清华大学出版社，1999．

[11] 钮焱，许新民，严运国主编．C 及 C++程序设计．北京：科学出版社，2003．

[12] 徐镇坪，李振立主编．C 及 C++程序设计实验教程．北京：科学出版社，2003．

[13] 张温基编著．C++程序设计基础例题与习题．北京：高等教育出版社，1997．

[14] 李春葆编著．C++语言——习题与解析．北京：清华大学出版社，2001．